湖南省草食动物产业技术体系

乡村振兴
——科技助力系列

丛书主编：袁隆平　官春云　印遇龙
邹学校　刘仲华　刘少军

山羊
生态养殖

主　编◎谭支良　汤少勋
副主编◎李昊帮　侯爱香　陈　东

编委会成员◎（按姓氏笔画排序）
王　红　王昌建　方热军　李宗军　李剑波
沈维军　张佰忠　易康乐　禹琪芳　姚晨歌
揭雨成

湖南科学技术出版社
·长沙·

图书在版编目（CIP）数据

山羊生态养殖 / 谭支良，汤少勋主编. — 长沙 ：湖南科学技术出版社，2023.8

（乡村振兴. 科技助力系列）

ISBN 978-7-5710-1954-9

Ⅰ. ①山… Ⅱ. ①谭…②汤… Ⅲ. ①山羊一饲养管理 Ⅳ.①S827

中国版本图书馆CIP数据核字(2022)第228619号

SHANYANG SHENGTAI YANGZHI

山羊生态养殖

主　　编：谭支良　汤少勋

出 版 人：潘晓山

责任编辑：李　丹　任　妮

出版发行：湖南科学技术出版社

社　　址：长沙市芙蓉中路一段416号泊富国际金融中心

网　　址：http://www.hnstp.com

邮购联系：0731-84375808

印　　刷：湖南省汇昌印务有限公司

（印装质量问题请直接与本厂联系）

厂　　址：长沙市望城区丁字湾街道兴城社区

邮　　编：410299

版　　次：2023年8月第1版

印　　次：2023年8月第1次印刷

开　　本：710mm×1000mm　1/16

印　　张：22

字　　数：304 千字

书　　号：ISBN 978-7-5710-1954-9

定　　价：29.00元

自　序

序是什么？应湖南科学技术出版社之邀为《山羊生态养殖》一书著序时我就斟酌怎么样才能写好这本应用性极强的技术性读本的前言部分，一时觉得难以下笔，但思前想后总觉得应该也必须接受这一邀请，毕竟从事山羊营养与生理代谢研究30余载，从情感上也需要回报这一物种给予个人和人们的馈赠。就传统文化而言，“序”是惜别赠言的文字，涵指对文字所赠对象的赞许、推崇或勉励之义，现今习惯则指冠于一书之前的一段文字，传统与现代融合，我肤浅地理解本读本之序可以涵盖内容解读、作者贡献、作用与欠缺等内容，以便于与读者进行更好地沟通。基于此理解，姑且形成如下相关文字作为本书的序吧。

二十余年前，我国传统牧区由于超载放牧草原生态系统严重退化，因而牧草被山羊连根拔起的图片充斥各类媒体，进而造成山羊放牧严重破坏生态的错误观念，即使在南方地源性饲草生物量相当高的草山草坡地区对山羊放养也避之不及。在10 000多年前的新石器时期人类已经有了驯养山羊的历史，山羊的地域分布极为广泛，遍及全世界，甚至其他家畜难以生活的地区，山羊仍能照常生存和繁殖，成为各种家畜中地域分布最广的一种。由于其采食对象的多样性以及良好的生态适应性，即使在现代社会，山羊饲养亦是我国广大山区、丘陵区甚至农区备受农牧民欢迎的增加其收入的重要途径，这也是我国山羊存栏量长期保持在1.3亿只左右的主要原因。因此，如何实现山羊养殖与生态环境的协同就成为本书开篇的切入点。第一章和第二章重点介绍了山羊与生态功能的关联、不同生态区域山羊养殖承载力、山羊饲养与乡村振兴的衔接，阐述了山羊饲养与生态协同可持续发展的基本路径；第三章详细介绍了羊舍设计、养殖设施及经典案例；第四章和第五章着眼于经济可行的品种选育与繁殖技术，为读者提供可实操的提高繁殖效率的技术手段；第六章和第七章着重推介了日粮配制技术和典型日粮配方以及饲草加工调制技术；第八章和第九章分别就山羊疾病预防、治疗和传染病控制以及山羊产品加工进行了阐述；第十章则从资源循环化利用方面介绍了山羊养殖污染源控制及减量化处理的技术路径。本书各章节的形成汇集了湖南省草食动物产业技术体系10余名知名岗站专家的智慧，各位专家均是在各自领域有长达20余年的技术积累与心得，体现了理论、技术与实践的相互融合，尽心尽力做到通俗易懂，希冀为读者奉献具有实际操作性的技术性方案，为山羊生态养殖做一点铺垫性贡献。

前文述及，忐忑不安地接受湖南科学技术出版社之约，在颤颤巍巍地写下上述文字的同时，深感投入本书的时间和精力有限，期盼未来读到此书的同志们毫不吝惜地指出我们的不足，为后期修订和勘误提供方向性指引。

中国科学院亚热带农业生态研究所研究员

2022年6月28日于长沙

目　录

第一章　山羊生态养殖的现状

山羊是一种适应性强、分布范围广，且品种资源十分丰富的家畜，在动物分类学上属于偶蹄目、牛科、山羊属。目前全世界共饲养山羊7亿多只，其中中国1.43亿只。我国是世界上山羊饲养量最多的国家之一，也是我国畜牧业生产的重要组成部分。许多发展中国家，山羊是主要的经济来源，即使在西方国家，山羊的经济重要性也日益凸现。

第一节　山羊品种分布及生态适应性

一、我国山羊品种资源

我国广阔多样的地理及气候环境造就了丰富的山羊品种资源。根据2020年5月29日发布的《国家畜禽遗传资源品种名录》记载，我国目前记录在册的有白玉黑山羊、辽宁绒山羊、柴达木山羊等60种地方品种，陕北绒山羊、关中奶山羊、崂山奶山羊等11种培育品种及配套系，萨能山羊、安格拉山羊、波尔山羊等3种引入品种及配套系，共74个山羊品种及配套系。

许多品种具有独特的生产性能或适应能力，但从总体上看，我国山羊的良种化程度不高，生产性能还比较低，平均胴体重只有13 kg，出栏率为65%，产品的数量和质量与国际先进水平相比还有一定的差距。我国主要山羊品种特征见第四章。

二、我国山羊品种的分布

我国山羊品种分布遍及全国。由于我国各地自然条件相差悬殊，在千差万别生态环境条件下，逐步形成各地具有不同遗传特点、体型、外貌特征和生产性能的山羊品种。

根据山羊的类型和生产用途，其在国内的大体分布为：绒山羊主要分布在温带湿润和温带半干旱地区；裘皮山羊主要分布在暖温带半干旱地区的宁夏西部和西南部及甘肃中部地区；羔皮山羊主要分布在暖温带半湿润地区的山东菏泽与济宁地区；奶用山羊大多分布在城市郊区及农业发达地区，特别是在关中平原及其腹地分布的数量最大；肉用山羊大多分布在长江以南的亚热带地区；普通山羊分布面比较广，大多分布在温带干旱地区、暖温带半干旱地区、亚热带湿润地区、青藏高原干旱和半干旱地区。

另外，根据我国各省市本地育成山羊品种及引进和改良培育新品种的数量，可将山羊在全国的分布划分为四个区，即极丰富区（9 种以上）、高丰富区（6～8 种）、中丰富区（3～5 种）和低丰富区（0～2 种）。各区包含的省、直辖市及自治区，及其山羊品种分布情况如下。

极丰富区：这一区域包括四川和云南两省，分布在四川的山羊主要有白玉黑山羊、北川白山羊、成都麻羊、川东白山羊、川南黑山羊、川中黑山羊、古蔺马羊、建昌黑山羊、美姑山羊、南江黄羊、雅安奶山羊、简州大耳羊和板角山羊等 13 种。分布在云南的山羊品种主要有凤庆无角黑山羊、圭山山羊、龙陵黄山羊、罗平黄山羊、弥勒红骨山羊、宁蒗黑头山羊、云岭山羊、昭通山羊、威信白山羊和云上黑山羊等 10 种。

高丰富区：这一区域包括贵州、陕西和山东三省，分布在贵州的山羊品种有：贵州白山羊、贵州黑山羊、黔北麻羊、马头山羊和渝东黑山羊等。分布在陕西的山羊品种有：晋岚绒山羊、陕北白绒山羊、陕南白山羊、关中奶山羊和子午岭黑山羊等。分布在山东的山羊品种有：济宁青山羊、莱芜黑山羊、鲁北白山羊、牙山黑山羊、沂蒙黑山羊、波尔山羊、安哥拉山羊、萨能奶山羊、崂山奶山羊和文登奶山羊等。

中丰富区：这一区域包括内蒙古、河北、甘肃、山西、河南、湖北、重庆、广西和福建六省二自治区和一直辖市，分布的山羊品种主要包括罕山白绒山羊、内蒙古绒山羊、乌珠穆沁白山羊、晋岚绒山羊、承德无角山羊、太行山羊、河西绒山羊、中卫山羊、子午岭黑山羊、吕梁黑山羊、伏牛白山羊、尧山白山羊、黄淮山羊、麻城黑山羊、宜昌白山羊、马头山羊、板角山羊、大足黑山羊、酉州乌羊、渝东黑山羊、都安山羊、隆林山羊、安哥拉山羊、马关无角山羊、戴云山羊、福清山羊和闽东山羊等。

低丰富区：这一区域包括除上述以外的 11 个省、2 个自治区和 1 个直辖市，分布的山羊品种包括黄淮山羊、雷州山羊、马头山羊、湘东黑山羊、长江三角洲白山羊、赣西山羊、广丰山羊、辽宁绒山羊、中卫山羊、柴达木山羊、柴达木绒山羊、西藏山羊、安哥拉山羊、波尔山羊和新疆山羊。

三、山羊的生态适应性

山羊对自然气候和生态环境的要求不高，既能在良好的条件下生长，又能在恶劣的环境下生存。其在世界各地的广泛分布，与其以下生态适应性密切相关。

（一）调节体温能力强，适宜生存范围广

山羊是恒温动物，它的体温只有保持在适度范围内（38.5 ℃～39.7 ℃）才能进行正常的生理活动。在不同的环境温度下，山羊为保持体温的相对稳定，进行着各种方式的生理调节。当环境温度下降时，山羊的维持消耗增加，通过提高代谢率来维持体温；当环境温度上升时，山羊的维持消耗需要减少，通过减少采食、动用一切方式散热以及卧休等方式来维持体温。

从热带、亚热带到温带、寒带地区均有山羊分布，许多不适于饲养绵羊的地方，山羊都能很好地生长。山羊能忍受缺水和高温，较好地适应沙漠地区的生活环境，这说明山羊调节体温、适应环境的能力是很强的。

热带地区的山羊一般体形较小，毛短，无绒毛，易于散热；寒冷地区的山羊一般体形较大，被毛较长，长有大量绒毛，利于保温。

（二）消化器官发达

山羊的嘴尖、齿利、上唇薄。山羊的嘴不同于牛等反刍动物，具有分裂的上唇，下颚门齿锐利，上腭有坚硬而光滑的硬腭，这使得山羊能够更加灵巧地利用嘴唇控制食物、选择牧草，并且有较强的采食低草、贴近地面放牧和咀嚼饲料的能力。

山羊具有发达的瘤胃，这可让山羊能较好地消化各种青粗饲料。同时山羊的小肠也很长，小肠是吸收营养物质的主要器官，小肠长意味着山羊有较强的消化和吸收能力。山羊的消化道容积大、通道长，相对采食量和对饲料中干物质特别是粗纤维的消化利用率明显高于其他家畜。山羊发达的消化吸收能力使山羊对不同的生态环境具有更好的适应能力。

（三）抗病力强，适应性好

山羊能很好地适应各种气候、土壤和饲料条件，按其各种生态条件下的适应性来说，山羊是仅次于犬的一种家畜。

由于山羊自驯养以来保留了一些原始特性，其野生状态下抗病力强和适应恶劣环境的能力在一定程度上延续了下来，遇小病往往能抵抗得过去，疫病相对较少，非重症不表现病态。它能适应粗放的饲养方式，对草料的品质要求不太高，能够忍受自然放牧条件下营养供应的四季变化，当夏、秋季节气候温暖、牧草丰盛时能利用放牧地迅速抓膘，冬、春季营养差则渐渐消瘦。山羊性情温驯，耐粗饲，成活率高。

山羊适应力强的特点，有利于不同气候和草质地区的农牧户饲养。

第二节　山羊分布与生态功能区划的关联

一、生态功能区划

生态环境与人类生存、经济和社会的发展密切相关。生态功能区划是实施区域生态环境分区管理的前提，也是构建国家和区域生态安全格局的基础。它是根据区域生态系统格局、生态环境敏感性与生态系统服务功能的空间差异规律，将区域划分成不同生态功能的地区。生态功能的区划，有助于我国生态保护与建设、自然资源有序开发和不同产业的合理布局，推动我国经济社会与生态保护协调、健康发展。

按生态功能区主导的生态系统服务功能可归为生态调节、产品供给和人居保障三大类，生态调节功能包括水源涵养、生物多样性保护、土壤保持、防风固沙和洪水调蓄等维持生态平衡、保障全国和区域生态安全等方面的功能。产品供给功能包括提供农产品、畜产品、林产品等功能，人居保障功能主要是指满足人类居住需要和城镇建设的功能，主要包括大都市群和重点城镇群等。全国生态功能区划包括生态功能区 242 个，其中生态调节功能区 148 个、产品提供功能区 63 个、人居保障功能区 31 个。

二、山羊分布与生态功能区划

山羊的地理分布取决于自然环境和社会环境两大因素的影响。在自然环境方面，一是环境条件（如温度、湿度、降水、海拔、植被等）对山羊分布的影响，温度和降水量决定着牧草种群的分布和生长状况，同时空气的湿度受降水量的影响也决定着山羊的分布。二是家畜对环境条件的耐受性，一定的环境条件会使山羊的机体特征（如体型、解剖构造、皮肤、被毛状况、生理指标等）发生适应性改变，但这些变化会限制它们的扩散，使它们的分布具有一定地域性。三是社会环境，不同的农业制度、宗教信仰、政策导向、生活习惯、畜产品加工业以及交通运输情况等对山羊的分布也会产生一定的影响作用。

山羊的养殖发展既要考虑环境与生态效应，也要考虑生态功能区划的产品供给功能，通过山羊养殖为人们提供优质的肉、奶、皮、绒、毛等畜产品。山羊饲养由于科普宣传不到位，常被各级政府管理部门视为“洪水猛兽”，因此，充分了解生态功能区划的意义有助于山羊产业在各功能区划范围内健康可持续发展。目前，我国各生态功能区保护方向及山羊的分布情况如下：

（一）水源涵养生态功能区

水源涵养生态功能区是我国河流与湖泊的主要水源补给区和源头区。该功能区全国共47个，其中重要水源涵养生态功能区20个。位于四川省西北部的川西北水源涵养与生物多样性保护重要区，分布有北川白山羊、白玉黑山羊和西藏山羊等；位于甘肃省的甘南藏族自治州、宁夏回族自治区的甘南山地水源涵养重要区，分布的山羊为中卫山羊；位于青海省南部及四川省石渠县的三江源水源涵养与生物多样性保护重要区，分布的山羊主要是西藏山羊；位于青海省与甘肃省交界处的祁连山水源涵养重要区，分布的山羊主要是河西绒山羊；位于新疆维吾尔自治区北部的天山水源涵养与生物多样性保护重要区，阿尔泰山地水源涵养与生物多样性保护重要区，以及西南部的帕米尔—喀喇昆仑山地水源涵养与生物多样性保护重要区，分布的山羊品种为新疆山羊。

这些区域面临的主要问题是人类干扰大，过度放牧、超载过牧引起的沼泽萎缩、草甸草地退化、草地沙化，以及林区载畜量快速增加，林区草场植被破坏严重，林牧矛盾突出，水源涵养功能衰退等问题。在畜牧业生产方面，要严格控制载畜量，实行以草定畜，在农牧交错区大力提倡农牧结合，发展生态养羊产业，减轻区域内畜牧业对水源和生态系统的压力；同时要关注地方品种山羊在生物多样性保护过程中的重要意义。

（二）生物多样性保护区

生物多样性保护区是指国家重要保护动植物的集中分布区，以及典型的生态系统分布区。该功能区全国共 43 个，其中重要生物多样性保护功能区 25 个。跨湖北、湖南、贵州、重庆、广西 5 省（自治区、直辖市）的武陵山区生物多样性保护与水源涵养重要区，分布的山羊品种主要有宜昌山羊、马头山羊、渝东黑山羊、酉州乌羊、贵州白山羊、板角山羊等；位于广西壮族自治区东部的大瑶山地生物多样性保护重要区，分布的山羊主要是都安山羊；位于云南西北部与四川、西藏交界的滇西北高原生物多样性保护与水源涵养重要区，以及云南省中部的无量山—哀牢山生物多样性保护重要区，主要分布有宁蒗黑头山羊、川南黑山羊和西藏山羊；位于西藏山南、林芝及昌都的藏东南生物多样性保护重要区，珠穆朗玛峰生物多样性保护与水源涵养重要区，藏西北羌塘高原生物多样性保护重要区，分布的山羊主要为西藏山羊；位于新疆维吾尔自治区东南部，与青海省、西藏自治区接壤的阿尔金山南麓生物多样性保护重要区，分布的山羊为西藏山羊和新疆山羊；位于内蒙古自治区中部及宁夏回族自治区西北部的西鄂尔多斯—贺兰山—阴山生物多样性保护与防风固沙重要区，分布的山羊品种为内蒙古绒山羊和陕北白绒山羊。

这些功能区分布的山羊品种较少，也是我国存在返贫风险的重点区域。在畜牧业生产方面，主要保护方向为退耕还林、还草，建设人工草场，划定轮牧区和禁牧区，部分区域实行阶段性禁牧或严格的限牧措施，适度发展牧业。在发展山羊养殖业中应以舍饲或半舍饲养殖模式为主，并关注品种生态适应性与新品系培育，以满足乡村振兴对产业兴旺提出的高质量发展需求。

（三）土壤保持重要区

该功能区全国共 20 个，其中重要保持区 5 个。位于甘肃省的庆阳、平凉，山西省吕梁、忻州、太原、临汾，宁夏固原、吴忠和陕西省的延安、榆林、宝鸡、咸阳、铜川、渭南区域的黄土高原土壤保持重要区，分布的山羊品种主要有陕北绒山羊、吕梁黑山羊、晋岚绒山羊、太行山羊和中卫山羊等；位于山东中部的鲁中山区土壤保持重要区，主要分布莱芜黑山羊、鲁北白山羊、沂蒙黑山羊、牙山黑山羊、济宁青山羊和崂山奶山羊等；位于四川和云南交界金沙江下游河谷区的川滇干热河谷土壤保持重要区，分布的山羊品种有美姑山羊、建昌黑山羊、宁蒗黑头山羊、云岭山羊及云上黑山羊等；三峡库区土壤保持重要区分布的山羊品种主要有大足黑山羊、渝东黑山羊、马头山羊、宜昌白山羊和板角山羊等。西南喀斯特土壤保持重要区主要分布有黔北麻羊、贵州白山羊、隆林山羊、罗平黄山羊、圭山山羊和都安山羊等。

这一区域分布的山羊品种多，在山羊生态养殖过程中要防止草原的过度放牧，严格控制载畜量，实行以草定畜，在农牧交错区提倡农牧结合，发展生态养殖产业，减轻区内畜牧业对水土保持和生态系统的压力。

（四）防风固沙重要区

该功能区全国共30个，其中重要区域有7个。位于内蒙古东部、内蒙古高原东北部的海拉尔盆地及其周边地区的科尔沁沙地防风固沙重要区和呼伦贝尔草原防风固沙重要区，分布的山羊品种为罕山白绒山羊；位于内蒙古自治区中部及河北省北部的浑善达克沙地防风固沙重要区，内蒙古中部的阴山北部防风固沙重要区和鄂尔多斯高原防风固沙重要区，分布的山羊品种为晋岚绒山羊和内蒙古绒山羊。位于内蒙古西部及甘肃西北部的黑河中下游防风固沙重要区分布的山羊品种为河西绒山羊和内蒙古绒山羊；位于塔里木河流域的防风固沙重要区分布的山羊品种为新疆山羊。

这一类型区在畜牧业方面主要保护方向为：严格控制放牧和草原生物资源的利用，禁止开垦草原，加强植被恢复和保护。调整传统的畜牧业生产方式，大力发展草业，加快规模化圈养牧业的发展，控制放养对草地生态系统的损害。积极推进草畜平衡科学管理办法以及恢复草地植被，大力推进调整产业结构、退耕还草、退牧还草等措施。根据这一区域保护方向，山羊养殖以舍饲模式为主，通过人工种草提高山羊饲草供给。

（五）洪水调蓄生态功能区

该功能区全国共8个，主要包括淮河中下游湖泊湿地、江汉平原湖泊湿地、长江中下游洞庭湖、鄱阳湖、皖江湖泊湿地等。这一区域分布的山羊品种主要有赣西山羊、黄淮山羊及长江三角洲白山羊。这一区域主要生态问题是人为活动及自然因素导致湖泊容积减小、湿地萎缩、调蓄能力下降，以及人为活动对湖泊的污染问题。

这一区域面积广阔，可利用的湖洲滩涂、堤坝围堰等牧草资源相当丰富，非常适合发展适度规模的山羊养殖，是湖区群众致富的重要途径之一。在山羊养殖过程中应通过科学规划采用轮牧的养殖模式。对于有血吸虫病的风险区，且准备放牧的草洲，提前一年查螺，如果还有受血吸虫感染的钉螺，需进行药杀；已除钉螺的草洲允许放牧牛羊，其他草洲绝对禁牧。第二年另择一块草洲放牧，如此循环。这样既保障放牧牛羊不感染血吸虫病，且避免血吸虫病向人群传播，还充分利用了湖草资源。

（六）农产品提供功能区

该功能区全国共58个，以提供粮食、肉类、蛋、奶、水产品和棉、油等农产品为主，包括全国商品粮基地和集中联片的农业用地，以及畜产品和水产品提供的区域，集中分布在东北平原、华北平原、长江中下游平原、四川盆地、东南沿海平原地区、汾渭谷地、河套灌区、宁夏灌区、新疆绿洲等商品粮集中生产区，以及内蒙古东部草甸草原、青藏高原高寒草甸、新疆天山北部草原等重要畜牧业区。该区域分布的山羊有罕山白绒山羊、辽宁绒山羊、文登奶山羊、崂山奶山羊、鲁北白山羊、莱芜黑山羊、济宁青山羊、沂蒙黑山羊、牙山黑山羊、黄淮山羊、长江三角洲白山羊、麻城黑山羊、晋岚绒山羊、关中奶山羊、陕南白山羊、成都麻羊、雅安奶山羊、简州大耳羊、川东白山羊、南江黄羊、板角山羊、湘东黑山羊、赣西山羊、新疆山羊、西藏山羊及都安山羊等。

这是我国山羊分布最为广泛的区域，在山羊养殖方面饲草料资源比较丰富，可采用的养殖模式也较为多样。在草地畜牧业区，要科学确定草场载畜量，实行季节畜牧业，实现草畜平衡；或实行草地封育改良相结合，实施大范围轮封轮牧制度。在农区及农牧交错区可充分利用农副产品进行适度规模山羊舍饲与半舍饲生态养殖。

第三节　山羊采食行为与草地生态功能

一、山羊采食行为

山羊群体采食行为由多只个体整体牧食行为组成，其主要包括游走行为、采食选择行为、反刍行为、卧息行为、排泄行为和嬉戏行为等，其中采食选择行为和反刍行为是羊只的主要采食行为。山羊采食具有“好奇心”，如果有选择机会，山羊会尝试采食所有的植物类型以及每个植物类型的几乎所有品种。

（一）山羊采食动作和采食范围

山羊在选择性、食性、远行性和适应性这些方面的采食行为与绵羊和牛有明显的不同。在树木和藤蔓丰富的地区，山羊通常会在 2 m 高的地方吃草。山羊经常站在很高的悬崖上或爬到低悬的树枝上去采食，吃草的常见姿势是只用后腿站立，前腿和头部藏在较矮的树枝间，两足站立极大地增加了给定区域内可饲用的草和树的数量。

山羊是一种警惕性很高的动物。与视线齐平的采食行为是山羊常见的具有防御作用的觅食姿势，这种觅食姿势同时也降低了感染植被表面寄生虫虫卵的风险。山羊通常会迎风而行，并且它们会观察这片区域，然后对这片区域的安全性进行评估，确认安全后会走向灌木丛生的区域进行觅食。

尽管山羊可以选择所有的植物类型进行采食，但它们尤其喜欢乔木和灌木。山羊不仅将其觅食环境向上扩展，同时比绵羊或牛走得更远，因此可选择更多种类的食物。但采食的范围取决于牧草的可用性、水源、舒适的休息区域、不同的季节、山羊的大小、健康状况等其他因素。有研究报道，冬季山羊每天的移动距离为 5.5 km，而早春月份为 3.5 km。此外，山羊若向上攀爬进行采食，就需要消耗更多的能量。

（二）山羊采食的喜好

山羊是草食反刍动物，由于嘴唇薄，且上唇有一纵沟，运动灵活，牙齿锐利，因而采食方便。凭借这一特殊结构，能够在多刺的灌木丛中采食到牧草，也可以采食到更短的草。

通过观察山羊的进食行为，发现山羊最喜欢的是那些多汁、柔嫩、低矮、略带咸味或苦味的各种食物。同时要求草料要洁净，凡是被尿粪污染过的草，一般避开不吃。并且山羊进食会选择吃完整的木本树木和灌木的叶子、芽、花和茎秆。相比较而言，山羊进食行为使它们与许多其他家养反刍动物截然不同；在自由放养的情况下，山羊会选择性地吃草。山羊最常选择的部分是芽、叶、果和花，其含有较少的纤维和较多的蛋白质，比茎和叶柄更容易消化。有研究发现，山羊会选择 60%的灌木、30%的草和 10%的杂草，而绵羊会选择 20%的灌木、50%的草和 30%的杂草。但在限制或控制的条件下，山羊更喜欢吃树木和灌木。

有研究评估了牛、羊和山羊对甜、咸、酸和苦溶液的辨别能力和喜好，发现牛对测试溶液和水的辨别能力最强。山羊排名第二，绵羊表现出的辨别能力最低。然而，在苦味溶液的测试中，山羊表现出更强的辨别能力和对苦味的忍耐力，其次是牛和绵羊。山羊比牛和绵羊更能忍受苦味，并且进化出了应对苦味物质的味觉感受器，感受器的存在降低了山羊对苦味的敏感度。这一特征使得山羊更能适应湿度有限、植被稀少、坚韧等环境的地区。

特别是在重度放牧地区，山羊在采食方面的进化，让它们变得会采食许多牛和其他牲畜不喜欢食用的植物，同时山羊与绵羊、牛相比，味觉耐受性差异明显。这也可以使山羊更容易生存下去。此外，山羊似乎更喜欢含有单宁酸的橡树。单宁酸等次生植物化合物是植物对食草动物的保护剂。这些化合物通常对牲畜有毒，但是山羊的唾液腺分泌量大，对植物中单宁酸有中和解毒作用，保证了山羊能大量采食富含蛋白质的树叶，有效地消化吸收利用而不受单宁副作用的影响。

（三）山羊的饮水量

山羊的食物消耗量与环境温度和饮水量成反比。在寒冷的天气里，山羊倾向于控制水的摄入量，从而减少采食量，但是采食时间和粗蛋白质消化率实际上会增加。应避免长时间减少进水量，因为这可能导致尿量减少，尿素和矿物质浓度增加。

（四）山羊的反刍活动

山羊一天的大部分时间都花在进食和反刍。虽然山羊的进食速度比绵羊快，但山羊在牧草选择上花费的时间更多，觅食范围更大，而且会消耗更多的能量。山羊在日间有两次进食期，第一次进食期是从早晨开始一直持续到上午 10 时左右；第二次进食期开始于日落前 3 小时，一直持续到天黑。在中午有时也会有少量进食，大约持续 1 小时。然而，这种日间进食模式会受到摄食频率、摄食量、牧草种类和环境（如高温和雨水）等因素的影响。在炎热的夏季天气，山羊可能会改变进食期，主要在夜间采食牧草。

健康的山羊每天各种行为活动中反刍所占的时间最多，几乎达昼夜总时数的 1/3，其次为睡眠时间，然后是运动时间和采食时间。同时山羊的夜间反刍时间要长于白天反刍时间，达到总反刍时间的 64.4%。反刍时间主要取决于食物颗粒长度，此外进食量和热应激等都是影响山羊反刍时间的因素。食物颗粒长度和食物摄取量与反刍时间呈正相关，而与环境温度呈负相关。

二、草地生态功能

草地植被是人类重要的自然资源，世界草地总面积约 5 000 万 km^2，占陆地总面积的 33.5%。我国草地面积约 400 万 km^2，占国土面积的

41%，是我国最大的陆地生态系统。面积广阔的草地植被在人类生存空间和全球变化中有举足轻重的地位，它不仅提供大量人类社会经济发展中所需的畜牧产品、植被资源，还对维持我国自然生态系统格局和功能，尤其对干旱、高寒和其他环境严酷地区起到关键性作用和具有特殊生态意义，对发展畜牧业、保护生物多样性、保持水土和维护全球生态系统的平衡和稳定等具有极其重大和不可代替的作用。关于草地生态系统的服务功能主要体现在以下几个方面：

（一）产品供给功能

主要是提供畜牧业产品和植物资源产品。前者是指人类生活所必需的肉、奶、毛、皮等产品；后者则主要包括食用、药用、工业用、环境用植物资源以及基因资源和种质资源。据调查，我国草地生态系统中可被用于制作食品、被人类直接利用的食用植物有近 2 000 种；药用植物达 6 000 余种；还有工业用植物资源、环境用植物资源等。草地生态系统为人类维持了一个巨大的基因库，草原地区分布着许多濒危、珍稀物种等，同时也是作物和牲畜的主要起源中心。

（二）气候调节功能

大面积的草地与裸地相比，草地上的湿度一般较裸地高约 20%，小面积的草地也比空旷地的湿度高 4%～12%。夏季草地的地表温度比裸地低 3 ℃～5 ℃，而冬季则相反，草地比裸地高 6 ℃～6.5 ℃。草地利用方式的改变，如不同的放牧强度乃至过度放牧、彻底转变为农田等，在不同尺度上对气候具有显著的影响。放牧引起的草原植被群落结构、组成及覆盖状况的改变，导致地表能量反射率改变、植被粗糙程度和蒸腾作用减少，从而对气候产生影响。草地破坏引起的 CH_4 排放对气候变化也具有重要影响，野外实验表明，原生草地吸收 CH_4 的量为 2.6 g C/（hm^2 · d），而 CH_4 温室效应影响强度是 CO_2 的 20～50 倍。

（三）气体调节功能

草地植物通过光合作用进行物质循环的过程中，可吸收空气中的 CO_2 并放出 O_2。一般情况下，1 m^2 草地 1 h 可吸收 CO_2 1.5 kg，如果每人每天呼出 CO_2 平均为 0.9 kg，吸进 O_2 为 0.75 kg，那么每人平均有 50 m^2 的草地就可以把呼出的 CO_2 全部还原成 O_2。草地中有很多植物对空气中的一些有毒气体具有吸收转化能力，据研究，草坪草能把氨、硫化氢合成为蛋白质，能把有毒的硝酸盐氧化成有用的盐类；同时还具有吸附尘埃净化空气的作用。据测定，草地上空的细菌含量仅为公共场所的1/3。此外，草地还具有减缓噪声和释放负氧离子的作用，据报道，草地释放负氧离子的数量高者可达200～1 000个/m^2，低者也在40～50个/m^2。散落在草地生态系统中的牲畜的大量排泄物，在自然风化、淋滤以及生物碎裂和微生物分解等综合作用下降解，养分归还草地生态系统。该功能避免了大量牲畜粪便积存，对于维持草地生态系统功能与过程至关重要。

（四）水土保持功能

完好的天然草地不仅具有截留降水的功能，而且比空旷裸地有较高的渗透性和保水能力，对涵养土地中的水分有着重要的意义。据实验，草地的降水截留量可达50%。在相同的气候条件下测定，草地土壤含水量较裸地高出90%以上。天然草原的牧草因其根系细小，且分布于表土层，因而比裸地和森林有较高的渗透率；据测定，生长2年的牧草拦蓄地表径流的能力为54%，比生长3～8年森林高出58.5%。草地植被在土壤表层形成大量由根系和地上残体组成的有机物质。据研究表明，生长在高寒草甸类草地上的对珠芽蓼和线叶蒿草，在0～10 cm土层中的根量分别为52 200 kg/hm^2、47 400 kg/hm^2，其氮素含量分别为657.72 kg/hm^2和815.28 kg/hm^2。这些物质在土壤微生物的作用下，可以改善土壤的理化性状，促进土壤团粒结构的形成，是土壤及其肥力的主要组成部分。草地中的豆科牧草通过根瘤菌固定空气中的游离氮素，可为草地生态环境提供大量的氮肥，一般情况下，以豆科牧草为主的草地平均每年可固定空气中的氮素150～200 kg/hm^2，生长3年的紫花苜蓿草地每公顷可形成氮素150 kg，相当于330 kg的尿素。

（五）生物多样性保护功能

我国草地资源分布于多种不同的自然地理区域，自然条件的复杂多样性形成和维系着草地生态系统高度丰富的生物多样性。根据已有调查结果，全国草地生态系统共有草地饲用植物6 740种，分属5个植物门246科1 545属。由于各地草原的形成历史不同，地形、气候、植被组成等现代自然环境条件各异，我国的草原分为四大类型，分别为中温型草原、山地草原、暖温型草原和高寒草原，各类草原都具有适应特殊生存条件而分化出来的特殊成员，形成各具特色动物群落。草原景观中镶嵌有山地、丘陵、沟谷、梁峁等，形成复杂的地貌板块，水热条件随之分布为明显的垂直空间格局，植被除草原基带外，还发育出山地草甸草原、灌木草原等，草原动物群落也显示出垂直层次性差异。在山地草原或山地草甸草原分布有马鹿、盘羊、岩羊、北山羊等，各类型草原的动物群落又有不同的特色。同时天然草原分布范围广泛，不仅饲养着大量的家畜，而且繁衍着大量的野生动物。例如我国分布有430种哺乳动物，其中至少有一半以上都是典型的草原动物或其他生存环境与草原有关的动物。我国草原的草食性哺乳动物以马科、牛科、鹿科、骆驼科以及啮齿动物最具有代表性。

（六）防风固沙功能

草地生态系统对防止土壤风力侵蚀、减少地面径流、防止水利侵蚀具有显著作用。草被植物可以增加下垫面的粗糙程度，降低近地表面风速，从而可以降低风蚀作用的强度。不同盖度的草被植物对风蚀作用的发生具有控制作用。当植被盖度为30%～50%时，近地面风速可削弱50%，地面输沙量仅相当于流沙地段的1%。草地有效削减雨滴对土壤的冲击破坏作用，促进降雨入渗，阻挡和减少径流的产生。草被植物根系对土体有良好的穿插、缠绕、网络、固结作用，防止土壤冲刷，增加土壤有机质，改良土壤结构，提高草地抗蚀能力。

（七）营养物质循环

草地生态系统通过生态过程促使生物与非生物环境之间进行物质交换。绿色植物从无机环境中获得必需的营养物质构造生物体，小型异养生物分解已死的原生质或复杂的化合物，吸收其中某些分解的产物，释放能为绿色植物所利用的无机营养物质。生态系统的营养物质循环是在生物库、凋落物库和土壤库之间进行，其中生物与土壤之间的养分交换过程是最主要的过程。

第四节　山羊养殖模式

在我国悠久的养羊历史过程中，根据自然资源及经济技术条件，形成了不同的养殖模式。同时随着我国经济社会的发展，以及人民对畜产品产量与质量需求的提高，也催生出新的山羊养殖模式。根据山羊饲养管理方式可分为放牧式、半舍饲半放牧式、舍饲养殖模式及种养一体化模式。另外，根据山羊养殖规模的集约化程度又可分为家庭牧场养殖模式、小区养殖模式、规模化养殖模式和专门化大型养殖模式等。

一、放牧模式

放牧饲养是一种利用天然饲草资源进行养殖的模式，在我国中部、内蒙古及新疆的草原地区，以及我国广大牧区、半农半牧区和拥有草山、草坡、滩涂条件的农区都可以见到这种养殖模式。这种养殖模式下，山羊可以吃到各样饲草，有利于满足山羊对各种营养物质的需要。另外在放牧过程中，充足的阳光和新鲜空气，以及运动充足，这些都有利于增强羊只体质，促进生长。这种模式具有节约精料、节省人力、成本低廉的优点，且生产出的畜产品品质比较优良。此外，适度放牧还可加快植被生长和植物补偿生长，提高草地生产力，并提高物种多样性，有利于维持草地生态系统结构和功能的稳定性。

另一方面，这种养殖模式受季节影响较大，在冬春枯草期易发生饲草不够的畜草矛盾，难以满足生长山羊的营养需求，从而延长生长周期。在养殖规模上，南方地区受草山草坡面积和所能提供资源的限制，其养殖规模一般都不大，难以扩大生产。在放牧方式下，羊群还易受恶劣天气的影响而生病，且易感染寄生虫。最后，过度放牧会对草地带来较大的负面影响，重度放牧会提高昆虫灾害的发生频率。

二、舍饲模式

舍饲模式就是完全在圈舍内进行饲养，需要较高的饲养管理技术，这是城镇近郊、土地面积有限的农区和封山绿化地区普遍采用的一种饲养方式。由于舍饲条件下减少了天气因素对羊的不利影响，同时饲草料的全年均衡供应，避免了放牧模式山羊“夏壮、秋肥、冬瘦、春乏”的恶性生产规律，使山羊在短期内持续增长，减少疾病与死亡，加快周转。并根据精细化的管理对羊群进行选种选配，杜绝近交，维持群体质量。该模式具有繁殖率、出栏率、周转率都较高，饲料报酬显著等特点，同时具有便于管理、劳动生产率高、适宜规模化生产等优点。最后舍饲模式还有利于保护植被，改善生态环境，促进农、林、牧各业协调发展。

另一方面，全舍饲饲养模式因其占用的土地面积较大、高质量的羊舍建筑、优质饲草料的购置、管理和饲养人员的工资等使其从事肉羊养殖的投入成本和机会成本较高，通常靠规模取胜，因其投入较大，一般不宜轻易退出，需要依靠先进技术和科学管理来降低养殖成本和提高产出率。另外，舍饲条件下，山羊由于运动减少，体质要比放牧条件弱，食欲和采食也会有下降。全舍饲饲养模式下羊群全天候关在羊圈中，且饲养密度都比较大，如果舍内通风条件不好，舍内氨气味较重，羊群容易生病，一旦有疫情也更容易传播。这种模式需要通过改善圈舍环境，做好羊舍的通风和防暑降温措施，并加强科学管理和疫病防控，以减少羊群应急，降低发病率。

三、半放牧半舍饲模式

半放牧半舍饲模式就是舍饲与放牧相结合的养殖方式，也称为半舍饲模式，在我国有两种形式。一是在大部分农区和半农半牧区，一年中有一半左右的时间在草山、草坡和草场上放牧，让牲畜采食鲜草，在寒冷季节或枯草季节则进行舍饲。二是在既有一定舍饲条件，附近又有草场的情况下，一天内有半天进行野外放牧，半天在畜舍饲养。这种养殖模式对于青年羊、种公羊、干奶期羊等特别适合，对于奶山羊放牧距离不能太远，一般放牧半径应在3 km以内。

该模式的优缺点：这种养殖模式受所能放牧的草山草坡面积和所能提供资源量的限制，其群体规模不会很大，根据以放牧为主还是以舍饲为主养殖数量会有不同，但差异不会很大；在经济效益方面，这种饲养模式下山羊获取的营养水平取决于放牧场所的牧草产量和质量，以及补饲精料的营养水平，投入相对较大，机会成本居中，对市场依赖性较高但其进退相对容易；在饲养管理方面可以做到按照配种计划进行科学的选种选配，能较好地杜绝近交，很好地维持群体质量；放牧时能满足山羊爱动、活泼的生物属性，增加了运动量，提高了山羊的体质，归牧后可以通过补饲调控羊群质量，进而提高山羊群的养殖品质与效益。这种模式还便于统一建舍，统一防疫，不仅有利于加快羊种改良，放牧时可节约部分草料，降低成本，同时节约养殖成本，提高养殖效益，实现以畜管草，草畜平衡。另外，这种模式还可以对山羊代谢产物（粪便）进行统一处理，解决日益突出的农林牧矛盾，在很大程度上减弱了山羊对草场、草地及树木林地的破坏，实现养羊可持续发展（图1-1）。

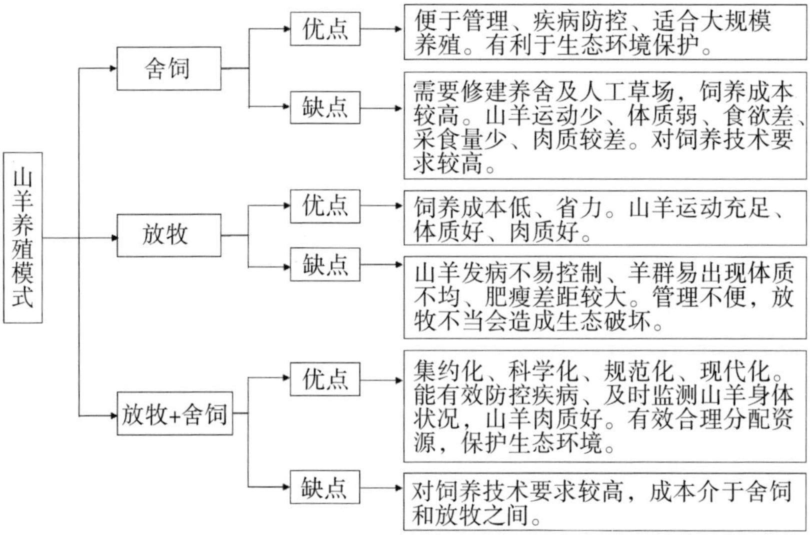

图 1-1 放牧、舍饲及放牧＋舍饲模式的优缺点

四、种养一体化模式

种养一体化养殖模式是一种在不增加养殖生产终端废弃物排放量和不破坏环境的前提下，遵循减量化、再利用资源化的原则，实施可持续发展的养殖业发展模式。根据养殖规模和空间布局划分，可分为小尺度种养一体化模式、中尺度种养一体化模式和大尺度种养一体化模式。小尺度种养一体化模式下其养殖业与种植业主体为同一主体，产生的畜禽粪污在养殖场周边自有土地进行消纳，实现农牧结合，生态循环，家庭生态种养模式是这一模式中的典型；中尺度种养一体化模式以一个村、一个小区或第三方为纽带，将一定区域范围的养殖场与种植户进行对接，实现区域内的农牧结合与生态循环；大尺度种养一体化模式是在几个村镇或县域范围，由政府牵头，企业运作，统一收集、集中处理，实现较大区域内的农牧结合与生态循环。

（一）种养一体化模式示例

1. 羊-粪-粮（草）一体化模式

在该模式中，粮食种植是整个循环系统的起点，将粮食（牧草）种植中产生的秸秆（青饲料）进行青贮、氨化等处理，作为山羊的粗饲料，并收集山羊养殖过程中产生的羊粪，经堆肥后作为粮食（牧草）种植的肥料，实现粮食（牧草）种植和山羊养殖的种养循环。这种模式的适用性比较广，在中国大部分地区都可以采用。而且该模式的整体技术要求相对较低，使其具有较好的推广前景。

2. 羊-粪-粮＋草一体化模式

该模式是将秸秆养羊和牧草养羊相结合。在这种模式中，通过种植粮食作物获得秸秆，秸秆在青贮氨化后可作为肉羊的粗饲料；同时通过套种或轮作牧草，为山羊提供优质青饲料，并通过牧草的种植改良土壤，实现粮食作物的增产。这种养殖模式在农区同样具有较大推广应用潜力。

3. 羊-粪-粮加工一体化模式

该模式通过种植业获得山羊饲养所需的饲料，将山羊的干清粪作为肥料返还于种植业，实现种植业和养殖业之间的循环；同时，通过开办农产品加工厂，对粮食和山羊产品进行加工和销售，实现种植业、养殖业和加工业的循环。加工环节的介入提高了整个种养一体化循环农业系统中产品的附加值，从而使得系统能够获得相对更高的经济效益。

（二）种养一体化模式的优势

减少环境污染，节约肥水资源：种养结合能够解决养殖过程中带来的养殖废弃物污染问题。养殖户或养殖企业可充分利用周边自有土地或租赁土地，将收集处理后的粪尿作为有机肥，解决农作物或牧草种植中的部分肥料需求，达到节约肥料、减少环境污染的目的。另一方面，山羊养殖中可利用农作物种植过程产生的秸秆等副产物，减少秸秆野外焚烧带来的环境污染。

1. 优化资源配置，形成专业化经营

在中尺度种养一体化模式或大尺度种养一体化模式中，养殖场已经由养殖户进行专业化养殖，其在生产经营中规划性与规模性更高，有利于统筹规划与科技方面的投入，有利于促进农业生产向精细化、专业化方向发展，促进标准化生产，优化资源的配置，提高产品的市场竞争力。

2. 促进新技术、新产品的集成应用

该模式中适度规模标准化饲养模式，有助于将山羊良种繁育、优质牧草种植、农作物秸秆饲料资源利用、山羊疫病综合防治、饲养管理、羔羊培育、短期育肥、羊舍建筑、饲养环境调控等环节中实用新技术、新产品进行集成应用，进而推进畜牧业现代化进程。

3. 有利于促进农民持续增收，提高农村经济水平

由于这种模式有利于先进技术推广应用，生产管理水平提升，及整

合资金的集中投入使用。同时，这种模式还可充分利用大量的农作物秸秆，加快资源优势向经济优势的转换。其次，适度规模养殖还可实现规模效益，成为养殖户家庭经济收入的一个重要模式，有效增加农民收入，解决农村就业和创业，提高农村经济水平。

4. 促进生态农业持续、稳定发展

种植业与养殖业的有机结合，有利于农、林、水、草的合理布局，从根本上消除超载过牧的现象，加快生态环境治理的进程，提高农业生态系统的自我调节能力，最终达到“经济、生态、社会”效益三者的高度统一，有利于农业持续、稳定地发展。同时养殖业、种植业的发展，也有助于促进并推动农副产品深加工为主的乡镇企业的发展，提高农村经济综合实力，形成种养加一体化的生态农业综合经营体系，提高农业生态系统的综合生产力水平。

（三）种养一体化模式影响因素

在各类影响种养一体化模式实施的因素中，政府的政策鼓励、银行的农业贷款、专业化农业组织的参与、种养一体化模式的预期收益及农户对于农业环境保护的了解，是推进实施这一模式的 5 个关键因素。有针对性地对这 5 个关键因素提出解决措施（即简化农业贷款手续，加大对农业发展的资金扶持，加强专业化农业技术培训，聘请专业化人员指导、进行农业资源整合，以规模化代替家庭散养、大力宣传农业生态环保，提高农户农业环保意识等），有助于推进这一模式的推广与应用。

种养结合一体化养殖模式，在提高养殖效率的同时，兼顾自然与环境，将科技融入养殖业，提高副产品的质量，改善民众生活水平，是最适合我国农村农牧业发展的模式，其发展潜力巨大，已经成为畜牧养殖行业发展趋势。

五、家庭生态养殖模式

在我国南方农区和半农半牧区，根据实际生产情况还发展出了适应家庭资源条件的不同养殖模式，这些模式基本也可归属于舍饲和半放牧半舍饲模式。

（一）标准化“1235”养羊模式

这种模式是以农户家庭为单位的适度规模肉羊养殖模式，是指 1 个养殖户建设 1 栋标准羊舍，饲养 20 只能繁母羊，种植 0.2 hm^2（3 亩）（1 亩≈666.7 m^2，全书同）优质牧草，年出栏商品肉羊 50 只以上，年收入达万元以上。“1235”养羊模式最早在湖北省十堰市房县推广应用，通过建设单列式高床羊舍，饲养马头山羊，采取舍饲或半舍饲半放牧的方式，种植优质牧草，合理配置精料，利用农作物秸秆等，实施科学化、精细化管理，肉羊生产效益明显提升，成为农户增收致富的重要产业。“1235”养羊模式采用种养结合的方式，饲养规模适度，充分利用了家庭劳动力，饲养管理方便，实现了资源、资金、劳动力的合理配置，适合在南方发展肉用山羊的家庭牧场中推广和应用。

（二）“1232”肉羊养殖模式

这种模式是指 1 家农户种植 0.13 hm^2（2 亩）草地，利用 0.2 hm^2（3 亩）农田养殖 20 只能繁母羊，实现草、粮、羊有机结合的羊产业发展模式。该模式在四川省旺苍县得到示范和推广，通过结合山区地形特点和资源优势，选择简州大耳羊和天府肉羊等品种进行饲养，建设标准化羊舍，均衡饲草料供给，抓好疫病防控，加强饲养管理，实现了养羊效益最大化。此外，通过建立产业技术服务中心，充分发挥高校、科研院所的技术和人才优势，为养殖户提供技术指导和技能培训，进一步提高养殖规范化管理水平。

（三）“1345”肉羊养殖模式

“1345”肉羊养殖模式是云南省保山市龙陵县在黄山羊养殖过程中，为避免草山过度放牧退化，有效利用山区饲草饲料资源，加快山羊产业发展而探索出的养殖模式。“1345”模式中的“1”指一户示范户建设 1 栋 100 m^2 的标准化羊舍；“3”指饲养 30 只能繁母羊，种植 0.2 hm^2（3 亩）优质牧草，制作全株玉米青贮 8 t；“4”指年出栏商品肉羊 40 只；“5”指帮助协调贷款 5 万元，户均年收入 5 万元以上。该模式在养殖示范户的带动下，养殖肉羊的农户数逐步增加，通过发展适度规模化全舍饲养殖，生产效率和管理水平大幅提升，增加了养殖户收入，有效促进了当地黄山羊产业的快速发展。

（四）“2611”家庭牧场全舍饲养殖模式

“2611”家庭牧场全舍饲养殖模式，又称为“两保障六支撑-高效-安全模式”，即适度规模设施设备有保障、饲草饲料有保障；建立肉羊养殖过程中“品种改良、草料搭配、饲养管理、疫病防治、人员培训、技术服务”六个支撑体系；筑牢高效与安全屏障。该模式在云南省昆明市寻甸县七星镇家庭牧场进行集成示范，通过建造高床双列式羊舍并配套建设运动场，引进云上黑山羊种羊与本地黑山羊杂交生产商品羊，分群精准管理，同时种植一年生黑麦草、紫花苜蓿等优质牧草，制作全株玉米青贮，收集山区农作物秸秆资源、合理配比精粗饲料，做好做全 6 种疫苗免疫，强化技术培训和指导等，肉羊养殖效益明显。2018—2019 年家庭牧场年均出栏商品羊 1 200 只以上，净利润 20 万～30 万元，同时带动所在县家庭牧场 50 户，肉羊养殖的经济效益和社会效益显著提升。“2611”全舍饲养殖模式有助于推动家庭牧场肉羊产业逐步向经营化、标准化、绿色化和适度规模化方向发展。

（五）“12358”山羊养殖模式

这是由山东凤华牧业波尔山羊繁育场大力推广并取得较好的养殖效益和社会效益的养殖模式。“12358”养羊模式就是：建 1 个标准羊栏、养能繁母羊 20 只、种 3 亩优质牧草、当年出栏山羊 50 只，实现纯收入 8 000 元。

六、小区养殖模式

该模式是依托新农村建设、移民搬迁、农村环境整治建设等，采取人畜分离，统一规划设计，统一集中养殖，统一防疫，统一品种改良，统一选种选配，分户自主饲养管理与经营的模式组织养羊生产。

七、规模化养殖模式

这种模式是以工商资本或社会资本为投资主体，通过租赁等方式获得土地使用权，工商独立注册，取得法人资格，按照企业化管理组织生产，一般为股份投资，法人治理，组织管理体系比较完善。劳动力主要从社会招聘，内部分工明确，建设规范，达到规模专业化养羊场建设标准。其生产规模一般存栏基础母羊 500 只以上，年出栏肉羊能力在 1 000 只以上。采用产加销一体化经营。

（一）羊场建设与管理

按照规模羊场规划布局设计，整个场区分为生活管理区、生产区、粪污处理区；场区内设主干道和支干道，净道和污道分开；绿化面积占场区总面积的 30%；四周建围墙与外界隔离；场区大门及生产区入口、羊舍入口处设消毒设施。场区建设占地面积和饲草料基地面积按存栏繁殖母羊占地 20 m^2/只、饲草料基地 0.3 亩/只以上确定。500 只繁殖母羊需占地 25 亩左右、建饲草基地 150 亩以上。

（二）羊舍与类型

根据养殖规模建设种公羊舍、育成母羊舍、空怀配种母羊舍、怀孕母羊舍、产羔母羊舍、羔羊舍和育肥羊舍。根据实际情况选择单坡单列式、双坡单列式、双坡双列式、密闭式、半开放式、开放式。

（三）配套设施

配套设施包括生活办公用房、兽医诊疗室、人工授精室、电房、水房、消毒房及饲料储存和加工用房、饲草青贮窖（池）、贮草棚等。配置固定和移动饲槽；运动场内设移动式草架、饮水器具；配备铡草机、粉碎机、颗粒机等饲草加工机具；配备办公、兽医防治、监控、供水供电、交通运输及粪污处理设施等设备。

（四）生产效率

该模式采取一年两产、两年三产或三年五产繁殖制度，当年育肥出栏。要求达到的技术指标为：配种受胎率 99%，年繁殖成活率 95%，基础母羊更新率 33%、死亡率 1%以下、出栏率 99%以上。

八、专门化大型育肥养羊场模式

该模式为规模专业化养殖模式的特例。其特点是：规模较大，采用股份制经营，年出栏肉羊能力设计在万只以上。采取“户繁场育”生产模式（由农户饲养繁殖母羊，生产育肥羔羊，育肥场集中育肥），或与牧区建立羊源供给关系，与屠宰加工企业建立产销关系。实行规范的生产流程：购羊—进入隔离饲养区（观察饲养 15 d，进行羊口蹄疫、布鲁菌病、绵山羊痘、螨病等检查，进行驱虫、药浴、肠胃调理，统一饲养程序）—转入育肥饲养区（强度育肥饲养 90 d，实行定时定量饲喂，增重目标管理）—转入待出栏区（体重达到出栏标准后，及时出栏，一般山羊毛重达到 33 kg 以上）。实行全进全出，均衡生产，全年分三批次或四批次集中出栏。

第五节　山羊生态养殖与乡村振兴战略

一、乡村振兴战略

（一）乡村振兴战略的提出

乡村振兴战略是习近平总书记于 2017 年 10 月 18 日在党的十九大报

告中提出的战略。十九大报告指出，农业农村农民问题是关系国计民生的根本性问题，必须始终把解决好“三农”问题作为全党工作的重中之重，实施乡村振兴战略。2021 年 4 月 29 日，十三届全国人大常委会第二十八次会议表决通过《中华人民共和国乡村振兴促进法》，2021 年 5 月 18 日，司法部印发了《“乡村振兴　法治同行”活动方案》。

（二）乡村振兴战略的意义

乡村是具有自然、社会、经济特征的地域综合体，兼具生产、生活、生态、文化等多重功能，与城镇互促互进、共生共存，共同构成人类活动的主要空间。我国人民日益增长的美好生活需要和不平衡不充分的发展之间的矛盾在乡村最为突出。全面建成小康社会和全面建设社会主义现代化强国，最艰巨最繁重的任务在农村，最广泛最深厚的基础在农村，最大的潜力和后劲也在农村。实施乡村振兴战略是建设现代化经济体系的重要基础，是建设美丽中国的关键举措，是传承中华优秀传统文化的有效途径，是健全现代社会治理格局的固本之策，是实现全体人民共同富裕的必然选择，是解决新时代我国社会主要矛盾、实现“两个一百年”奋斗目标和中华民族伟大复兴的必然要求，具有重大的现实意义和深远的历史意义。

（三）乡村振兴战略的目的

坚持农业农村优先发展，按照产业兴旺、生态宜居、乡风文明、治理有效、生活富裕的总要求，建立健全城乡融合发展体制机制和政策体系，统筹推进农村经济建设、政治建设、文化建设、社会建设、生态文明建设和党的建设，加快推进乡村治理体系和治理能力现代化，加快推进农业农村现代化，走中国特色社会主义乡村振兴道路，让农业成为有奔头的产业，让农民成为有吸引力的职业，让农村成为安居乐业的美丽家园。

（四）乡村振兴战略实施时间与路径

按照党的十九大提出的决胜全面建成小康社会、分两个阶段实现第二个百年奋斗目标的战略安排，中央农村工作会议明确了实施乡村振兴战略的目标任务：即到 2020 年，乡村振兴取得重要进展，制度框架和政策体系基本形成；到 2035 年，乡村振兴取得决定性进展，农业农村现代化基本实现；到 2050 年，乡村全面振兴，农业强、农村美、农民富全面实现。

2017 年中央农村工作会议提出，中国特色社会主义乡村振兴必须重塑城乡关系，走城乡融合发展之路；必须巩固和完善农村基本经营制度，走共同富裕之路；必须深化农业供给侧结构性改革，走质量兴农之路；必须坚持人与自然和谐共生，走乡村绿色发展之路；必须传承发展提升农耕文明，走乡村文化兴盛之路；必须创新乡村治理体系，走乡村善治之路；必须打好精准脱贫攻坚战，走中国特色减贫之路。

二、山羊生态养殖与乡村振兴战略的关系

山羊生态养殖就是指运用生态技术措施，按照特定的养殖模式，重点通过产品、技术、制度、组织与管理创新，提升山羊养殖过程中的良种化、机械化、科技化、信息化、标准化、制度化以及组织化水平，推进山羊养殖及其产品加工转型升级。山羊生态养殖直接面向农村、农民，其立足生态优先、绿色发展，通过养殖过程中新技术的应用，提高羊肉产品质量、效益和竞争力。特别是在广大中西部地区、偏远山区和草原牧区，发展山羊生态养殖更被定位为乡村（牧区）振兴中实现产业兴旺的最重要内容之一，已成为解决农村剩余劳动力就业问题，持续缩小城乡居民贫富差距，加快农牧民持续增收，实现生活富裕的有效途径。

三、实现山羊生态养殖的措施

（一）山羊生态养殖技术措施

进行山羊生态养殖的首要步骤是充分结合当地自然环境特点（应对温度、湿度、水文状况、海拔、气候等各方面信息加以综合）对羊舍选址与建设（包括各种配套设备设施的建设）进行科学规划。二是从山羊的实际饲养规模和发展目标出发规划牧草种植方案，充分利用空闲耕地、空闲果园地和退耕土地展开牧草种植，保障四季优质饲草料的均衡、充足供给。三是在山羊生态养殖中应充分选用生产性能与产品性状优良的山羊品种。特别是在我国的干旱、荒漠和半荒漠化比较严重的区域，更应利用品种改良技术，通过提高个体山羊的生产性能，提高养殖效益，降低山羊养殖对生态环境的影响，同时应用同期发情、人工授精快速繁育技术，提高群体繁殖能力，增加经济收益。四是根据不同品种山羊在不同生长发育阶段，制定山羊营养需要和日粮配方，根据本地饲草料原料变化，科学配制，合理加工，提倡全混合日粮（TMR）饲喂，以满足各阶段山羊的营养需要，最大限度发挥山羊的生长潜能；在牧区应针对本地不同季节牧草生长和气候变化情况合理利用草地，在生产中，做到

以草定畜，严格控制载畜量，实现草畜生态平衡。五是根据山羊的生长阶段与生产目的进行合理分群，建立合理的饲养管理制度，提高不同阶段、不同生产目的山羊的饲养管理质量和水平。六是做好山羊疾病预防，及时进行驱虫灭螨和疫苗接种，充分防控山羊疾病。同时参考养殖场实际状况，按照养殖规模制定科学合理的消毒制度。具体技术措施参照后面的章节内容。

（二）山羊生态养殖辅助措施

1. 政策鼓励与银行贷款

山羊生态养殖的推广实施，不仅需要技术上的可靠支持，更需要政策的鼓励与强有力的资金支撑。虽然政府出台了有关种养业结构优化的扶持政策，但仍然存在农牧户对这些政策全然不知，或认为这些鼓励政策力度很小的现象。同时，不同区域、不同养殖户最希望得到的政府扶持政策也会不同，针对这些现象应不断健全和完善地方扶持政策，制定具体的措施、方案和管理办法，并加强对这些政策和办法的宣传。另一方面，在山羊生态养殖过程中，还应积极争取各级部门农业综合开发项目，利用政策引导、鼓励和支持山羊生态养殖农牧户开展种养业一体化、农牧循环养殖模式，逐步构建农牧循环平衡的畜牧业发展机制。

此外，在循环农业发展方面，虽然国家对于农村农业贷款的优惠力度较大，倡导的低息甚至无息贷款对于农户的压力较小，但是办理手续的复杂及缺乏大额抵押物件等原因，仍让大部分农牧户认为农业贷款属实不易，参与现代化农业发展的资金缺口依然存在。因此，应当进一步深化农村金融体制改革，通过农业小额贷款、贴息补助、提供保险服务等形式，同时对于手续较为繁琐的农业贷款，进行手续简化以增加农业贷款的便利性，并相应地提高农牧户参与生态养殖的积极性。

2. 加强专业化技术培训与指导

在山羊生态养殖过程中，包括很多的专业与管理技术细节，这些技术水平上的壁垒会阻碍许多适合山羊生态养殖的地区对这一技术的成功实施。因此，需要继续加强农业部门对于现代化山羊生态养殖技术的推广，将科学的生态养殖技术与经济市场进行融合，并且聘请专业化技术人员为农牧户进行技术指导与培训，促进生态养殖技术的推广宣传，进一步增强农牧户参与山羊生态养殖的主动性，进而增加山羊养殖生产效率与经济收益。另一方面，对地方政府开设的各县乡级专业化农业组织进行积极宣传，提高农户对专业化农业组织的认识，利用专业化农业组织为养殖户提供技术指导。

3. 加强生态环保的宣传

影响生态化发展行为的关键因素是生态自觉的形成。生产实践中，需要有意识地培养农牧户的生态自觉意识，从而助力生态脆弱区乡村走上绿色发展之路。目前还有很大一部分农牧户在山羊养殖过程中，只是作为政策的接受者，被动性地参与山羊的生态养殖。而从主观性方面来看，很多农户的农业生态环保意识较弱。因此，应当提高农业生态环保方面的宣传力度，促进农户的观念转变，增强农牧民在农村发展中对农业生态环保重要性的认识，以及对于维护农业生态环境安全的感知度，提高农户的农业生态环境保护意识。另一方面，继续加强生态养殖的理论宣传和教育，让农牧户更加了解生态养殖带来的经济、生态及社会效益。同时，宣传与绿色生产相匹配的绿色消费观，增强消费者对绿色无公害产品的购买力。

第六节　区域载畜量与饲养模式

一、区域载畜量的概念

载畜量又称“载牧量”，它是指单位面积草地上放牧家畜的头数与放牧时间，它包括实际载畜量和理论载畜量。理论载畜量是指在一定放牧时期和一定草地面积上，在适度放牧利用并维持草地可持续生产条件下，满足承养家畜正常生长发育、繁殖及生产畜产品为前提，所能饲养放牧家畜的头数。实际载畜量则指一定放牧时期和一定草地面积上，实际饲养的放牧家畜的头数。而区域载畜量则是指一定区域内所有草地上可放牧饲养家畜的头数与放牧饲养时间。区域载畜量是评定区域内草畜平衡的一项重要临界指标。当实际载畜量较理论载畜量过低时，会造成牧草浪费，牧草利用率及单位面积家畜的总增重下降，而过高时则会引起家畜营养匮乏，生产性能下降，枯草季甚至会引起家畜的死亡，以及草地的退化。

理论载畜量可以用家畜单位、时间和草地面积单位三种方式来表示。以家畜单位表示理论载畜量时，指单位利用时间内，单位面积草地所能承载饲养的标准家畜的头数，如羊单位/（hm^2·日）和黄牛单位/（hm^2·日）。以时间单位表示时，则是指单位面积的草地可供单位标准家畜利用的时间，如（羊单位·日）/hm^2,而以草地面积为单位表示载畜量时，则是指单位时间内，可供1头标准家畜利用的草地面积，如hm^2/（羊单位·日）。

二、区域载畜量与饲养模式的关系

区域载畜量的核心就是“草畜平衡”问题，区域内草产量不仅受天然草场面积、气候条件、人工种植牧草品种、栽培技巧、牧草利用手段等的影响，而且与家畜的饲养模式有密切关系。在一定区域载畜量条件下通过饲养模式的转变，可改善区域内家畜饲草的供应状况，提高农牧户的经济效益，或在维持现有经济效益不变的前提下降低区域载畜量，进而改善区域内的生态环境。

国内有研究者针对天山北坡家庭牧场天然草场的面积、类型、地上生物量、季节草场的利用方式和放牧强度，及人工草地的种植结构、产量，以及畜群结构与周转的情况，通过对天然草地、家畜、人工草料地耦合系统进行优化和合理配置，使家庭牧场天然草地暖季放牧利用载畜量和畜种合理配置，发现采用暖季（214 d）放牧，冷季（151 d）舍饲，结合畜群周转、结构以及人工饲草料地优化的养殖模式，其综合表现优于传统四季放牧和暖季放牧＋冷季补饲的饲养模式。在新疆天山北坡中段季节草场也发现采用暖季放牧和冷季舍饲＋放牧的饲养模式，可实现草畜平衡，达到保护和改善生态环境的目的。

在半农半牧区，即放牧＋舍饲养殖模式下，区域载畜量不仅与天然牧草的产量和质量有关，而且与人工牧草的生态环境、栽培牧草品种、栽培技巧及利用手段有着极其密切的关系。在家畜日食量不变或变动幅度不大的情况下，单位面积草地的产草量越高、牧草质量越好，利用越合理，载畜量也就越高。研究表明，在南方区域以人工种植牧草养殖模式下，皇竹草和象草种植养牛模式的载畜量为每亩4个黄牛单位，较自然山林草场载畜量每亩0.07个黄牛单位（洞口县农区秸秆载畜量也是每亩0.07个黄牛单位）高57倍；较玉米种植养畜载畜量每亩0.36个黄牛单位，高11倍。通过牧草品种的选择及饲养模式的优化达到区域草畜平衡。

而在全舍饲区域，区域载畜量不仅受区域内饲草料资源的影响，而且与区域内家畜排泄的粪污对区域土地污染程度的影响程度有关，在区域饲草料资源满足其载畜量的情况下，则应以畜禽排出的污染对环境的影响为标准衡量其载畜量，这种情况下其载畜量则定义为在单位土地种植面积下，一年内所能消纳的畜禽粪便氮磷量对应的标准畜单位。

三、区域载畜量的估计

准确计算区域理论载畜量是指导区域畜牧业更好发展及提高区域草地与农副产品资源利用率的有效途径。区域内放牧载畜量的计算方式主要包括牧草产量估算、可利用营养物质估算、草原面积估算、直接经验估算等，牧民可以以牧草产量及质量决定该地区应该放牧的家畜，以草定畜，实现经济和生态效益两相兼顾。

（一）区域实际载畜量的计算

依据区域内当前时间内所确定的各类牲畜（羊、牛、马、驴、骡、骆驼等）的实际饲养数量，按一定的折算系数将不同畜种折算为以标准羊为单位的实际载畜量（表 1－1）。

表 1－1　各类草食动物折算为标准羊单位的系数

牲畜类型	绵羊	山羊	牛	马	骆驼	驴	骡
折算系数	1.0	0.8	5.0	6.0	8.0	3.0	6.0

（二）区域理论载畜量的计算

首先，根据区域内现有草地面积，综合考虑草地质量、草地合理利用率等因素计算理论产草总量 TGP，公式如下：

$$TGP_j = \sum_{i=1}^{3} m_i \times p_i \tag{1}$$

式（1）中 TGP_j 为区域内第 j 个草地产草总量，3 表示人工种植地、天然放牧草地和其他草三类牧草地，m_i 为第 i 类草地的面积（单位：hm^2），p_i 为第 i 类草地平均产草量（单位：kg/hm^2）。

其次，根据“标准羊”的日均食草量 AGC 计算合理载畜量，公式如下：

$$R_j = \frac{TGP_j}{AGC \times n} \tag{2}$$

式（2）中 R_j 为区域内第 j 个草地合理载畜量，TGP_j 为该草地产草总量，AGC 为“标准羊”的日均食草量，n 为放牧天数。

对传统放牧业区来说，牲畜的全部饲料均为草地生长出来的牧草，但是对于半农半牧区，甚至农业比重超过牧业的地区来说，饲养牲畜的饲料除部分来源于牧草外，很大一部分为粮食、秸秆以及其他人工饲料。

因此，在对区域草地资源承载力进行评价时，必须在式（2）中引入一个系数 w，即牧草占各类饲料总量的比重，改进后的计算公式如下：

$$R_j = \frac{TGP_j / w}{AGC \times n} \quad (3)$$

式（3）中 w 为牧草占各类饲料总量的比重，其余参数同上。不同区域在做草地承载力评价时应根据实际情况，通过实地调查、数据统计分析等方法合理确定 w 的取值。

（三）草畜平衡指数的计算

在上述计算的基础上，计算草原草畜平衡指数，公式如下：

$$BGLI = \frac{A - R}{R} \times 100\% \quad (4)$$

式（4）中 A 为实际载畜量，R 为理论载畜量，然后根据草原草畜平衡指数确定评价对象的草地利用状态。徐斌等人将草畜平衡等级划分为5级，其中 $BGLI > 150\%$ 为极度超载，$80\% < BGLI \leqslant 150\%$ 为严重超载，$20\% < BGLI \leqslant 80\%$ 为超载，$-20\% \leqslant BGLI \leqslant 20\%$ 为载畜平衡，$BGLI < -20\%$ 为载畜不足。

（四）区域土地氮磷需要量计算

对完全采用舍饲养殖模式的农区来说，饲养牲畜的饲料全部来源于收割的天然草地和人工种植草地生产的牧草，以及在农作物生产中产生的粮食和农作物秸秆副产品等。其区域载畜量评价公式与式（3）相似，但公式中参数意思有一定的变化，式（3）中的 TGP_j 表示为区域内第 j 个草地收割牧草的总量，n 为饲养天数，其草畜平衡指数计算公式如式（4）。如果区域内饲草料资源相当充足，则其载畜量以粪便为土地提供的氮磷钾的量为标准进行计算。

区域土地养分需求量（LR），定义为单位土地面积下产出的作物、牧草等所需要从土壤中移走的氮磷量，单位为 kg/hm²。计算公式如下：

$$LR = Y_1 \times A/100 + Y_2 \times B/100 \quad (5)$$

式（5）中，Y_1 为农作物预期单位种植面积产量，单位为 kg/hm²；A 为农作物每 100 kg 产量需要营养元素的量，单位为 kg；Y_2 为人工牧草预期单位种植面积产量，单位为 kg/hm²；B 为人工种植牧草每 100 kg 产量需要营养元素的量，单位为 kg。

（五）粪污氮磷提供量的计算

养殖排污量按羊单位计算。羊单位定义为一个自繁自养规模化羊场产出粪尿中的氮磷总量折算到每头能繁母羊的粪尿氮磷年产生量。羊场粪尿中氮磷产出量，按照不同年龄阶段，正常营养水平和饲养条件下羊在不同年龄段的日平均粪便氮（磷）的产生量（即排泄系数），综合考虑畜群结构，加权计算出各阶段存栏羊和出栏羊总的粪便氮（磷）年产生量，再折算为每年每头能繁母羊粪尿排出的氮（磷）量，即羊单位［GM，kg/（hm^2·年）］。

$$GM = \sum (N_i \times M_i \times C_i \times D_i)/N_{bs} \times 10^3 \tag{6}$$

式（6）中，N_i 为统计的出栏羊、能繁母羊、后备母羊及公羔和后备公羊的数量；M_i 为各类型羊及各生长阶段粪、尿的排泄量；C_i 为各类型羊及各生长阶段粪、尿中 N、P 的排泄系数；D_i 为各类型羊及各生长阶段的饲养天数；N_{bs} 为能繁母羊的数量。

（六）区域土地适宜载畜量计算

载畜量定义为在单位土地种植面积下，一年内所能消纳的畜禽粪便氮磷量对应的羊单位。在计算土地适宜载畜量时，由于农作物及牧草氮磷钾需求比例与畜禽粪便的氮磷钾养分比例不一致，如果氮磷钾的施用超过作物的需求量会因营养流失而造成环境污染。国内土壤基质中一般都是钾元素比较缺乏，计算时可仅将氮磷养分作为衡量土地载畜量的标准，根据养分木桶效应，按作物及牧草最小养分需求量决定畜禽粪便施用量的原则，选择基于氮磷养分需求比例的最小土地载畜量作为最终土地匹配生态系统的土地载畜量，其计算公式如下：

$$N = \frac{LR}{GM} \tag{7}$$

式（7）中，N 为作物及人工种植牧草在单位种植面积下，一年内所能消纳的畜禽粪便量对应的羊单位，单位为羊单位/hm^2；LR 为预期单位面积产量下作物需要的氮（磷）量（kg/hm^2）。

四、放牧对草地的影响

放牧是人们将植物资源转化为畜产品的一种重要方式，也是控制草地植物群落演替方向的重要影响因素。在贵州高原草地试验站研究表明，中等偏高的放牧强度（实际利用率为 70%左右）下，多年生黑麦草和白三叶在草群中的比例相对稳定，豆、禾比例保持在 1∶2 左右；在滇东北低山丘陵鸭茅与白三叶混播草地上的研究表明，禾本科草鸭茅的生长随放牧强度的增大而明显受到抑制；随着放牧强度的增加，多年生黑麦草—白三叶草地群体中黑麦草的群体密度随之减少，而中等放牧强度（70%利用率）有利于保持较高的黑麦草—白三叶混播草地的生物量；而在新疆当地以鸭茅为主的禾草杂类草草甸草地比较适合以割草＋放牧的方式进行利用。在鸭茅—白三叶—黑麦草人工混播草地，通过放牧会降低鸭茅的高度和覆盖度，但有利于增加白三叶的高度和覆盖度，适度放牧有利于提高黑麦草的高度，不放牧或者载畜率高的放牧均会增加杂草的覆盖度。

研究还发现，过度放牧时会降低禾草比重，杂草与莎草的比重会上升，而合理的放牧水平，有助于维持草地群落物种的多样性，并可以改善草地结构，提升优质牧草所占的比例，其主要原因是高强度放牧时家畜择食性较弱，进而减弱了牧草株高的异质性，而低放牧率下家畜对于食物的选择性增强，促进了牧草生长的异质性。因此，草地应按时并在合理强度下利用，过迟过早或过频的利用都会使草地不堪重荷，牧草正常物候节律紊乱，从而带来草地的退化。

五、山羊划区轮牧对山地植被的保护作用

传统养羊方式下，由于山地野草产草量低，且放牧时部分山地野草不会被山羊采食，羊群分散面大，又无隔离围栏，羊群采食植物种类的随意性大、面积广，会造成山地植被的破坏，引起水土流失等负面作用。而在划区围栏隔离和集约化种植牧草情况下，羊群的养殖规模是以配套的人工草场面积为基础的，羊群的采食被严格控制在有围栏的牧草分区内，草场外的山地植被得到保护。

据测定，人工种植的杂交狼尾草单次刈割量是同一地点天然野草的近3倍，在分区种植牧草的情况下，可根据山羊的营养需求搭配种植不同种类优质牧草，在牧草对数生长末期进行收获或放牧，增加人工草地的生物量和利用率。有研究表明，在南方以黑麦草为主要草种的冬季人工牧草种植地，山羊的载畜量在35只/hm^2，而在夏季以杂交狼尾草、甘薯、印度豇豆为主要种植牧草的草地，夏季山羊的载畜量在110只/hm^2。因此，在集约化种植优质牧草和分区轮牧的情况下，每公顷山地人工草场山羊的载畜量平均可达60～75只，相比传统养羊的生产力要提高近10倍。通过人工草场的建设，可减少山羊对养殖周边山地植被的破坏，在保护环境的条件下发展山羊养殖业。

对于放牧时间的选择，以禾本科植物为主的草地，应在禾草叶鞘膨

大、开始拔节时开牧；以豆科和杂类草为主的草地，应在牧草腋芽或侧枝发生时开牧；以莎草科植物为主的草地，应在牧草分蘖停止或叶片生长到成熟大小时开牧。从时间上，正常的早期放牧可在草类分蘖盛期以后，即草类萌发 15～18 d 后开牧。至于结束放牧的时间，一般在牧草生长季节结束前 30 d 较为适宜。草地放牧的苗茬高度保持在 4～6 cm 比较合适。

第二章　山羊生态养殖模式

第一节　山羊生态养殖模式的构建

随着人们生活水平的不断提高，农村一家一户少量饲养的不喂全价配合饲料的散养生态畜禽因其产量低、数量少已不能满足广大消费者日益增长的消费需求，而用集约化、工厂化养殖方式生产出来的产品，品质、口感均较差的畜禽产品也满足不了消费者对生态畜禽产品的消费需求，因此现代生态养殖应运而生。

生态养殖指根据不同养殖生物间的共生互补原理，利用自然界物质循环系统，在一定的养殖空间和区域内，通过相应的技术和管理措施，使不同生物在同一环境中共同生长，实现保持生态平衡、提高养殖效益的一种养殖方式。

一、适度规模生态养殖模式

针对不同地区地理特征与气候特点，根据草场面积、草场生产力和季节变化，在充分利用天然草场与农作物副产品资源的同时，兼顾饲草产量与粪污消纳利用能力，将山羊高效养殖、粪污资源化利用和牧草高效种植技术相匹配，形成草-羊-粪-肥-草的生态循环模式，使草地真正发挥经济价值和生态调节双重功能，进而确定最佳的养殖规模。

二、标准化场舍建设方案

基于资源条件（草场资源、场地条件、其他饲料来源等）与适度养殖规模，因地制宜，确定标准化羊场建设与资金投入规划，扶持养殖户逐步向半放牧半舍饲、全舍饲养殖模式过渡，降低投资风险与运营成本，提高单位时间的生产能力与养殖收益。

对实行半放牧半舍饲、全舍饲的养殖规模较大的农户，在饲养设施建设与设备购置等方面予以适当补贴，如青贮窖、草料棚、堆粪棚、病死畜无害化处理池等设施建设，以及揉丝机、青贮打包机、TMR 机、饲料制粒机、有机肥发酵机等设备购置。

三、专业化草料生产加工

在牧区、半农半牧区推广草地改良、人工种草和草田轮作方式，提高单位草场的载畜能力，确保家庭牧场的养殖规模达到最大化。在农区，扶持建立专用饲料作物基地，加快建立现代草产品生产加工示范基地，推动草产品加工业的发展，通过合理配置饲草生产，缩减运输与保存成本，确保区域内整体养殖规模达到最大化。

大力推广秸秆青贮与黄贮技术，积极开发利用菜饼粕、桑叶、苎麻等非常规饲料资源，以及豆渣、酒糟等农副产品，扩大饲料原料来源，降低养殖成本。开发专用羊饲料（精补料、全混合日粮和全价颗粒饲料等）及饲料添加剂（微生物制剂、中草药添加剂等），改变传统饲料结构，通过科学配置，满足各个生理阶段与不同性别的羊群营养需求，提高单位时间的生长速度，同时确保羊肉产品的品质。

四、程序化疫病防控体系

生态养殖的畜禽大部分时间是在舍外活动场地自由活动，相对于工厂化养殖方式更容易感染外界细菌病毒而发生疫病，因此做好防疫工作就显得尤为重要。防疫应根据当地疫情情况制定正确的免疫程序，并结合流行性疫病发生情况做出及时调整。为避免因药物残留而降低畜禽产品品质，饲养者要尽量少用或不用抗生素预防疾病，可选用中草药预防。这样不仅可提高畜禽产品质量，而且降低饲养成本。

生态养殖的畜禽大部分时间是处在散养自由活动状态，随时随地都有可能排出粪便，因此对于放牧地和运动场的设计，除了牧草的生产供应需求之外，还应考虑粪污的消纳能力，通过区域调整与围栏，适当地建设多个轮牧地或运动场。对于场区内部环境，应定期开展卫生消毒。羊场的粪污应及时收集与堆积发酵处理，并加工生产成有机肥，再还施农田或销售，一方面可以减少环境污染，构建草-羊-粪-肥-草的生态循环模式，另一方面也可增加整体收入。

五、网络化信息监管平台

加强育种联盟网络信息共享平台建设，建立健全主要地方品种及引入品种的联合育种与高效繁殖体系，开展种羊系谱档案登记与生产性能测定数据定期上报，合理调配种公羊轮换或公羊冻精使用，实时跟踪、指导母羊发情与人工输精技术应用，提高种公羊利用效率与能繁母羊的繁殖效率。

加强活羊交易市场和商品信息平台网络等体系建设，建立健全各级检疫检测体系和畜产品质量安全卫生标准体系，加大对畜产品质量安全的监管力度，提高加工产品质量，形成稳定的羊肉、羊奶安全优质生产供应基地。

六、品牌化生产加工体系

提高饲养者生态养殖的知名度，做好生态养殖宣传工作，打造生态养殖品牌是一项非常重要的工作。把宣传工作做好，让广大消费者了解畜禽或畜禽产品是真正按生态养殖方式生产出来的，是高品质的，这样才能使消费者接受相对较高的价格，从而提高饲养者的经济效益。

鼓励加工企业做优做精，实行品牌战略，充分发挥龙头企业的带动作用，与小型生态养殖农场建立连锁运营模式，以地方品种、引入品种及选育品种为基础，在确保原材料生态环保的基础上，提高产品附加值和技术含量，研发自主知识产权的深加工产品。建立产品质量溯源体系，挖掘品种历史与品牌文化，结合当地旅游资源，打造一批中国著名羊肉、羊奶，以及餐饮文旅品牌。

七、现代化仓储物流体系

建设现代化的畜牧业物流体系，根据运输半径合理布点，在优势产区建立山羊交易市场，规范活羊流通和交易，建立检疫检查体系，减少疫病传染渠道，规范食品安全供应。在交通枢纽城市周边建立大型仓储冷库，应用冷鲜肉仓储、冷藏运输等快速物流技术，建立社区直达生鲜肉、奶产品快速供应渠道。大力推进产、加、销一体化的现代经营模式，逐步构建现代化农业产业体系。

第二节　新建山羊场适度规模确定与注意事项

一、适度建设规模

新建羊场应针对不同规模养殖主体的资源条件与效益需求，合理分析其应采用的适度规模养殖模式和配套关键技术，并对预期产生的经济效益进行分析核算。根据山羊养殖主体的生产模式与产能水平，基本可以分为小型家庭牧场、中型育肥场、大型龙头企业3个类型（图2-1）。

鼓励与扶持龙头企业建立现代肉羊标准化生产示范基地，积极发展生态高效的山羊养殖业，引导与带动中、小型养殖场（户），转变传统粗放式的养殖观念，发展适度规模养殖，建立标准化育种、生产、防疫、育肥的技术体系，建立产品深加工、品牌营销、物流仓储、产品溯源等统一运行体系，形成紧密的利益联合体，进而推进山羊养殖业向生态化、标准化、适度规模化、高效化发展。

小型家庭牧场　　中型育肥场　　大型核心育种场

图2-1　不同类型的规模场

二、草场荷载能力

应根据场区附近的地形与饲草生长情况做好前期考察与准备工作。在以放牧为主要饲养方式的情况下，植被较好的地区、平原地区每1亩地饲养1只成年羊，草山草坡地区每3亩地饲养1只成年羊，石漠化地区5～10亩饲养1只成年羊。通过草地改良、种植优质牧草、收割田间牧草补饲等，载畜量可以增加1倍以上（图2-2）。

舍饲为主的地区，在办场之前要认真调研草料来源，储备充足的原料，有条件的可以制作与应用青贮、全混合日粮、全价颗粒饲料等配合饲料，提高饲料利用效率、降低养殖成本。

图 2-2　不同类型的草场

三、技术管理人员的配置

要办好养羊场一定要有懂饲养管理和兽医技术的人员，这是羊场健康发展的前提条件。饲养人员必须通过培训或有一定养羊经验，不可在人员不整齐或不熟悉养羊的情况下匆忙启动。

图 2-3　羊场技术员配置

拥有二级扩繁场以上生产资质的种羊场，需要至少一名拥有执业兽医资格证的兽医人员，负责开展疫病免疫、检疫工作；至少一名拥有家畜繁殖员资格证的技术员，负责开展种羊系谱档案登记与生产性能测定工作，鼓励推广控制发情与人工授精技术（图 2-3）。

四、适度养殖规模

起步羊群的数量要根据圈舍、草料、人员等条件的准备情况而定。多数小型农户兴办养羊场，由于受限于资金、资源以及技术应用能力，起步基础羊群不宜超过 50 只，采用自繁自养模式时能繁母羊数量最好在 30 只左右。

对于条件比较完善的规模化养殖场，可以考虑从200只以上开始起步。但在建设时，除了考虑满足生产需要的场舍与附属设施之外，还要考虑草畜配套生产规模的匹配，羊群放牧与运动场地的面积、区域划分以及粪污的消纳、处理能力，确保自然环境不受破坏，形成生态循环养殖模式。

五、羊场建设与引种时间

建场季节要避开冬季和多雨季节，避免原材料变质、损失，延长工期。另外自建羊场还要避开农忙季节，避免劳动力冲突。同时建场的时间还要考虑，尽量能够与羊只的引种、防疫与繁殖时间相匹配，使新建或改建后的羊场及设施能够契合生产管理的需要，进而缩短空场时间，提高养殖收益，促进资金投入的快速回流，形成良性的资金循环模式。

引种季节以秋季和春季为宜。春季引种后，可直接利用新生牧草，但羊只冬春季节体质较弱，且疫病较多，故适合引种育肥羔羊或后备公羊。秋季引种，羊只经夏季放牧体质健壮、配种率高，但冬季基础代谢增加，饲养育肥效益不高，故适合引种成年公羊或适繁母羊。对于批量化引进羊群的规模化养殖场或育肥场，可以两个月为一个周期（45 d左右的隔离观察期，15 d左右的消毒空置期）进行调入，新调入的羊只应在专设的隔离场进行隔离，经检疫合格后方可与原有种群合群。

六、隔离观察与疫病控制

羊只引种后经过长途运输，地区气候变化，饲养方式改变等，会出现不同程度的应激反应，常常表现为感冒、肺炎、口疮、腹泻、流产等，此外，外来引种羊只的免疫情况常常不能确定。因此，应在场外或隔离场做45 d左右的隔离观察。切忌在饲养过程中随时、随意地从外地或其他羊群购羊补充。饲养员和管理人员要熟悉羊只的特征特性，对羊群个体的采食、运动状态、精神状态、排泄等的变化及时发现、及早处理。另外要加强饲养管理，特别注意圈舍等的清洁卫生。

羊群引种后，易感染或引发多种疫病。因此，在隔离期间应加强羊群的饲养管理与疫病监察，对于病弱羊只应及时处理治疗或淘汰。待羊群整体体质基本恢复后，应对羊群引种地与引入地的主要常发与突发疫病进行免疫接种。完成免疫接种并检疫合格后，还需对体内寄生虫与体表寄生虫分别进行一次全面的药物驱虫与药浴驱虫，确定引入羊群健康并体质完全恢复后，方可进场或并入原群。

第三节 （丘陵山区）小型家庭牧场山羊适度养殖模式构建

一、经营模式与资源要求

小型家庭牧场发展山羊养殖，应充分利用天然草山草坡资源，进行放牧加补饲、自繁自养的模式为主。预计需要天然草山草坡面积达到150亩以上（其中自有50亩左右，可租用100亩以上），种植牧草农闲田达到5亩以上（其中自有3亩左右，可租用2亩以上）；建设用地1亩以上（用于羊舍、饲草料加工储存、粪污处理等附属设施建设）；水电路等其他保障设施；流动资金预计投入需求6万～10万元。

二、建设年限

针对小型家庭牧场（2人）的产能目标与盈利需求，建议按照3年投入期进行规划。

三、预期投入与产出分析

预期投入与产出分析主要包括羊场土地平整、羊舍建设、羊群购置、人工牧草地建设、草山草坡租用与改良、青贮制作设备与补饲饲料购买、羊场主要疫病防治等。

（一）第一年度

预期投入：修建小型羊舍1栋（80 m^2×250元/m^2＝20 000元）；选购种公羊1只（3 000元/只），能繁母羊20只（20只×1 200元/只＝24 000元），育成羔羊30只（600元/只×30只＝18 000元）；牧草地种子化肥（3亩×1 000元/亩＝3 000元）；预计投资：68 000元。

预期产出：人工牧草生产（3亩×6 t/亩＝18 t），天然草山草坡牧草生产（50亩×0.8 t/亩＝40 t），全部供应本场利用；增殖能繁母羊20只（留种），出售育肥羊50只（50只×1 200元/只＝60 000元）；预计产出：60 000元。

（二）第二年度

预期投入：修建小型标准化羊舍2栋（80 m^2×250元/m^2×2＝40 000元）；购置割草机1台（2 000元/台）＋揉丝机1台（3 000元/台）＋青贮袋400个（400个×5元/个＝2 000元）；牧草地种子化肥（3亩×1 300元/亩＝3 900元，采用套种模式每亩增加300元成本），租用天然草山 50 亩（50 亩×300 元/亩＝15 000 元）；预计投资：65 900 元。

预期产出：人工牧草生产（3 亩×8 t/亩＝24 t），天然草山草坡牧草生产（100 亩×0.8 t/亩＝80 t），制作袋式青贮 400 袋，全部供应本场利用；增加能繁母羊 40 只（留种），出售育肥羊 50 只（50 只×1 200 元/只＝60 000 元）；预计产出：60 000 元。

（三）第三年度

预期投入：修建小型标准化羊舍 1 栋（80 m^2×250 元/m^2＝20 000 元），修缮羊舍 3 栋（3 栋×3 000 元/栋＝9 000 元）；购置青贮袋 400 个（400 个×5 元/个＝2 000 元），购买育成羔羊补饲饲料（100 只×150 元/只＝15 000 元）；雇人种植牧草地 5 亩（5 亩×4 000 元/亩＝20 000 元）；租用天然草山 100 亩（100 亩×300 元/亩＝30 000 元）；预计投资：96 000 元。

预期产出：人工牧草生产（5 亩×10 t/亩＝50 t），天然草山草坡牧草生产（150 亩×0.8 t/亩＝120 t），全部供应本场利用；出售能繁母羊 80 只＋育肥羊 100 只（180 只×1 200 元/只＝216 000 元）；预计产出：216 000 元。

（四）牧场建成后的运营成本与产出

运营成本：修缮羊舍 4 栋（4 栋×3 000 元/栋＝12 000 元）；购置青贮袋 400 个（400 个×5 元/个＝2 000 元），购买育成羔羊补饲饲料（100 只×150 元/只＝15 000 元）；雇人种植牧草地 5 亩（5 亩×4 000 元/亩＝20 000 元）；租用天然草山 100 亩（100 亩×300 元/亩＝30 000 元）；预计投资：79 000 元。

预期产出：人工牧草生产（5 亩×10 t/亩＝50 t），天然草山草坡牧草生产（150 亩×0.8 t/亩＝120 t），全部供应本场利用；出售能繁母羊 80 只＋育肥羊 100 只（180 只×1 200 元/只＝216 000 元）；预计产出：216 000 元。

四、产能分析

在不破坏环境的基础上，充分利用自然资源，快速达到可承载的最大产能，使存栏适繁母羊达到 100 只以上，年出栏种羊与肉羊 150～180 只，进而构建最佳盈利模式。项目建设期间，预计总投入为 22.99 万元，其中最大投资年份为第三年度，预计投资 9.6 万元，预计总产出为 33.6 万元，其中前两年与投资基本持平，第三年后可达到最大产能 21.6 万元，且当年可实现盈利，三年投入期总盈利为 10.61 万元；之后的维持运营期，年均利润为 13.7 万元。

五、配套技术应用

通过采用小型标准化山羊场舍建设、高效人工牧草种植、牧草秸秆混合青贮、山羊疫病防控与驱虫、羊群的分群管理与羔羊补饲育肥等配套技术，降低总投入与日常运营成本。

（一）小型吊脚楼式羊舍建设（丘陵山区）

山区修建羊舍时，要注意选择背风向阳的地方。为了充分利用山区小块建设用地，建设羊舍时可选用山坡地，利用推土机建成宽 2～3 m，落差在 1.5～3 m 的梯形用地，建成吊脚楼式羊舍。小型单列羊舍内部高度一般为 2.5～3.2 m，宽度为 2～3 m，长度应以 20 m 左右为宜。修建数栋羊舍时，应注意控制羊舍间距在 8～10 m，以便于饲养管理和采光，也有利于防疫。羊舍阳面或两侧留有较为平坦、具有 5°～10°小坡度的排水良好的广阔运动场，周围栽植树木遮阴。羊舍建筑用料应就地取材，以耐用为原则，可利用砖瓦、石材、水泥、木材、钢筋、竹子等建筑材料建造永久性羊舍（图 2－4）。

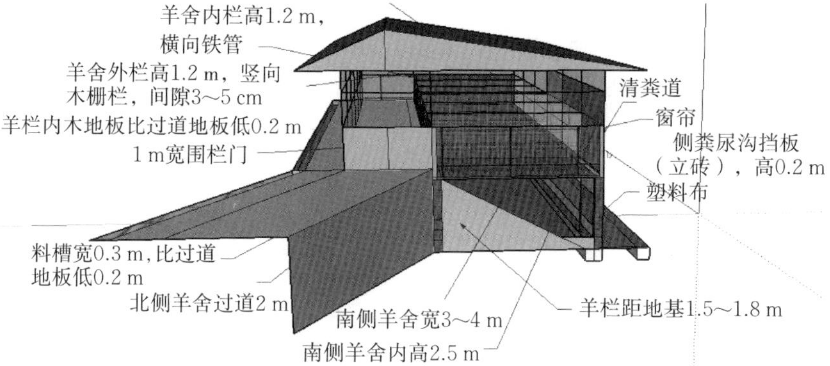

图 2－4　（丘陵山区）小型吊脚楼式羊舍

（二）牧草种植与秸秆加工

丘陵山区的天然草山草坡的改良适用于种植牛鞭草、狗牙根等低矮禾本科牧草，以及三叶草等豆科牧草。除此之外，还可以充分利用抛荒地与冬闲田开展人工牧草种植。对于基本农田也可通过收集作物秸秆作为饲草料资源，人工种植的牧草品种主要有矮象草、青贮玉米、甜高粱等禾本科牧草，并可同时套种拉巴豆等豆科牧草，提高单位面积产草量，提升牧草蛋白营养价值。冬季可利用冬闲田种植黑麦草、紫云英等牧草提高单位面积产草量，解决羊群春季牧草不足的问题。对于夏季超出羊群采食需要的天然牧草或人工牧草以及农作物秸秆，可以通过收割、晾晒去除多余水分，再通过包装发酵制作成青贮储存，用于冬季饲草补充，小型家庭牧场羊群数量少，采食量不大，宜采用袋式青贮加工方法。

（三）环境卫生与消毒

养羊场应随时保持整洁、卫生的环境条件。运动场、走道等公共场所应每天消扫；每季度应对全场组织一次大规模的全面清扫检查工作。注意对羊粪的管理，不要到处乱放或直接用生粪作肥料，粪便要经过堆积发酵处理，尤其是喂了驱虫药后排出的粪便。消毒是综合防控措施中的重要一环。正常情况下，饮水槽和料槽每周应消毒 1 次；圈舍、走道、牧工宿舍每月应消毒 1 次；产房每次产羔前都应全面消毒；新购羊只入舍、转群、出栏腾圈都应消毒。疫病流行时每天都应全面消毒。消毒时，应将羊舍、运动场等处粪尿污物清扫干净，再喷洒消毒液。消毒液可交替使用 10%～20%的石灰乳、2%～5%的氢氧化钠、0.5%的过氧乙酸、3%的甲醛等。

（四）免疫与驱虫

有计划有目的地进行防疫注射，是预防和控制羊疫病的重要措施。羊场应根据山羊免疫技术规程的规定进行春、秋两次免疫。此外，还应根据流行病情况，及时调整免疫程序与补免。免疫注射前加强羊群的健康检查工作。免疫用疫（菌）苗运输、保存、使用必须妥当。免疫时的注射器械、注射部位要严格消毒，免疫部位、注射剂量必须严格按照疫苗说明使用。预防注射后必须要随时注意观察，发现羊只出现异常反应应即时处理。要建立严格的免疫档案，避免错漏。羊场每年春、秋两季至少应进行两次体内、体外寄生虫驱除，一般安排在每年秋末进入舍饲后（12 月至翌年 1 月）和春季放牧前（3—4 月）各一次。但因地区不同，选择驱虫时间和次数可依具体情况而定。羊舍内外要经常打扫，并用漂白粉、百毒杀等定期消毒。成年羊是很多寄生虫的散播者，最好将成羊与幼羊分群饲养管理。

（五）分群管理

羔羊生后第一年生长发育最快，这期间如果饲养不良，就会影响其一生的生产性能，如体狭而浅，体重小。羔羊断奶后，根据不同性别的生长发育规律，应分别组成公、母育成羊群以及育肥羯羊群。而对于因双羔、多羔或病弱羔羊体重差异较大的羊只可通过延迟断奶时间或按体重相近原则另外分群，以避免大欺小、强凌弱，确保充分发挥其生长潜力。

(六) 补饲育肥

断奶编群后的育成羊，正处在早期发育阶段，断乳不要同时断料，在放牧后仍应继续补料。冬春舍饲时，需要补充大量营养，应以补饲为主，放牧为辅。要做好饲料安排、合理补饲，喂给最好的豆科草、青干草、青贮及其他农副产品。利用羔羊 1 岁前生长发育快和饲料报酬高的特点，以及夏秋季收草营养丰富、气候好的优势，进行夏秋季青草期放牧育肥或舍内强度育肥，入冬后适时屠宰，能收到节省饲料和增收的双赢效果。

春羔肥育模式：母羊在 9—10 月份配种，次年 2—3 月份产羔，4—6 月份断奶。此模式母羊受胎率高，产羔时正值冬春季舍饲，需要一定的圈舍保温条件。羔羊断奶后，是羔羊生长发育最旺盛的时期，但此时瘤胃功能还不完善，对粗饲料利用率低，在放牧的基础上，日粮以精料为主，并补给优质干草和青贮多汁料；到 6 月份时，放牧场草质好，营养价值高，与羔羊生长发育高峰相吻合，可不用补饲。应用此模式，羔羊在 10—12 月份体重达 30 kg 以上，开始出栏上市，为国庆、春节提供优质羊肉。

秋羔肥育模式：母羊在 3—4 月份配种，8—9 月份产羔，在羔羊哺乳后，草场已逐步进入枯草期，同时天气渐冷，维持体能消耗大，必须加强补饲，使羔羊在断奶时或断奶后 1～2 个月，体重达 25 kg 左右上市，供春节食用。对未达到上市体重的羔羊继续肥育，供第二年上市。应用此模式，羔羊成活率高，但母羊配种时体况差，排卵数少，产羔期还影响母羊放牧，哺乳期还得补饲，加大了饲养成本，且冬季补饲肥育效果差。相比之下，产秋羔肥育模式并不经济。主要用于充分发挥母羊繁殖效率、减少空怀时间，以及调整整群生产时间，需与早期妊娠诊断、早期断奶技术相结合方可发挥最大效益。

第四节 (平原农区)中型合作社山羊适度养殖模式构建

一、经营模式与资源要求

中型合作社发展山羊养殖，应采用补饲加放牧，自繁自养与联合集中育肥相结合的模式。预计需要种植牧草农闲田达到 50 亩以上；可建设用地 3～5 亩（用于羊舍、办公室、员工宿舍、饲草料库、粪污处理等附属设施和水、电、路、围栏等其他保障设施建设）；流动资金预计投入需求 200 万元左右；带动周边小型家庭牧场 10～20 家开展联合集中育肥。

二、建设年限

针对中型山羊养殖合作社的产能要求与盈利需求，建议按照 2 年投入期进行规划。

三、预期投入与产出分析

预期投入与产出分析主要包括：羊舍建设、羊群购置、人工牧草地建设、青贮制作设备与补饲饲料购买、羊场主要疫病防治等。

（一）第一年度

预期投入：修建中型标准化羊舍 1 栋，隔离舍 1 栋（400 m^2×400 元/m^2×1＋200 m^2×250 元/m^2×1＝210 000 元），办公室与员工宿舍 4 间（20 m^2×500 元/m^2×4＝40 000 元），草料库 1 栋（200 m^2×250 元/m^2×1＝50 000 元），堆粪棚 1 栋（100 m^2×250 元/m^2×1＝25 000 元），3 级污水处理池 1 个（10 m^3×500 元/m^2×1＝5 000 元），病死畜处理池 1 个（10 m^3×500 元/m^3×1＝5 000 元），水、电附属设施 20 000 元，场区围栏与绿化 20 000 元；选购种公羊 6 只（6 只×3 000 元/只＝18 000 元），能繁母羊 150 只（150 只×1 200 元/只＝180 000 元），从周边小型家庭牧场收购育成羔羊（＞15 kg）900 只（3 批×300 只/批× 900 元/只＝810 000 元）；小型饲草加工设备 1 套 50 000 元，兽医诊疗设备 10 000 元，人工授精设备 1 套 10 000 元，小型粪污处理设备 1 套 10 000 元，小型运输车 2 台（2 台×80 000 元/台＝160 000 元），小型投料车 1 台（40 000 元）；雇人种植牧草地 20 亩（20 亩×2 000 元/亩＝40 000 元），购买干草 10 t（10 t×1 000 元/t＝10 000 元），购买成年羊精补料（150 只×0.1 t/只×4 000元/吨＝60 000 元），购买育成羔羊全价颗粒饲料（1 200 只×0.12 t/只×2 500 元/t＝360 000 元）；人员工资 3 人［3 人×50 000 元/（人·年）＝150 000 元］；预计投资：2 283 000 元。

预期产出：人工牧草生产（20 亩×10 t/亩＝200 t），全部供应本场利用；增加能繁母羊 150 只（留种），出售育肥羊 1 050 只（1 050 只×1 800 元/只＝1 890 000 元）；预计产出：1 890 000 元。

（二）第二年度

预期投入：修建中型标准化羊舍 1 栋，隔离舍 1 栋（400 m^2×

400 元/m^2×1＋200 m^2×250 元/m^2×1＝210 000 元)；收购育成羔羊(＞15 kg) 1 200 只 (4 批×300 只/批×900 元/只＝1 080 000 元)；雇人种植牧草地 50 亩 (50 亩×2 000 元/亩＝100 000 元)，购买干草 20 t (20 t×1 000 元/t＝20 000 元)，购买成年羊精补料 (300 只×0.1 t/只×4 000 元/t＝120 000 元)，购买育成羔羊全价颗粒饲料 (1 500 只×0.12 t/只×2 500 元/t＝450 000 元)；人员工资 4 人 [4 人×50 000 元/(人·年)＝200 000 元]；预计投资：2 180 000 元。

预期产出：人工牧草生产 (50 亩×10 t/亩＝500 t)，全部供应本场利用；出售能繁母羊 300 只＋育肥羊 1 500 只 (1 800 只×1 800 元/只＝3 240 000 元)；预计产出：3 240 000 元。

(三) 合作社建成后的运营成本与产出

运营成本：场舍修缮 (30 000 元)；收购育成羔羊 (＞15 kg) 1 200 只 (4 批×300 只/批×900 元/只＝1 080 000 元)；雇人种植牧草地 50 亩 (50 亩×2 000 元/亩＝100 000 元)，购买干草 20 t (20 t×1 000 元/t＝20 000 元)，购买成年羊精补料 (300 只×0.1 t/只×4 000 元/t＝120 000 元)，购买羔羊全价颗粒饲料 (1 500 只×0.12 t/只×2 500 元/t＝450 000 元)；人员工资 4 人 [4 人×50 000 元/(人·年)＝200 000 元]；预计投资：2 000 000 元。

预期产出：人工牧草生产 (50 亩×10 t/亩＝500 t)，全部供应本场利用；出售能繁母羊 30 只＋育肥羊 1 500 只 (1 800 只×1 800 元/只＝3 240 000 元)；预计产出：3 240 000 元。

四、产能分析

在不破坏环境的基础上，充分利用人工牧草种植与农区丰富的秸秆资源，快速达到可承载的最大产能，使存栏适繁母羊达到 300 只以上，年出栏种羊与肉羊 1 800 只左右，进而构建最佳盈利模式。项目建设期间，预计总投入为 4 463 000 元，其中最大投资年份为第一年度，预计投资 2 283 000 元，预计总产出为 5 130 000 元，第二年后可达到最大产能 3 240 000 元，且当年可实现盈利，两年投入期总盈利为 667 000 元；之后的维持运营期，年均利润为 1 240 000 元。

五、配套技术应用

通过采用标准化山羊场舍建设、高效人工牧草种植、牧草秸秆混合青贮、山羊疫病防控与驱虫、羊群的分群管理与羔羊补饲育肥等配套技术，降低总投入与日常运营成本。

（一）中型双排式高床羊舍建设（平原农区）

平原农区修建羊舍时，要注意选择办公生活区与水源地的下风口，同时要满足国家动物防疫法等相关法律法规的要求。平原地区修建羊舍时，为了提高土地利用效率、降低建设成本，可以考虑采用落地式羊舍。此外由于粪污的收集、排放与处理需求，可采用羊床下设刮粪板法收集或采用发酵床式收集法。双排羊舍内部高度一般为 3～4 m，宽度为 7～8 m，长度应以 50 m 左右为宜。修建数栋羊舍时，应注意控制羊舍间距在 8～10 m，以便于饲养管理和采光，也有利于防疫。间隔区域可建设运动场，并适当绿化。羊舍建筑用料应以耐用为原则，可利用砖瓦、水泥、钢材等建筑材料建造永久性羊舍（图 2 - 5）。

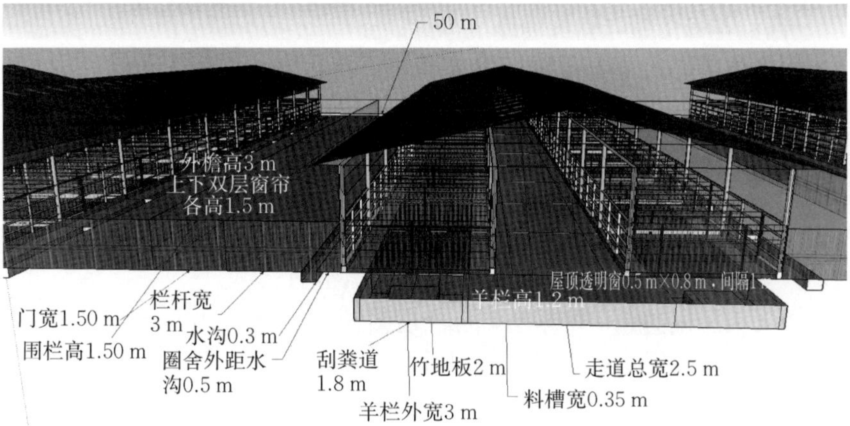

图 2 - 5　中型双排式高床羊舍建设（平原农区）

（二）人工牧草种植与秸秆加工技术

丘陵山区可以充分利用抛荒地与冬闲田开展人工牧草种植。对于基本农田也可通过收集作物秸秆作为饲草料资源，人工种植的牧草品种主要有矮象草、青贮玉米、甜高粱等禾本科牧草，并可同时套种拉巴豆等豆科牧草，提高单位面积产草量，提升牧草蛋白营养价值。冬季可利用冬闲田种植黑麦草、紫云英等牧草提高单位面积产草量，解决羊群春季牧草不足的问题。对于夏季超出羊群采食需要的天然牧草或人工牧草以及农作物秸秆，可以通过收割、晾晒去除多余水分，再通过包装发酵制作成青贮储存，用于冬季饲草补充。草山草坡的改良适用于种植牛鞭草、狗牙根等低矮禾本科牧草，以及三叶草等豆科牧草。

（三）羊场环境卫生与消毒技术

养羊场应随时保持整洁、卫生的环境条件。运动场、走道等公共场所应每天消扫；每季度应对全场组织一次大规模的全面清扫检查工作。注意对羊粪的管理，不要到处乱放或直接用生粪作肥料，粪便要经过堆积发酵处理，尤其是喂了驱虫药后排出的粪便。消毒是综合防控措施中的重要一环。正常情况下，饮水槽和料槽每周应消毒 1 次；圈舍、走道、牧工宿舍每月应消毒 1 次；产房每次产羔前都应全面消毒；新购羊只入舍、转群、出栏腾圈都应消毒。疫病流行时每天都应全面消毒。消毒时，应将羊舍、运动场等处粪尿污物清扫干净，再喷洒消毒液。消毒液可交替使用 10%～20%的石灰乳、2%～5%的氢氧化钠、0.5%的过氧乙酸、3%的甲醛等。

（四）羊场免疫与驱虫程序

羊场应根据山羊免疫技术规程的规定进行春、秋两次免疫，此外还应根据流行病情况，及时调整免疫程序与补免。免疫注射前加强羊群的健康检查工作。免疫用疫（菌）苗运输、保存、使用必须妥当。免疫时的注射器械、注射部位要严格消毒，免疫部位、注射剂量，必须严格按照说明使用。预防注射后必须要随时注意观察，发现羊只出现异常反应应即时处理。要建立严格的免疫档案，避免错漏。

羊场在每年的春、秋两季，至少应各进行 1 次体内、体外寄生虫驱除，一般安排在每年秋末进入舍饲后（12 月至翌年 1 月）和春季放牧前（3—4 月）各一次。但因地区不同，选择驱虫时间和次数可依具体情况而定。羊舍内外要经常打扫，并用漂白粉、百毒杀等定期消毒。成年羊是很多寄生虫的散播者，最好将成羊与幼羊分群饲养管理。

（五）两年三产高效繁育体系

山羊的妊娠期平均为 152 d，羔羊在 70 d 左右断奶，母羊平均可在羔羊断奶后 20 d 左右完成再次配种，这样母羊大概每 8 个月产羔 1 次，两年正好产羔 3 次，按照平均窝产 1.5 只羔羊计算，两年可产羔 4.5 只；如按出栏存活率 90%计算，平均年出栏羊羔约为 2 只。

在羊肉全年消费的地区，为了达到全年均衡产羔、科学管理的目的，在生产中羊群可被分成 8 个月产羔间隔相互错开的 4 个组，这样每隔 2 个月就有 1 批羔羊屠宰上市。

羊肉集中在下半年消费的地区，为了达到下半年集中上市的目的，在生产中母羊群同样被分成8个月产羔间隔相互错开的4个组，这样每隔2个月就有1批羔羊出生，其中当年春季出生的前两批育肥羔羊采用放牧加补饲的方式进行育肥；夏秋季出生的后两批羔羊采用全价颗粒饲料全舍饲的方式进行快速育肥，使其在春节前后尽快达到上市体重。

（六）粪污资源化利用技术

粪污中含有多种成分，若未经处理而直接排放，将对环境造成污染。畜禽粪污处理利用主要基于源头减排，预防为主；种养结合，利用优先；因地制宜，合理选择；全面考虑，统筹兼顾的思路选择适当的处理利用方法。

山羊喜欢干燥、通风良好的环境，因此现代羊舍多采用高床设计，下设刮粪板或发酵床。羊的粪便较干燥，宜采用好氧堆肥法进行处理，堆肥过程中的高温不仅可以杀灭粪便中的各种病原微生物和杂草种子，使粪便达到无害化，还能生成可被植物吸收利用的有效养分，具有土壤改良和调节作用。山羊的尿液量少，因此对于中小型羊场主要的污水处理方法是农牧结合方式：首先，通过做好雨污分离、粪尿的干湿分离，以及干清粪，减少污水排放量；然后根据羊场粪便与污水中养分含量和作物生长的营养需要，将羊场产生的废水和粪便采用沼气（厌氧）发酵进行无害化处理后，施用于农作物与牧草地等，实现种养结合。

第五节　大型龙头企业(育种场)山羊适度养殖模式构建

一、经营模式与资源要求

山羊养殖大型龙头企业的创建，应以核心育种场为核心，发展标准化、机械化、高效化、生态化的全舍饲养殖，并采用专营与联营相结合的模式，逐级拓展。具体措施包括：种羊提质扩繁，肉羊集中育肥、定点屠宰、肉产品深加工（餐饮），有机肥加工、生态循环种植，山羊主题旅游、品牌创建、仓储物流等产业链，进而构建育、繁、推、产、加、销、文、旅一体化的现代化农业产业集团。

核心育种场建设，预计需要种植牧草农闲田达到200亩以上；核心育种场预计需要可建设用地20亩左右（用于羊舍、办公室、试验室、员工宿舍、饲草料库、粪污处理等附属设施，以及水、电、路、通信、围墙、绿化等其他保障设施建设；活动资金预计投入需求800万元左右；

带动发展中型山羊养殖合作社 3 个，牧草种植加工合作社 1 个，小型家庭牧场 50 家左右。

二、建设年限

针对大型龙头企业（育种场）的产能要求与盈利需求，建议按照 2 年投入期进行规划。

三、预期投入与产出分析

预期投入与产出分析主要包括：核心育种场、中型育肥合作社、饲草料加工场、有机肥加工场、定点屠宰场、肉产品加工场、餐饮连锁店、主题文化公园、仓储物流园等。

（一）第一年度

预期投入：核心育种场 1 个。修建大型多列式羊舍 4 栋，双列式隔离舍 2 栋（800 m^2×500 元/m^2×4＋400 m^2×500 元/m^2×2＝2 000 000 元），综合办公楼 1 栋（1 000 m^2×1 000 元/m^2×1＝1 000 000 元），草料库 1 栋（800 m^2×250 元/m^2×1＝200 000 元），堆粪棚 1 栋（400 m^2×250 元/m^2×1＝100 000 元），污水沼气发酵池 1 个（50 m^3×800 元/m^3×1＝40 000 元），病死畜处理池 1 个（40 m^3×500 元/m^3×1＝20 000 元），水、电等附属设施 100 000 元，场区围墙、道路与绿化 100 000 元；选购种公羊 20 只（20 只×5 000 元/只＝100 000 元），种母羊 800 只（800 只×2 000 元/只＝1 600 000 元）；中型饲草加工设备 1 套 200 000 元，营养分析设备 1 套 200 000 元，胚胎移植设备 2 套 100 000 元，胚胎冷冻保存设备 1 套 100 000 元，兽医诊疗设备 2 套 20 000 元，人工授精设备 2 套 20 000 元，B 超妊娠诊断设备 1 台 20 000 元；中型固定式 TMR 机 1 台 120 000 元，中型运输车 2 台（2 台×120 000 元/台＝240 000 元），中型投料车 2 台（2 台×80 000 元＝160 000 元），有机肥加工设备 1 套 50 000 元；从牧草种植合作社购买新鲜牧草 500 t（500 t×300 元/t＝150 000 元），青贮秸秆 300 t（300 t×500 元/t＝150 000 元），干草 50 t（50 t×1 000 元/t＝50 000 元）；购买成年羊精补料（800 只×0.1 t/只×4 000 元/t＝320 000 元），羔羊代乳料（2 400 只×2.5 kg/只×40 元/kg＝240 000 元），育成羊全价颗粒饲料（2 400 只×0.12 t/只×2 500 元/t＝720 000 元）；人员工资 6 人［6 人×50 000 元/（人·年）］＝300 000 元）；预计投资：8 420 000 元。

其他全产业链配套建设项目（集团建设，承包运营）：中型养殖合作社 1 个、中型牧草种植加工合作社 1 个、中型屠宰加工场 1 个、餐饮专营连锁店 1 个。

预期产出：种母羊 400 只（留种）；出售种公羊 100 只（100 只×5 000 元/只＝500 000 元），种母羊 800 只（800 只×2 000 元/只＝1 600 000 元），育肥羊 1 200 只（1 200 只×1 800 元/只＝2 160 000 元）；生产销售冷冻精液 10 000 只（10 000 只×10 元/只＝100 000 元），冷冻胚胎 1 000 枚（1 000 枚×1 000 元/枚＝1 000 000 元）；预计产出：5 360 000 元。

（二）第二年度

预期投入：核心育种场扩建。修建大型多列式羊舍 6 栋（800 m^2×500 元/m^2×6＝2 400 000 元）；从牧草种植合作社购买新鲜牧草 1 000 t（1 000 t×300 元/t＝300 000 元），青贮秸秆 600 t（600 t×500 元/t＝300 000 元），干草 80 t（80 t×1 000 元/t＝80 000 元）；购买成年羊精补料（1 500 只×0.1 t/只×4 000 元/t＝600 000 元），羔羊代乳料（4 000 只×2.5 kg/只×40 元/kg＝400 000 元），育成羊全价颗粒饲料（4 000 只×0.12 t/只×2 500 元/t＝1 200 000 元）；人员工资 8 人［8 人×50 000 元/（人·年）＝400 000 元］；预计投资：5 680 000 元。

其他全产业链配套建设项目（集团建设，承包运营）：中型养殖合作社 1 个、有机肥场 1 个。餐饮专营连锁店 1 个、肉产品加工厂 1 个、主题文化公园 1 个、仓储物流园 1 个。

预期产出：增加能繁母羊 800 只（留种）；出售种公羊 200 只（200 只×5 000 元/只＝1 000 000 元），种母羊 1 000 只（1 000 只×2 000 元/只＝2 000 000 元），育肥羊 1 600 只（1 600 只×1 800 元/只＝2 880 000 元）；生产销售冷冻精液 10 000 只（10 000 只×10 元/只＝100 000 元），冷冻胚胎 1 000 枚（1 000 枚×1 000 元/枚＝1 000 000 元）；预计产出：6 980 000 元。

（三）企业（育种场）建成后的运营成本与产出

运营成本：核心育种场场舍修缮（200 000 元）；从牧草种植合作社购买新鲜牧草 1 500 t（1 500 t×300 元/t＝450 000 元），青贮秸秆 900 t（900 t×500 元/t＝450 000 元），干草 100 t（100 t×1 000 元/t＝100 000 元）；购买成年羊精补料（2 000 只×0.1 t/只×4 000 元/t＝800 000 元），羔羊代乳料（6 000 只×2.5 kg/只×40 元/kg＝600 000 元），育成羊全价颗粒饲料（6 000 只×0.12 t/只×2 500 元/t＝1 800 000

元）；人员工资 8 人［8 人×50 000 元/（人·年）＝400 000 元］；预计投资：4 800 000 元。

预期产出：出售种公羊 300 只（300 只×5 000 元/只＝1 500 000 元），种母羊 2 500 只（2 500 只×2 000 元/只＝5 000 000 元），育肥羊 3 200 只（3 200 只×1 800 元/只＝5 760 000 元）；生产销售冷冻精液 20 000 只（20 000 只×10 元/只＝200 000 元），冷冻胚胎 2 000 枚（2 000 枚×1 000 元/枚＝2 000 000 元）；预计产出：14 460 000 元。

四、产能分析

核心育种场按照当前标准化、设施化、现代化、生态化的最高标准设计运营，采用全舍饲集约化养殖模式，预计需要两年的投入期，于第三年快速达到可承载的最大产能，使存栏种母羊达到 2 000 只以上，年出栏种羊 3 000 只，肉羊 3 000 只，进而构建最佳盈利模式。项目建设期间，两年总投入为 14 100 000 元，其中最大投资年份为第一年度，预计投资 8 420 000 元，预计总产出为 12 340 000 元，第三年后可达到最大产能 14 460 000 元，且当年可收回投资成本，并实现盈利 7 900 000 元；之后的维持运营期，年均利润为 9 660 000 元。

项目建成后，以核心育种场为核心，通过集团运营，可带动发展养殖合作社 2 个，发展小型家庭牧场 50 家以上，共发展能繁母羊养殖 5 000 只以上，年出栏肉羊 10 000 只左右，养殖端年均总社会经济效益近 2 500 万元；撬动其他第三产业发展，预计全产业链年均总社会经济效益可达 1 亿元以上。

五、配套技术应用

扶持龙头企业建立现代山羊标准化生产示范基地，积极发展健康养殖业，引导养殖户转变养殖观念，推进标准化规模养殖。在农区专业养羊户和大型养羊场建立标准化生产体系，并推行标准化生产规程。通过采用自动化山羊场舍建设与环境卫生控制；高产牧草套种、牧草秸秆混合青贮、分阶段配方全价颗粒饲料饲喂、早期断奶、羔羊快速育肥；山羊良种选育、控制发情、人工授精、超数排卵与胚胎移植、早期妊娠诊断、公羊精液采集与长效保存；山羊重大疫病免疫与驱虫、羊群分群管理、粪污资源化利用等配套技术，降低总投入与日常运营成本。逐步实现品种良种化、饲养标准化、防疫制度化和产品同质化，推广标准化生产体系，促进安全优质畜产品生产。

（一）大型自动化多列式羊舍设计

山羊核心育种场的建设应符合国家种羊场建设的相关标准与法律法规的规定。羊场应根据办公生活区、生产辅助区和场区进行合理划分区域。生产区的羊舍应按照严格防疫、高效生产、生态环保的原则进行布置，并按照不同性别、不同生理阶段以及不同的生产目的，进行模块化设计。全场通过物联网系统进行环境指标检测、羊只状态监控，以及相关功能调控，实现自动检测、自动饮水、自动投料、自动通风采光、自动消毒、自动刮粪等功能，进而提升羊只舒适度、减少环境应激，降低工人劳动强度，提高管理效率（图 2-6）。

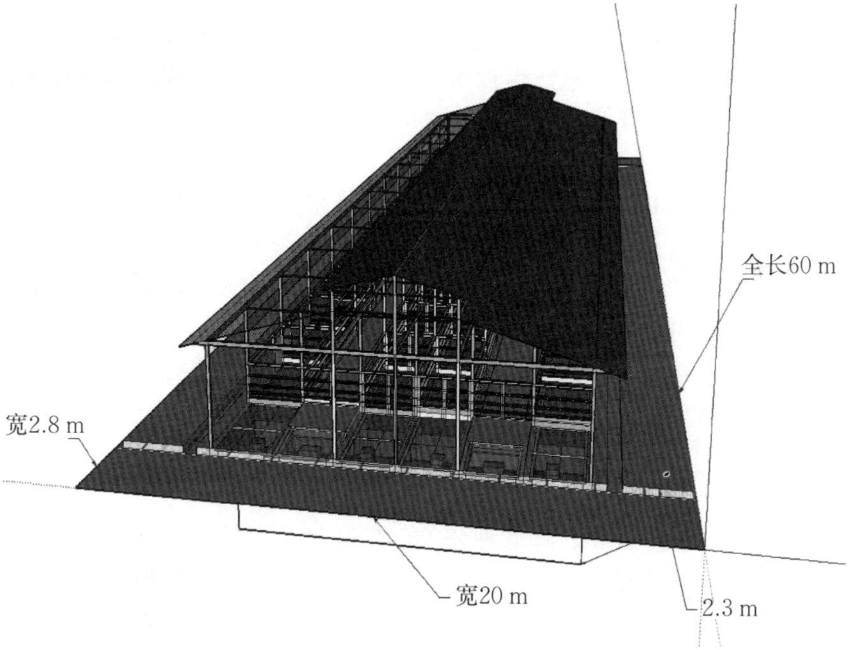

图 2-6　大型自动化多列式羊舍

（二）山羊良种繁育技术

重视地方山羊品种资源的保护与利用，通过引进国内外优良品种，改良本地品种，培育适合市场需求的山羊新品种、新品系。

鼓励建设核心育种场，制定品种标准、开展品种登记与性能测定，利用分子遗传标记等技术加速品种选育速度，打造一批拥有地方特色与自主知识产权的山羊新品种。

加快引进种羊扩繁速度，降低种羊引种与养殖成本，提高供种能力。广泛开展杂交优势利用，筛选优势杂交组合，鼓励发展二元及三元杂交肉羊生产，提高羊肉品质与单位产量。

结合地区资源情况与市场需要，按梯次新建和扩建一批依托龙头企业的省级原种场、扩繁场、山羊养殖标准化示范场，以及人工授精站，推进山羊良种繁育体系建设。

（三）山羊快速扩繁技术

山羊快速繁育技术是以母羊高频繁殖与羔羊快速育成为目的的配套技术，可使母羊从一年一产或两年三产提高到三年五产；使羔羊育肥期由10～12个月缩短至当年育肥6～8个月出栏。山羊快速繁育技术的推广，有利于缩短山羊养殖生产周期、提高养殖户经济效益、促进农民就业、脱贫致富。山羊快速繁育技术包括：母羊定时输精技术、早期妊娠诊断、超数排卵与胚胎移植等技术。

1. 定时输精

定时输精技术是将公羊精液冷冻保存技术、母羊控制发情技术与人工授精技术，以及早期妊娠诊断技术相结合的一种高效母羊繁殖技术。通过将种公羊的精液（鲜精或冷冻精液），对集中发情控制处理后的母羊，在固定时间内，不经发情鉴定直接选择在处理后的42 h左右直接进行人工输精的方式。根据实施群体数量的不同，可以选择阴道法人工输精（每批次300只以内）或者腹腔内窥镜法人工输精（每批次300只以上）；输精后可采用B超法于输精后的30～40 d进行早期妊娠诊断，确诊未怀孕的母羊，及时组织再次配种。定时输精技术的应用，有利于提高优秀种公羊的利用效率、降低种公羊引种数量与饲养成本，有利于场内繁殖疾病的预防与控制，有利于缩短母羊的空怀期，提高受胎率，结合诱发排卵技术，还可有效提高产羔率。

2. 早期断奶

早期断奶技术是指对产后满1～4周龄的健康羔羊，根据同胞数、个体大小分批脱离母羊哺乳，转为采用人工或机械饲喂代乳料的方式进行早期断奶饲喂的方法。羔羊在4～6周龄饲喂代乳料的同时，开始饲喂开口料与全价颗粒饲料，并于达到12 kg以上体重后全面停止代乳料饲喂。早期断奶技术的应用，有利于母羊产后身体功能与发情配种能力的迅速恢复、缩短母羊空怀时间，有利于解决部分母羊缺乏奶水导致羔羊营养不良的问题，有利于羔羊早期生长发育期的饮食卫生、减少消化道疾病、羔羊软瘫病以及寄生虫病的发生，有利于羔羊早期生长发育潜力的充分发挥，缩短羔羊育成时间。

3. 超数排卵

此项技术主要应用于价值较高的种羊快速扩繁。超数排卵技术是指通过程序化外源同质生殖激素的处理，使供体种母羊在一个发情期产生多个卵母细胞，经受精后生产多枚胚胎，然后采用手术法将胚胎取出保存的技术，取出的胚胎经品质检测后，可用于直接移植到受体或冷冻保存以便于长期保存与远距离运输。

4. 胚胎移植

胚胎移植技术是指将超数排卵获得的胚胎，通过手术法转移到经同步发情处理后的受体母羊的子宫内，重新着床受孕并发育成胎儿，即借腹怀胎的技术。供体母羊多为价值高的引入品种或者濒危品种，受体母羊往往选择数量大、价值低的本地母羊进行，因此也被称为“土羊生金羊”。此项技术的应用，有利于减少良种活体的引种数量，降低引种风险与引种成本，有利于濒危地方品种的保护与恢复，也有利于优良引进品种与培育品种的快速扩群，是提高种羊场供种能力与经济效益的关键技术。

5. 三年五产模式

综合以上几项技术的应用，通过缩短哺乳期、缩短母羊羔期间隔和控制繁殖周期，使种羊由二年三胎提高到三年五胎，将全年等分为 5 期，每期 73 d，将哺乳与配种控制在 1 期内，妊娠 2 期，则 3 年刚好完成五产。此模式的应用，有利于最大限度地发挥种羊的生产能力、缩短生产周期，促进快速育种扩繁、同步防疫、同步分群管理、同步更换饲料，进而达到批量化同步上市的目的，是规模化舍饲提高养殖效益的发展方向。

（四）羔羊快速育成技术

核心育种场由于设施设备投入大、饲养管理成本高等原因，在充分提高种羊的繁殖效率的同时，还应注意后备种羊的培育速度与培育质量。因此，对于断奶种羊的筛选与快速育成就显得尤为重要。山羊的生长发育特征是，4 月龄之前以骨架成长为主，5～8 月龄以肌肉生产为主，8 月龄至 1 周岁肌肉生长速度逐渐减缓，脂肪沉积速度逐渐增加，而 1 周岁以后脂肪沉积速度将大于肌肉生长速度，大部分种羊至 18 月龄时肌肉几乎停止生长，体重如果再进一步增加主要来源于脂肪沉积。因此，对于种用羔羊的培育应该从早期断奶后，采用全价颗粒饲料进行全舍饲饲喂至 8 月龄左右，这样可以使其体重达到成年体重的70%左右，初步具备了配种能力。

（五）后备种羊的培育技术

后备种羊的培育应以提高种羊的繁殖效率，延长种羊的利用年限为目的。种公羊过早配种，易导致生产潜力受阻，引起性欲与生精能力降低，甚至丧失配种能力；种母羊过早配种除了影响生长外，也容易导致产后疾病与发情功能紊乱。种羊过晚配种，一方面增加了养殖成本，另一方面过于肥胖也容易导致乏情等繁殖障碍出现。因此，从断奶后开始，羔羊就应该根据性别进行分群管理。对于不满足种用条件的种羊，及时采取去势处理并进行快速育肥。一般认为种母羊的最佳初配时间为10～12月龄，平均种用年限为5年；种公羊本交初配与采精调教的最佳时间为12月龄，程序化精液人工采集的最佳初始时间为18月龄，平均种用年限分别为2年（本交）和4年（人工采精）。

（六）种公羊的饲养管理技术

种公羊的质量是影响种羊场育种水平的关键。种公羊出生后，需及时做好系谱档案，并分别在出生、断奶、6月龄、12月龄、18月龄、24月龄开展生产性能测定。根据其阶段生长发育水平，对照品种标准，确定其是否具备种用价值，12月龄后还需进行精液采集与精液品质检查，进一步确定种羊等级与配种使用计划。

饲喂方面在非配种期，每只每天补饲0.2 kg精料补充料、1.5 kg干草及2.0～3.0 kg青绿饲草。夏季注意防暑降温，增喂青绿饲料。配种旺季应补充适量鸡蛋等动物蛋白质及维生素和无机盐，饲料多样化，营养全面，适口性好。

在集中配种（采精）前，应对种公羊肢蹄、牙齿、上下颌、睾丸以及附睾等进行系统的健康检查，对布鲁杆菌病等繁殖疾病进行检疫排查，病羊一律不可用于配种。

配种期的种公羊应远离母羊舍单独饲养，保持羊舍清洁卫生、环境安静。保持适量运动，舍饲种公羊应每天在运动场游走运动，定期修蹄。及时淘汰更新种公羊，防止近亲交配。

（七）淘汰羔羊的育肥技术

1. 快速育肥模式

对于非种用羔羊可以考虑进行全舍饲快速育肥，使其在6月龄前后达到30 kg以上体重后直接上市，这种模式有利于获得最高育肥效率，实现肉羊提前供应。

2. 生态育肥模式

对于超出当季上市数量的肉羊，或者在对放牧肉羊肉质风味有偏好的地区，也可充分利用当地的天然草山草坡资源或人工牧草与秸秆资源，通过放牧加补饲（延迟1～2个月上市）或全放牧的方式（延迟3～4个月上市）进行生态育肥，一方面可以降低育肥成本，提升羊肉瘦肉率与口感风味，提高羊肉销售价格，另一方面也有利于满足市场分批上市、均衡供应的需求。

（八）羊粪有机肥生产工艺

1. 生产流程

羊粪、废弃牧草、枯枝落叶、沼渣等，发酵后进入半湿物料粉碎机进行粉碎，然后加入氮、磷、钾等元素（尿素、五氧化二磷、氯化钾等），使所含矿物元素达到所需标准，然后利用搅拌机进行搅拌，再进入造粒机制颗粒，出来后烘干，通过筛分机筛分，合格产品进行包装，不合格的返回造粒机进行造粒，利用定量包装秤将成品生物肥进行分、包装。

2. 生产设备

生产设备主要由发酵系统、干燥系统、除臭除尘系统、粉碎系统、配料系统、混合系统、造粒系统、筛分系统和成品包装系统组成（图2-7）。

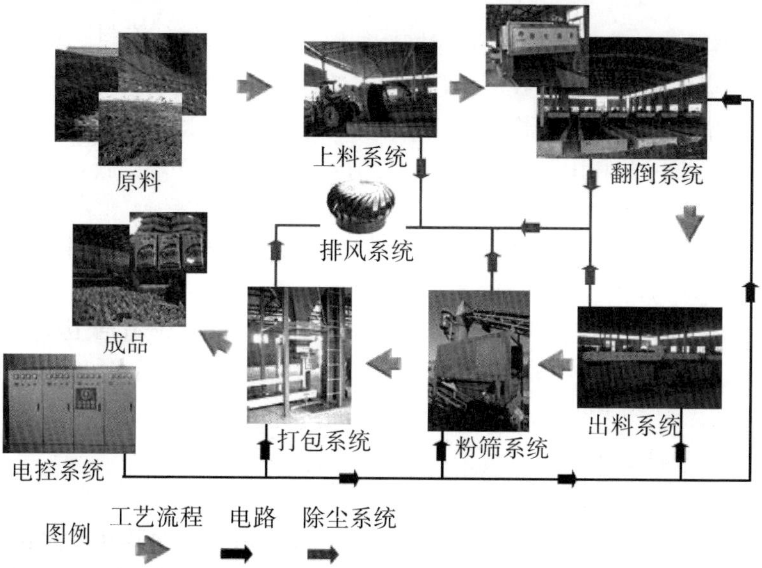

图2-7　有机肥工艺

第三章　山羊场选址与布局

科学的选址和建造羊舍是山羊养殖的前期基础。选址的合理性、羊场布局的科学性以及羊舍设计的舒适性与山羊的生产性能、健康状况、疫病防控有着密切的联系。因此建设羊场时，必须根据山羊的生物学习性、养殖规模和当地的自然环境条件，以因地制宜、经济适用、有利防疫、低碳环保为原则，严格按照山羊的饲养流程和防疫要求，建设标准化羊场和选择配套设施。

第一节　山羊场选址

一、选址依据

山羊场选址依据主要有以下法律法规：

《中华人民共和国畜牧法》（2015 年 4 月 24 日修正版）；

《中华人民共和国动物防疫法》（2021 年 1 月 22 日修订版）；

《中华人民共和国环境保护法》（2014 年 4 月 24 日修订版）；

《动物防疫条件审查办法》（2010 年农业部令第 7 号）；

《农业农村部关于调整动物防疫条件审查有关规定的通知》（农牧发〔2019〕42 号）；

《畜禽养殖污染防治管理办法》（国家环境保护总局令第 9 号）；

《畜禽规模养殖污染防治条例》（2013 年中华人民共和国国务院令第 643 号）；

《畜禽养殖业污染防治技术政策》[环发〔2010〕151 号]；

《饮用水水源保护区污染防治管理规定》[（89）环管字第 201 号]；

《中华人民共和国农产品质量安全法》（中华人民共和国主席令第 49 号）；

各地区畜禽养殖禁养区划定方案。

二、选址原则

根据《畜禽养殖污染防治管理办法》的规定，禁止在下列区域内建设畜禽养殖场：

（1）生活饮用水水源保护区、风景名胜区、自然保护区的核心区及缓冲区。

（2）城市和城镇中居民区、文教科研区、医疗区等人口集中地区。

（3）县级人民政府依法划定的禁养区域。

（4）国家或地方法律、法规规定需特殊保护的其他区域。

另外根据《动物防疫条件审查办法》的规定，养殖场距离生活饮用水源地、动物屠宰加工场所、动物和动物产品集贸市场 500 m 以上；距离种畜禽场 1 000 m 以上；距离动物诊疗场所 200 m 以上；动物饲养场（养殖小区）之间距离不少于 500 m；距离动物隔离场所、无害化处理场所 3 000 m 以上；距离城镇居民区、文化教育科研等人口集中区域及公路、铁路等主要交通干线 500 m 以上（图 3－1）。

周边有符合养殖规模所需求的草山草坡或可用于建设高产牧草基地的土地资源。

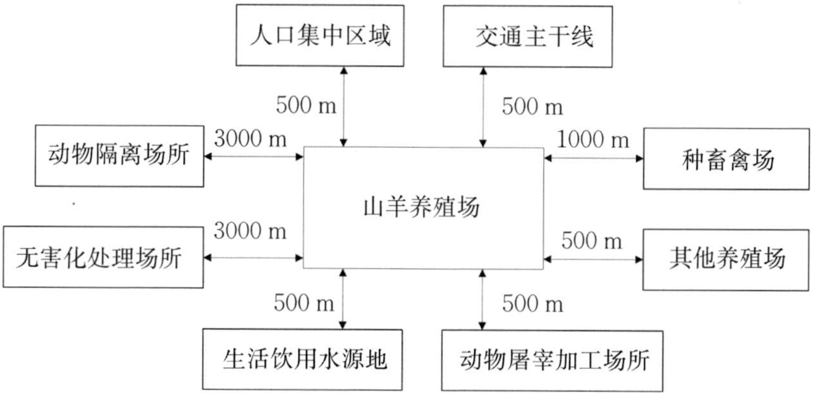

图 3－1　山羊养殖场与其他场所距离示意图

三、场址选择

山羊养殖场选址时首先要考虑当地城乡建设发展规划的用地要求，按总体规划需要一次完成，土地随用随征，预留远期工程建设用地，尽量利用废弃地和荒山荒坡等未利用的土地，避免随着城镇建设发展而被迫搬迁或转产。

（一）地形地势

山羊养殖场应充分考虑当地的地理特征，选择在地势较高、通风、干燥、排水便利、背风向阳的地方，且应位于人口集中区域及公共建筑群常年主导风向的下风向处，避免在低洼涝地、山洪水道、冬季风口处建场。

（二）水源

要求四季水源充足，水质符合 GB 5749 规定，且离羊舍近，取用方便。切忌在严重缺水或水源严重污染及寄生虫危害的地区建场。山羊饮用水最好是经过消毒的自来水，其次是井水和河水。

（三）疫病防控

选址时要对当地的疫情做详细调查，切忌在传染病疫区建场。其余参考《动物防疫条件审查办法》。

（四）粗饲料资源

结合养殖规模，充分考虑粗饲料供应条件。南方草山草坡地区以及大面积人工草场地区，要有足够的轮牧草场，植被较好的地区，按照每亩地饲养 1 只成年山羊规划；以舍饲为主的农区以及集中育肥时，必须要有足够的粗饲料基地或来源，并储备充足的原料，有条件的就建设与养殖规模相当的青贮窖。

第二节　山羊场布局

一、布局原则

（一）因地制宜、科学布局

采用整体设计布局的理念，结合建设地点的地形特征，因地制宜地将各建筑物、人工景观与自然环境有机融合，根据山羊的生产工艺，力求布局科学合理、紧凑，且功能分区明确，并充分考虑中长期规划。

（二）防疫为主、清洁环保

布局时严格遵守防疫要求，做到人流与物流分开，净物与污物不同道，避免交叉污染。建筑物周围、道路两侧及可利用的空地都应进行绿化，改善养殖场环境卫生。

（三）工艺先进、经济适用

采用最先进的养殖生产工艺，合理布局各个羊舍、饲料仓库、饲料加工车间、兽医室和贮粪池等。兼顾自身的经济条件，分期建设各种基本设施，逐步扩大饲养规模，力求经济适用。

二、布局设计

山羊养殖场在布局之前，首先要确定养殖规模以及中长期发展规划，然后根据规划按照畜禽规模养殖场建设规范和畜禽养殖污染防治技术规范进行规划设计。养殖场一般设有办公生活区、生产区、辅助生产区、无害化处理区和隔离区。生产区包括公羊舍、母羊舍、产仔舍、羔羊舍、育肥舍；辅助生产区包括饲草料贮藏间、精料贮藏间、饲料加工车间、青贮窖等。以上生产区和辅助生产区可根据养殖规模单独布局或适当合并建造。

养殖场布局，根据环境卫生要求，依照下坡和主风向依次按人、料、羊、污顺序布局。具体布局顺序为：办公生活区→辅助生产区→生产区→无害化处理区→隔离区，各区相对隔离，通过一条主干道与各功能区的次要通道相连，且设置相应的消毒设施，做到人流与物流分开，净物与污物不同道。

养殖场布局根据场地大小和养殖规模采用双列布局（图 3-2）或单列布局（图 3-3）的方式。有条件的养殖场可将办公区设置在城镇或居民区，把养殖场变成一个独立的生产单位，更有利于养殖场传染病的控制。

图 3-2　双列布局模式

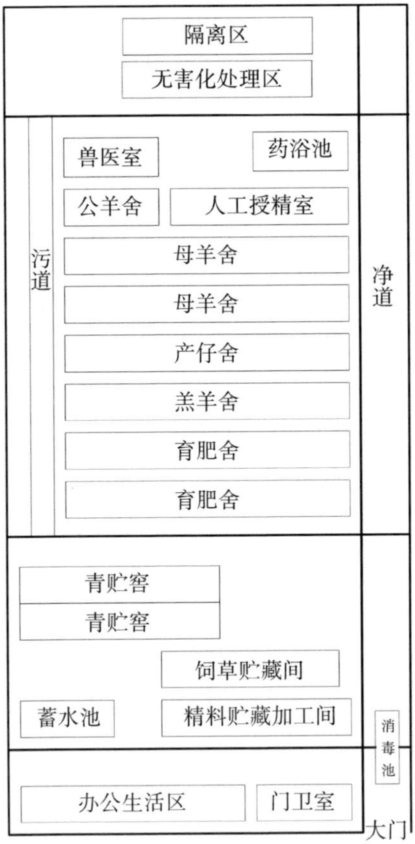

图 3－3 单列布局模式

在修建多栋羊舍时，应注意长轴平等配置，羊舍之间要有 10～50 m 的间距，以便于饲养管理和采光，也有利于防疫。在羊舍向阳面要留有 5°～10°坡度且排水良好的运动场。

第三节 山羊舍设计

一、设计要求

山羊喜干燥、清洁，厌潮湿、污秽。一般认为，气温在 15 ℃～23 ℃，相对湿度在 50%～70%，鼻闻无臭味刺鼻的环境下，对山羊的生长发育最适宜，也有利于山羊的呼吸、消化、体表被毛系统等功能的正常发挥。同时兼顾动物福利，采用科学设计的羊舍，实现羊舍温度、湿度、通风和采光的自动控制，有效地解决舍内温差大、氨气浓度高、污染严重等问题。

（一）地面和床面要求

对于高床羊舍而言，饲喂通道、排粪通道和清粪通道布设在地面。地面要致密、坚实、平整无裂缝，以避免水和尿渗入地面以下，常采用水泥地面，以便于清扫。饲喂通道地面常与床面处于同一水平面，比清粪通道地面高 0.5～1 m，排粪通道地面要有一定的坡度，以便于清理床面下的羊粪。床面常采用木、竹制床面或混凝土、塑料漏缝板，产仔舍床面漏缝间隙为 1～1.5 cm，其他羊舍床面漏缝间隙为 1.5～2 cm。

（二）墙体要求

墙体对羊舍的保湿与隔热起着重要的作用。墙体常用材料有土、砖、石、单层彩钢板、岩棉夹心彩钢板等。其中土墙造价低、保温性能好，但易潮湿不利于消毒；砖墙最常用；彩钢板墙建造周期短，但相对于土墙、砖墙和石墙而言，保温和隔热效果差。近年来，有的羊场采用塑料大棚羊舍，其建造成本更低、周期更短，但保温和隔热效果差，没有专业羊舍管理方便。

（三）屋顶要求

羊舍屋顶要求选用隔热保温性能好的材料，最好留有一定的采光带。屋顶常用的材料有陶瓦、石棉瓦、彩钢板、合成树脂瓦等，如采用石棉瓦、单层彩钢板和合成树脂瓦做屋顶时，应在屋顶内表面铺设保温隔热材料，常用的保温隔热材料有玻璃丝、泡沫板、珍珠岩和聚氨酯等。

（四）门窗要求

1. 羊舍门

由于羊只喜群集，好拥挤，羊舍大门采用双开门设计，以外开门为宜，大门的宽度为 2.2～3 m，高度不低于 1.8 m，利于饲料车的进出，方便饲喂；羊舍与运动场连接的小门，宽度为 0.8～1 m，高度为 1.2 m。

2. 羊舍窗户

羊舍窗户一方面要保证舍内足够的采光，另一方面还起到通风与保温的作用。一般窗户宽度为 1.2～1.5 m，高度为 1.2 m，距地面高度为 1.2～1.5 m,窗户总面积约为羊舍地面面积的 1/13，以确保充足的光线和通风量。窗户宜采用外开窗或卷帘，不宜使用推拉窗，以避免减少通风面积。

（五）羊舍建筑参数要求

1. 羊舍面积

羊舍面积大小要根据饲养品种、性别、生长阶段来确定，羊舍建造总面积根据饲养模式和饲养规模来确定。通常山羊舍的建造面积计算依据为：种公羊 2.0～3.0 m^2，母羊、育成羊、育肥羊 0.8～1.0 m^2，哺乳母羊 2.0～2.5 m^2。单栋羊舍面积以不超过 1 000 m^2 为宜，羊舍建造总面积占养殖场总面积的 30%左右。

2. 运动场面积

在羊舍的向阳面建造羊运动场，运动场地面比羊舍内地面低 0.1～0.2 m。运动场面积计算依据为：羊舍面积的 2～2.5 倍或每只羊 4 m^2。

3. 羊舍高度要求

屋檐高度以不低于 3 m 为宜，屋面坡度不小于 15°～16°，以利于排水。

4. 羊舍宽度要求

单坡式羊舍宽度一般为 5～6 m，双坡单列式羊舍宽度为 6～8 m，双坡双列式羊舍宽度为 10～12 m。

二、山羊舍设计

（一）山羊舍类型

（1）根据羊舍屋面结构可分为单坡式羊舍（图 3－4）、双坡式羊舍（图 3－5）和双坡钟楼式羊舍（图 3－6）。

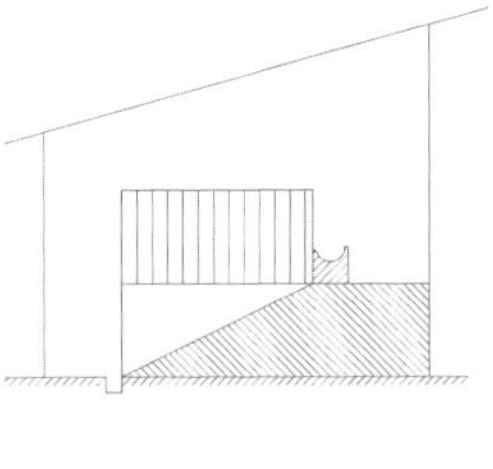

图 3－4 单坡式羊舍（平房式）

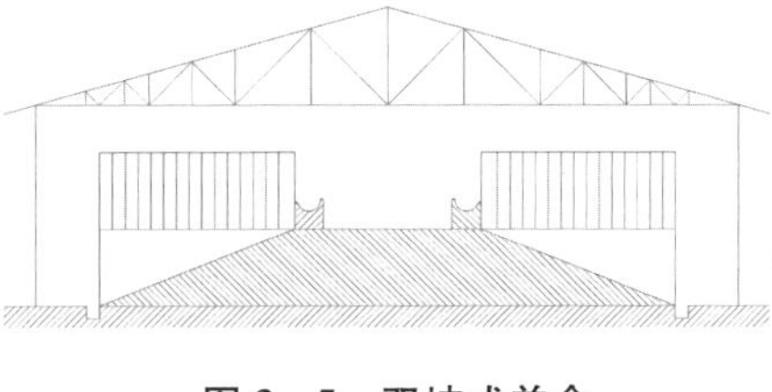

图 3－5 双坡式羊舍

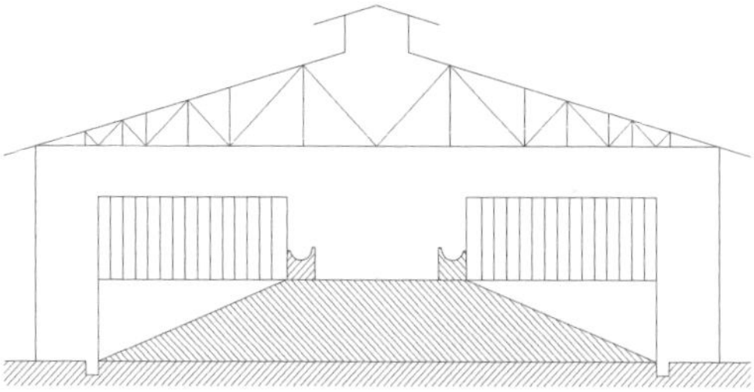

图 3-6　双坡钟楼式羊舍

（2）根据羊舍封闭程度可分为封闭式羊舍（图 3-7）、半封闭式羊舍（图 3-8）和开放式羊舍（图 3-9）。

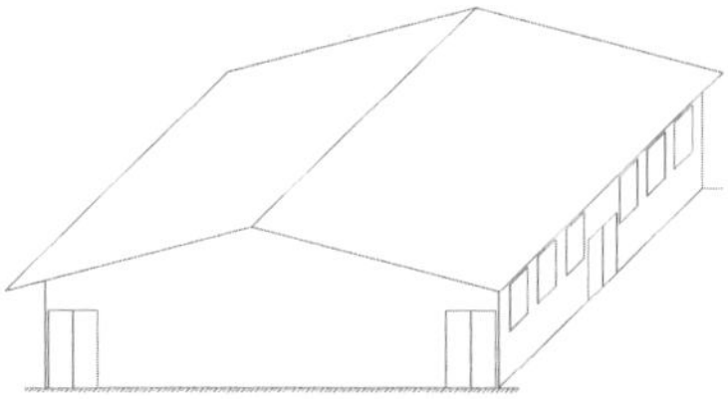

图 3-7　封闭式羊舍

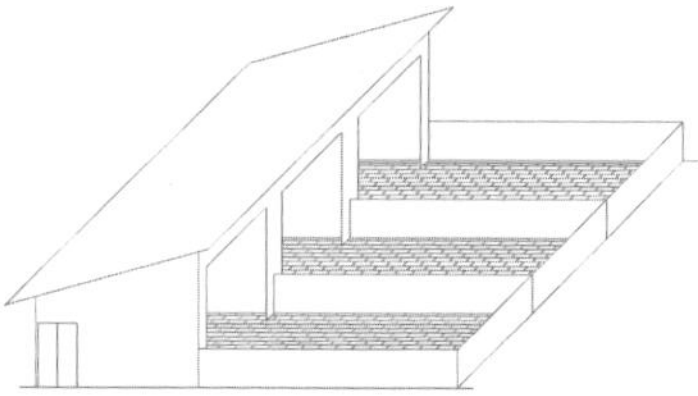

图 3-8　半封闭式羊舍

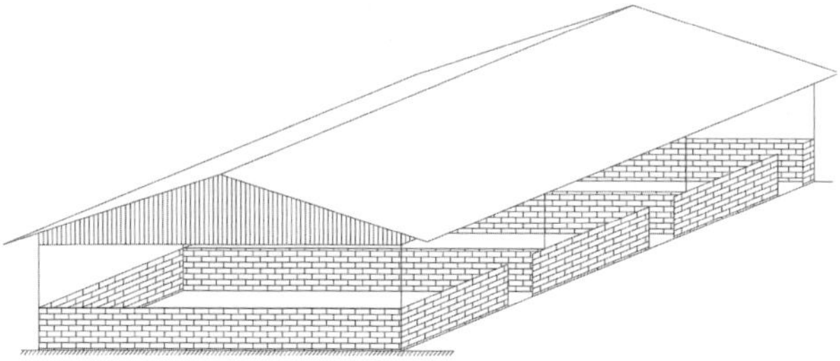

图 3-9　开放式羊舍

（3）根据建筑结构可分为平房式羊舍、楼层式羊舍（图 3-10）和塑料暖棚羊舍（图 3-11）。

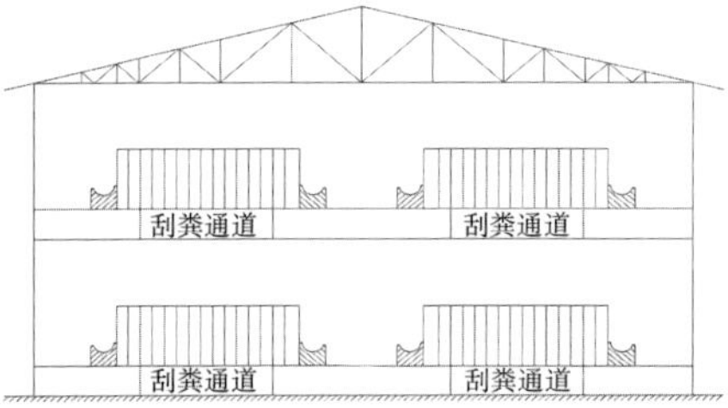

图 3－10　楼层式羊舍

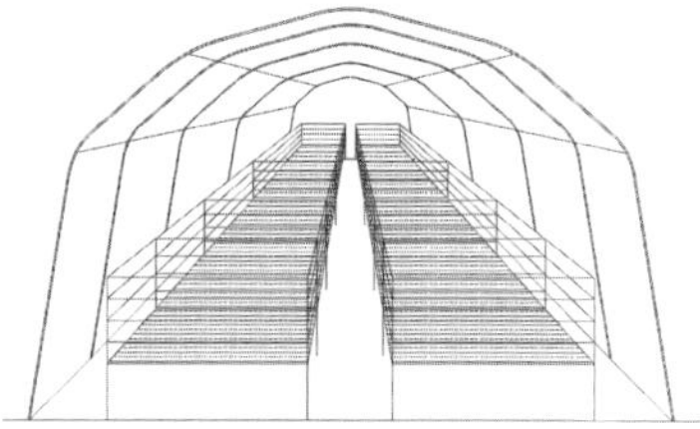

图 3－11　塑料暖棚羊舍

（二）种公羊舍设计

采用人工授精的山羊养殖场，如图 3－12 所示，在种公羊舍内需要分隔出公羊饲养室、精液处理室、配种室（输精室）以及待配种母羊室。在公羊饲养室内安装采精台，采集后的精液通过传递窗传递到精液处理室。配种室通过传递窗与精液处理室相通，室内需要安装输精台、母羊固定架以及站立配种操作坑。

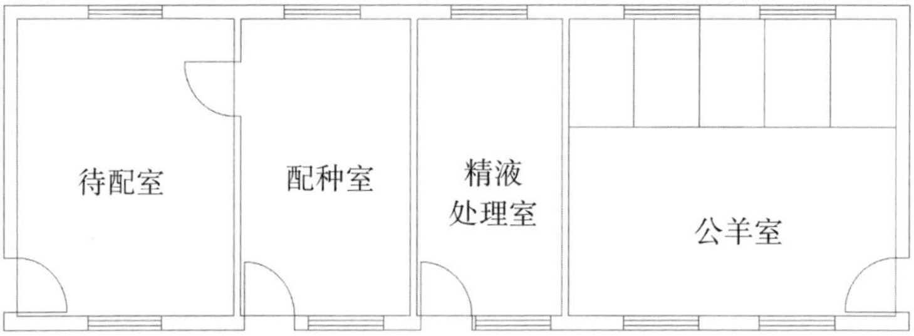

图 3－12　种公羊舍

（三）母羊舍、产仔舍设计

母羊舍可与产仔舍布置在同一羊舍中，如图 3－13 所示，沿羊舍轴向采用左右或者前后布置母羊舍和产仔舍，母羊舍与产仔舍之间最好采用物理隔断。母羊舍通常采用封闭羊舍，以利于保暖，同时做好通风，减少舍内有害气体的浓度。产仔舍采用单栏饲养，每个栏的面积不小于 3 m^2，栏内设有食槽、自动饮水器和羔羊保温箱。

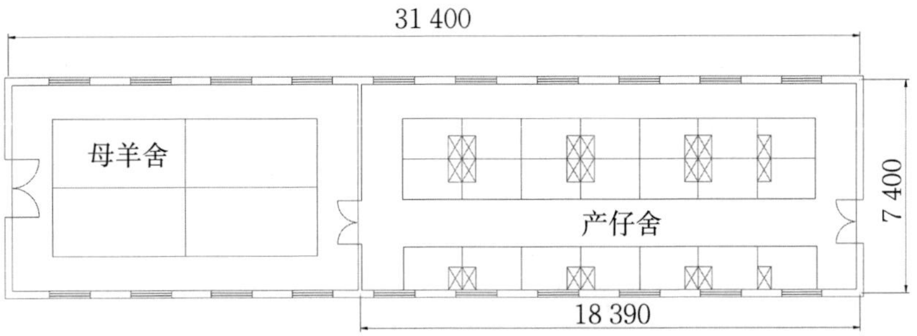

图 3-13　母羊舍、产仔舍（单位：mm）

（四）育成舍、肥育舍设计

为节约建筑成本，育成舍、肥育舍可采用开放式羊舍，或者考虑砌半墙。羊床采用漏缝地板高床，便于清理粪污。羊舍内可根据饲养规模隔成若干个小栏（图 3-14），在羊舍轴向两边修建运动场。

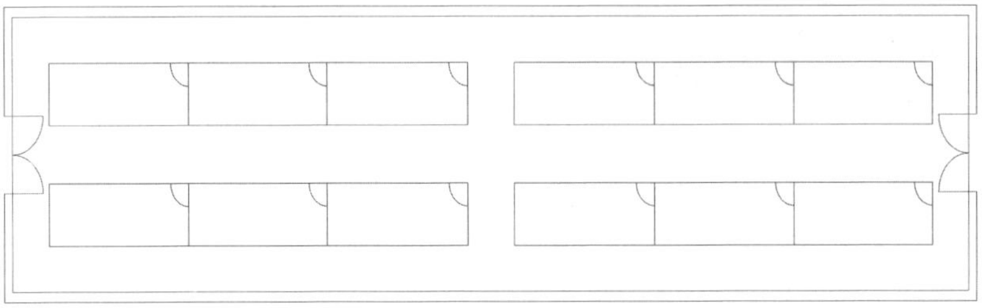

图 3-14　育成舍、肥育舍

第四节　养殖设施

一、饲养设施与设备

（一）饲槽

饲槽有固定式通槽（图 3-15）、地面式通槽（图 3-16）、移动式饲槽（图 3-17）、草料槽（图 3-18）等。固定式饲槽常采用砖、石头、混凝土或钢板制作。饲槽宽度通常为 0.3～0.35 m，深 0.25～0.3 m，内沿与羊床之间的高度为 0.4 m，便于采食，外沿比内沿高 0.05～0.1 m，以减少饲料的浪费。

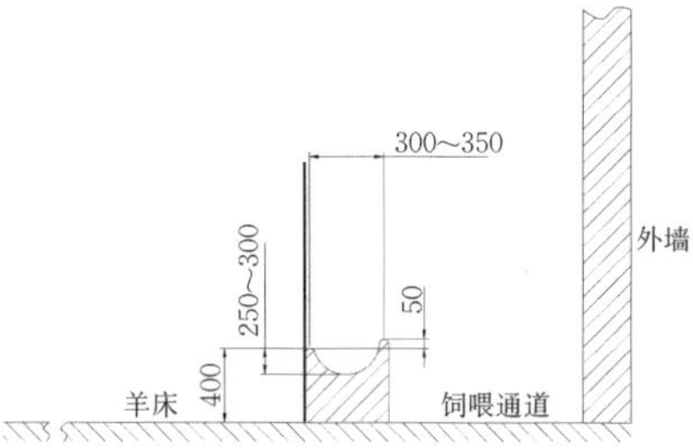

图 3－15　固定式通槽（单位：mm）

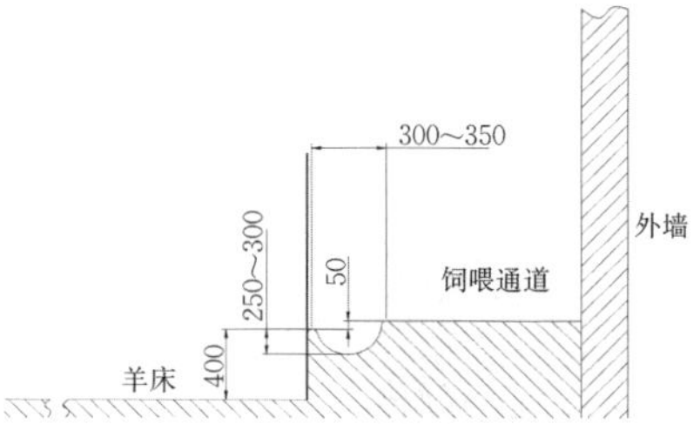

图 3－16　地面式通槽（单位：mm）

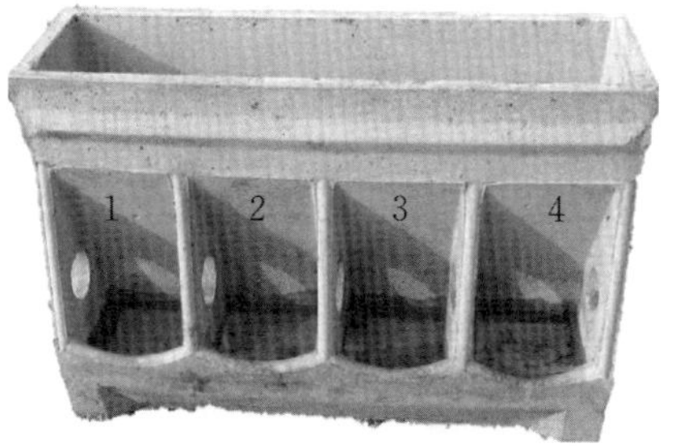

图 3－17　4 位水泥移动精料槽

图 3－18　移动式草料槽

（二）饮水设施

饮水设施主要有饮水槽和自动饮水器。饮水槽一般采用砖、混凝土和钢板制作，固定在羊舍内和运动场中。安放在运动场的饮水槽需要搭建遮雨棚，避免雨水落入饮水槽中，污染饮用水。饮水槽底部保持一定的坡度，在较低的一端设有排水口，以便清洗水槽。饮水槽的高度与食槽的高度一致，方便山羊饮水。在寒冷地区，室外水槽容易结冰，可以采用电加热恒温水槽（图 3－19）。单栏饲养时，可安装自动饮水碗（图 3－20）或饮水器，如果羊场水线中水压较高，则需要在饮水碗或饮水器前安装水线调压装置。

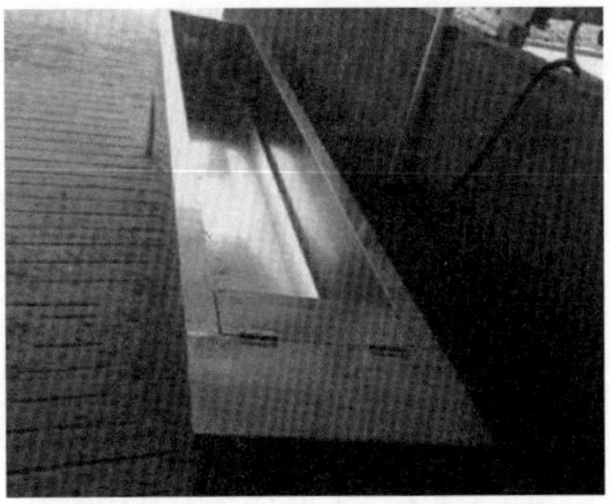

图 3－19　电加热恒温水槽

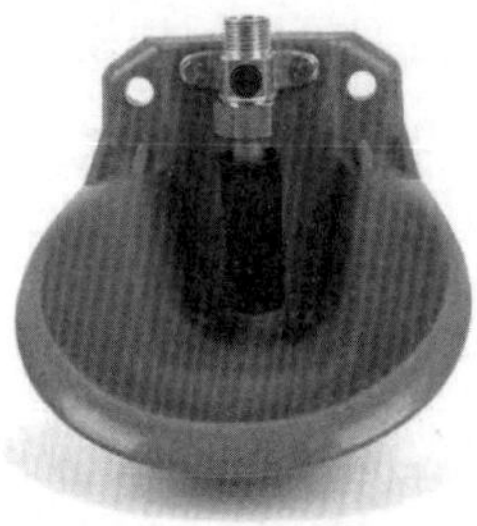

图 3－20　羊用饮水碗

（三）保育箱（栏）

在冬季或气温较低时，新生羔羊不能抵御冰冻，容易引发感冒、肺炎、胃肠炎等疾病，降低羔羊的成活率，因此在产仔栏内设置一个保育箱（栏）。如图 3－21 所示，保育箱采用保温材料制作，如木板、竹胶板、复合材料等。保育箱长 1 m，宽0.6 m，高1 m，顶部采用活动板，活动板中心开设一个直径为 150 mm 的圆孔，保证红外取暖灯能穿过。保育箱的一侧采用栅栏，栅栏缝隙的宽度要保证羔羊能自由进出，但母羊羊头不能伸入，也可以在一侧箱壁上开设一个能让羔羊自由出入的小口。箱内设有料槽，用于给羔羊补饲开口料和优质牧草，促进羔羊尽早采食固体饲料。

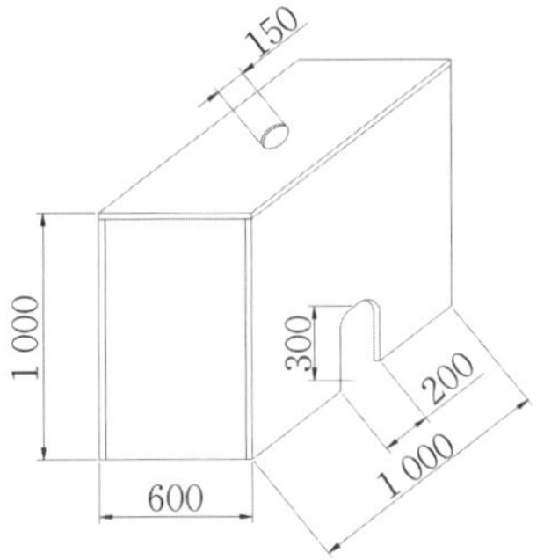

图 3－21　保育箱（单位：mm）

二、青贮设施与设备

（一）青贮窖

在羊场选择地势高、干燥、地下水位低、土质坚硬且离羊舍较近的地方，修建青贮窖。如图 3－22 所示，在南方一般建成地上式青贮窖，其容积要根据羊场的规模确定，一般人工操作的青贮窖，高 2.5～3 m，宽 3～3.5 m，深 4～5 m，如果是采用机械化作业，窖深可加深至 15 m。窖底尽可能高于地面，从内向外设置 15°～20°坡度，沿窖壁两侧或中间修建排液沟。窖壁和窖底最好采用水泥抹面，保证光滑。青贮窖截面尽量砌成喇叭口，从下至上逐渐放大，以便于压实。窖壁的顶端修建排水沟，避免青贮窖顶部积水。当青贮料装填并压实后，在表面覆盖薄膜，薄膜上放置废旧轮胎，特别需要注意薄膜与窖壁接合处的压实，以避免雨水沿着窖壁渗入池内。没有条件的羊场，可以采用地面青贮的方式，直接在地面堆放粉碎后的秸秆，压实后覆盖薄膜。

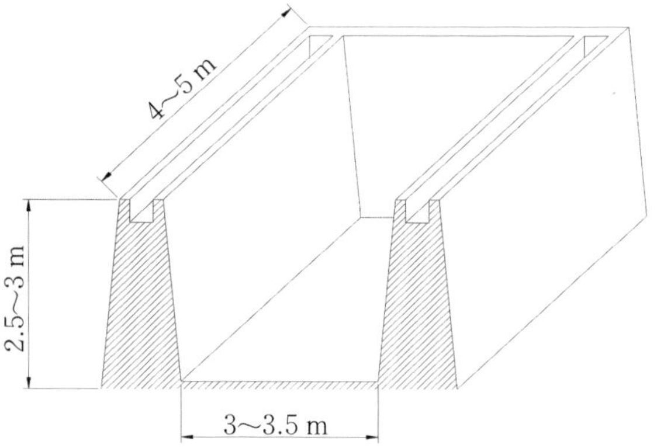

图 3－22 青贮窖

（二）裹包青贮

裹包青贮是利用打捆机、裹包机完成青贮的技术与方法，是近年来推广的一种青贮技术，具有投资少、制作简单、不受气候影响和场地限制、运输便捷等特点。

裹包青贮工艺包含收割、破碎揉丝、打捆、裹包四道工序（图 3－23），有养殖场作业和田间作业两种模式。如采用田间作业模式，先用收割打捆一体机打捆，再用裹包机进行裹包，最后用拖拉机或汽车运输到厂里青贮。如果采用养殖场作业模式，需要将收割的牧草运输到养殖场，在场内完成破碎、打捆、裹包等操作。

图 3－23　田间作业裹包青贮加工过程

三、饲料加工设施与设备

（一）精饲料加工设施与设备

1. 饲料粉碎机

养殖场常用的粉碎机有锤片式和齿爪式两种。锤片式粉碎机是利用高速旋转的锤片对物料进行撞击而使物料破碎的一种粉碎机，可通过更换不同孔径的筛片来获得不同粒径的成品。锤片式粉碎机通用性广，即可以粉碎玉米、稻谷、豆粕等能量和蛋白含量高的饲料，也可以粉碎秸秆类饲料，同时还具有粒度调节方便、使用和维护简单、生产效率高等优点。缺点是能耗高、噪声大、容易产生粉尘。

2. 混合机

精饲料混合常用的有双轴桨叶式混合机、卧式螺带混合机和立式混合机三种。如果仅用于场内自配料，可选用粉碎混合机组（图 3－24），该机组由锤片式粉碎机和立式混合机构成。工作时，粒料从自吸式进料口吸入粉碎机内，粉碎后的物料直接进入立式混合机，而粉料经过计量后，从进料口送入混合机内，当所有料进料完毕后，停止粉碎机，继续混合 15～20 min，从出料口将料卸出，完成一批配合饲料的加工。该机组具有结构简单、安装与维修方便、能耗低、价格便宜等优点，缺点是混合时间长，混合均匀度不高。使用时需注意以下两点：一是要先启动混合机，再启动粉碎机，否则容易造成混合机堵塞；二是当机组在短时间内不使用时，一定要将机内残留的饲料清理出来，否则饲料长时间留在机内，很容易霉变，进而污染后续要加工的饲料。

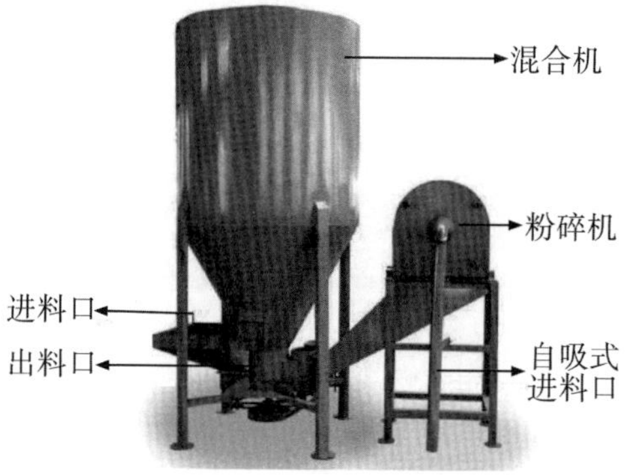

图 3－24 粉碎混合机组

3. 制粒机

常用的制粒机有环模制粒机和平模制粒机两种。二者的工作原理是，在压辊的作用下，混合均匀的配合饲料压入模孔，再从模孔中挤出，经切刀切断成圆柱形颗粒。

环模制粒机通常还需要配置锅炉、给料器、蒸汽调质器、冷却器、分级筛等设备。工作时，配合饲料经过蒸汽调质后，温度升高、水分增加、部分淀粉糊化、蛋白质变性，再用环模制粒机压制成湿热颗粒料，然后进入冷却器降温降水，以便于饲喂和储存。采用该工艺生产的颗粒饲料具有淀粉糊化度高、硬度高、粉化率低、消化率高、储存时间长等优点，但这种工艺设备投资大、操作复杂、运行成本高。

平模制粒机具有结构简单、价格便宜、操作与维修方便等特点。平模制粒机大多数单独使用，即将混合均匀的配合饲料在不经调质或加入一定水分的条件下直接压制。这样压制而成的颗粒料成形率低、含粉率和水分高，不利于储存。一般当天制粒，当天使用。

（二）粗饲料加工设施与设备

1. 铡草机

铡草机主要由送料机构、铡切机构、抛送机构等主要部分组成（图 3－25），按铡切部件可分为圆盘式、滚刀式和轮刀式。工作时，秸秆在送料机构的作用下，以一定速度送入铡切机构，切断后的秸秆从出料口抛出。可以通过调节送料机构中喂料辊的转速，使秸秆的切割长度在 3～10 cm 范围调节。如图 3－25 所示的铡草机可铡切各种农作物茎秆、牧草和青饲料。

图 3－25　铡草机

2. 揉搓机

揉搓机主要由进料斗、切丝机构、揉搓机构等主要部件构成（图 3－26）。铡草机的切刀旋转方向与秸秆进料方向垂直，秸秆是在送料机构的作用下喂入铡草机中。而揉搓机切丝机构的旋转方向与秸秆的进料方向平行，秸秆是在切丝机构的作用下拉入机器内。工作时，将秸秆放入进料斗中，当秸秆与切丝辊接触时，秸秆被自动卷入切丝机构，将秸秆坚硬的外表皮切成丝条状，并以一定的角度进入揉搓室，在锤片的打击下，秸秆与齿板多次碰撞，使已经初步丝条化的秸秆进一步丝化，加工品质达到喂牛喂羊的要求，最终在环形气流的作用下抛出设备。目前市面上所售的铡草揉搓一体机很难达到揉丝效果。

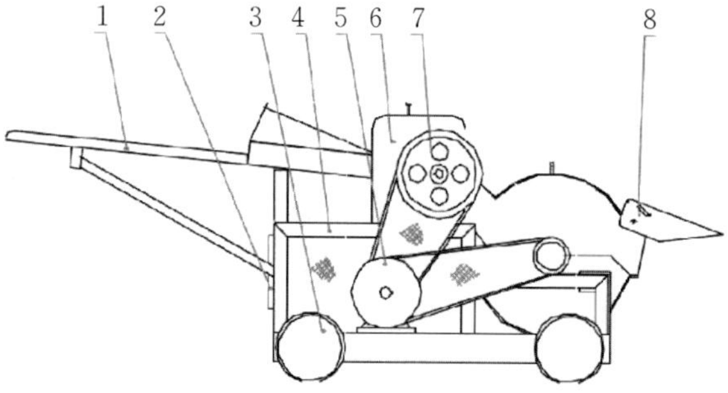

1—进料斗；2—电器系统；3—行走轮；4—机架；5—动力系统；6—箱体；7—切丝机构；8—揉搓机构。

图 3-26　9RS40 型秸秆切丝揉搓机

（三）全混合日粮加工设施与设备

1. 全混合日粮搅拌机

混合日粮（Total mixed rations，TMR）是按照反刍动物（牛、羊和鹿等）不同生长阶段的生理需要，根据动物营养专家设计的配方，把切碎（揉搓）至适当长度的粗料、精料以及各种添加剂按照一定的配比进行充分混合而得到的一种营养相对均衡的饲料。TMR 搅拌机能够将多种物料进行搅拌混合，用来生产全混合日粮，同时结合相关 TMR 饲喂技术，可以确保动物所采食的全混合日粮的营养浓度一致。全混合日粮搅拌机主要由计量装置、切捆除膜装置、输送装置、搅拌装置等构成。全混合日粮搅拌机主要有牵引式、固定式、自走式等类型。其中牵引式和固定式主要针对大型养殖场，且需要配套青贮取料机和撒料车，而自走式全混合日粮搅拌机则将取料机、搅拌机整合在一起。

2. 青贮取料机

青贮取料机主要用于青贮池的青贮抓取，由取料滚筒、输送履带、液压操控系统等几个部分组成。它的特点是：①取料割头由电机液压驱动，顺时针和逆时针两个方向旋转取料；替代铲车抓取青贮，节省油耗，降低了成本。②链条刮板输送快速上料，可以将物料高抛卸料，故障率低，使用寿命长。③青贮窖内取料效率高，液压驱动行走和转向方便省力，适用于冬季青贮窖轻微结冰的情况下使用。④青贮取料机的青贮窖截面平整，避免了青贮截面二次发酵；未使用青贮取料机的青贮窖截面不平整，青贮料容易氧化变质。

四、附属设施与设备

（一）分群设施

规模化养殖场内，山羊在养殖过程中，轮牧、转场、补饲、鉴定、称重、防疫、驱虫以及出栏等环节都要对羊只根据重量进行分群。为了节省抓羊的劳动力和减少分群过程中的应激，可以在场内修筑固定式或移动式分群设施。分群设施通常由引导通道、称重装置和分群栏构成。引导通道为一窄长的通道，其宽度比羊体稍宽，羊在通道内只能成单行前进，不能掉头向后，引导通道将羊只引入称重装置。分群栏设在称重装置的出口处，分群栏入口设有若干个门，每个门对应一个小圈，根据重量打开相应的门，决定羊只去向，达到分群的目的。称重装置还可以兼顾保定架用途。

（二）药浴池

药浴池是给山羊定期进行药浴，防治体外寄生虫的设施。药浴池呈长方形，一般用水泥构筑（图 3－27），长 10～15 m，深 1 m，池底宽 0.3～0.6 m，上部宽 0.6～1 m，以 1 只羊能通过而不能转身为宜。药浴池入口一端修建成陡坡，出口一端采用小台阶，出口处设滴水台，以便羊身上多余的药液回流到池内。

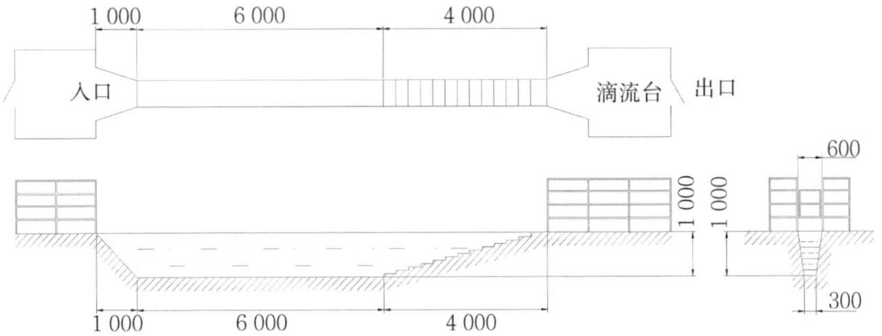

图 3－27　水泥药浴池示意图（单位：mm）

第五节　不同规模山羊养殖场建设案例

根据南方地区山羊养殖现状，可将山羊养殖场分为小型、中型和大型三种养殖规模。小型山羊养殖场通常指劳动力在 2 人以下，能繁母羊存栏量在 100 只以下的养殖场。中型山羊养殖场通常指劳动力在 5 人以下，能繁母羊存栏量在 100～300 只的养殖场。大型山羊养殖场通常指劳动力在 5 人以上，能繁母羊存栏量在 300 只以上的养殖场。

一、小型山羊养殖场建设案例

以采用自繁自养模式，存栏 100 只能繁母羊的中型养殖场为例，采用 2 年 3 产繁育体系，每 2 个月出栏一批育肥羊，年出栏自繁自养的 200 只种羊与肉羊。场内需配后备母羊 30 只、种公羊 2 只、后备种公羊 2 只、全年保持存栏育成羊约 180 只、年总存栏量约 314 只。

（一）养殖场圈、舍面积估算

根据养殖规划，可估算出山羊圈（羊床）面积约为 350 m^2，羊舍总面积约为 490 m^2，运动场面积约为 980 m^2，各类型圈、舍面积估算数量如表 3－1 所示。

表 3－1 年存栏 300 只能繁母羊黑山羊养殖场圈、舍估算

序号	羊群结构	存栏数/只	饲养密度/(只/m^2)	羊圈面积/m^2	羊舍只均面积/(只/m^2)	各类型羊舍面积/m^2	实际建筑面积/m^2
1	能繁母羊	70	1.5	105	1.8	126	145.5
2	后备母羊	30	0.8	24	1	30	
3	产仔与哺乳母羊	30	4	120	6	180	
4	种公羊	2	4	8	6	12	196.65
5	后备公羊	2	1.5	3	2	4	
6	育成羊	180	0.5	90	0.8	144	145.8
7	合计	314		350		496	488.25

注：种公羊采用单栏饲养，后备种公羊饲养在一个圈内；实际建筑面积是根据建筑模数 3 M 估算。

草料贮存库房与饲料加工间 1 栋，面积约为 60 m^2；兽医室与症状隔离治疗室 1 栋，面积约为 40 m^2；30 m^3 沼气池 2 个；堆肥棚 1 栋，面积约为 40 m^2；办公室与员工宿舍等生活用房，面积约为 100 m^2。则年存栏 100 只能繁母羊黑山羊养殖场建筑总面积约为 740 m^2。

（二）羊舍面积与结构

能繁母羊与后备母羊共舍，采用单列羊圈结构，如图 3－29 所示，平面尺寸为 27 m×5.4 m，不同区域用单墙隔开，共设 14 个能繁母羊圈，4 个后备母羊圈。

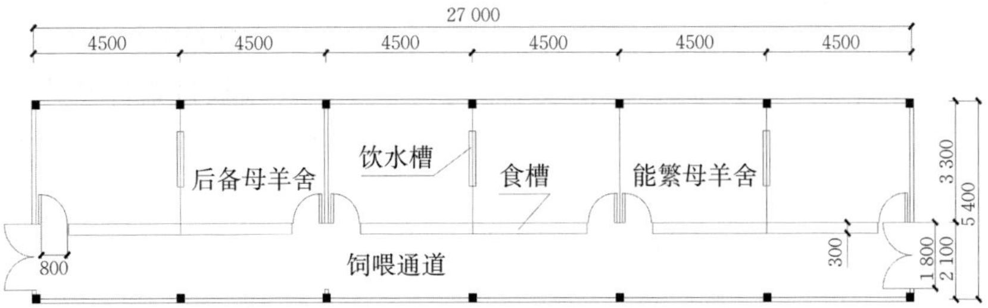

图 3－28　能繁母羊、后备母羊共舍平面图（单位：mm）

育成羊舍采用单列羊圈结构，平面尺寸为 27 m×5.4 m，结构与能繁母羊舍相同。共 1 栋。

产仔哺乳母羊与公羊共舍，采用双列羊圈结构，如图 3－29 所示，平面尺寸为 34.5 m×5.7 m 的，共 1 栋。舍内用单墙将产仔与哺乳母羊与公羊分隔，并设置 1 间值班室。哺乳圈采用多列布置，数量按能繁母羊的 30%计算，每个圈关一窝母仔，圈内安装设置 1 个保育箱（图 3－30、图 3－31），以便于保温和补料。

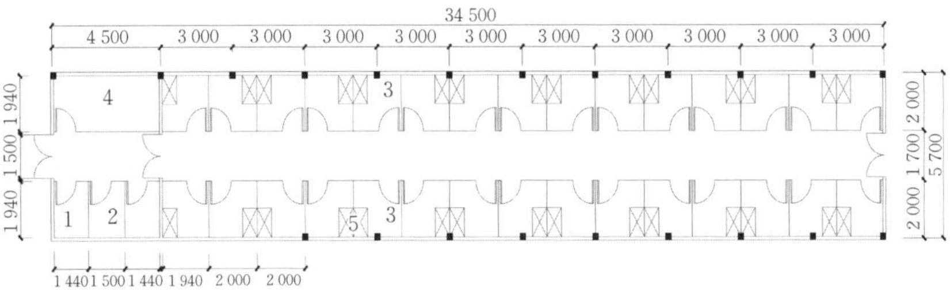

1. 后备公羊圈；2. 种公羊圈；3. 产仔哺乳母羊圈；4. 值班室；5. 保温箱。

图 3－29　产房和哺乳舍平面图（单位：mm）

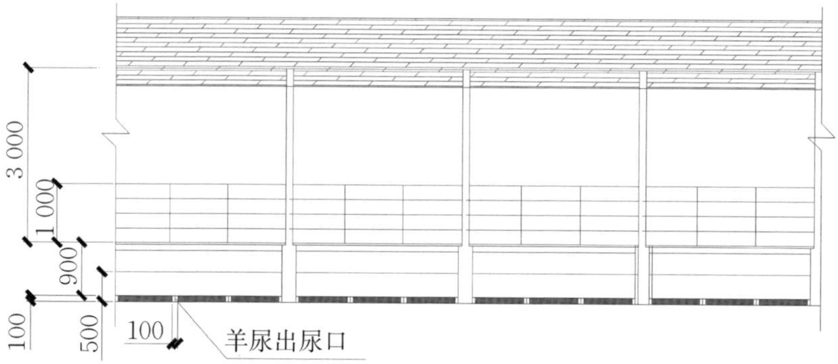

图 3-30 羊舍建筑立面图（单位：mm）

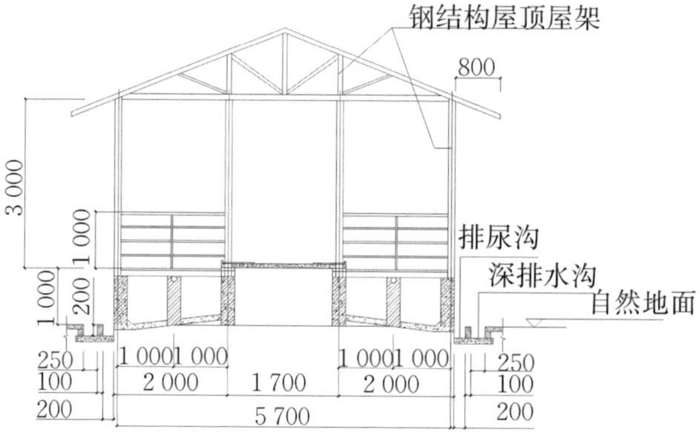

图 3-31 羊舍建筑横断面（单位：mm）

（三）羊床

羊床下面为斜坡，坡度不小于 10°，斜坡表面灌注 6 cm 厚的混凝土，表面抹光，要求羊粪可以滚动，便于粪尿流入沟中（图 3-32）。羊床有竹床、木床、混凝土床、塑料床和钢丝网床等（图 3-32），漏缝间距为 120～150 mm，在保证不卡小羊脚的同时，羊粪能顺利漏下。竹床的竹片宽度为 50～60 mm，表面一定要打磨光滑，没有毛刺，以降低对羊蹄的伤害。竹羊床多用于育肥羊、羔羊、后备羊，可降低建设成本，但使用寿命不超过 5 年。怀孕母羊、种公羊尽可能使用混凝土羊床和塑料羊床。

围栏：用 5 cm 寸圆钢管、木方、竹片等制作，高度为 1～1.3 m，间距 250 mm。羊圈外墙围栏也可用红砖砌成厚度为 120 mm 的砖墙，高度为 1～1.3 m，上部用手摇或电动卷帘，夏季收拢，便于通风，冬季放下，有利于保暖。

竹羊床

木羊床

混凝土羊床

塑料羊床

图 3－32　羊床类型

（四）选址与布局

可选择在牧草资源丰富的丘陵山谷或平原地区建设养殖场，并确保水源充足，根据所选地址的地理环境布置各羊舍。

如果羊场建设在丘陵地带的山谷，可充分利用地理条件，尽量减少土方的施工量，如图 3－33 所示。运动场四周利用陡峭山坡作为围栏，为避免山体滑坡和山石滚落扎伤羊只，需要做护坡处理。羊舍建设时尽量坐北朝南，有利于阳光照射，要求南北通透，不然空气不流通，舍内有害气体容易积聚，环境污染严重，影响羊只健康。

如果羊场建设在平原地区，应充分利用土地资源，避免土地的浪费，同时还需要考虑未来的发展，预留足够的面积。由于平地容易积水，羊场要保证排水通畅，羊舍地面要比场地高100～150 mm。

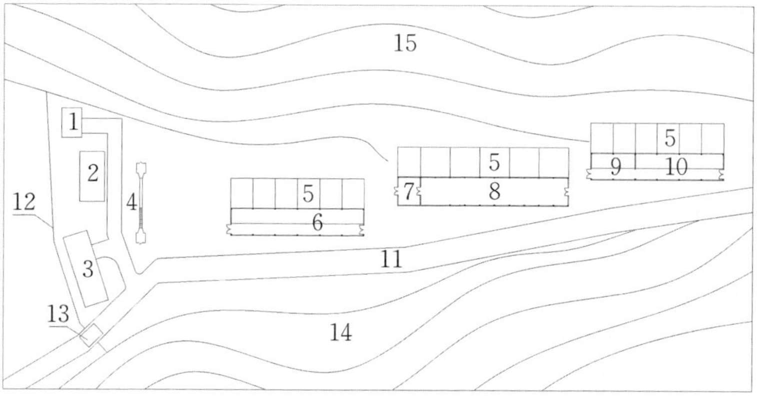

1. 堆粪棚；2. 草料棚；3. 办公与生活楼；4. 药浴池；5. 运动场；6. 育肥舍；7. 种公羊与后备公羊舍；8. 产仔哺乳舍；9. 后备母羊舍；10. 能繁母羊舍；11. 场内道路；12. 围墙；13. 消毒池；14、15. 山。

图3-33 山谷养殖场平面布局

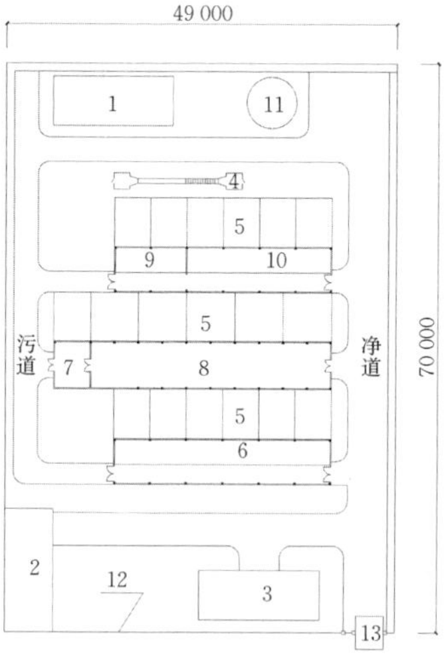

1. 堆粪棚；2. 草料棚；3. 办公与生活楼；4. 药浴池；5. 运动场；6. 育肥舍；7. 公羊舍；8. 产仔哺乳舍；9. 后备母羊舍；10. 能繁母羊舍；11. 水塔；12. 围墙；13. 消毒池。

图3-34 平原地区养殖场平面布局（单位：mm）

二、中型山羊养殖场建设案例

中型山羊养殖场通常指劳动力在 5 人以下，能繁母羊存栏量在 100～300 只的养殖场。

以存栏 300 只能繁母羊的中型养殖场为例，采用 2 年 3 产繁育体系，每 2 个月出栏一批育肥羊，年出栏自繁自养的 600 只种羊与肉羊，出栏收购的肉羊 1 200 只。场内需配后备母羊 90 只、种公羊 6 只、后备种公羊 6 只、全年保持存栏育成羊约 1 500 只、年总存栏量约 1 900 只。

（一）养殖场圈、舍面积估算

根据养殖规划，可估算出山羊圈（羊床）面积约为 1 765 m^2，羊舍总面积约为 2 416 m^2，运动场面积约为 4 830 m^2，各类型圈、舍面积估算数量如表 3－2 所示。

表 3－2　年存栏 300 只能繁母羊黑山羊养殖场圈、舍估算

序号	羊群结构	存栏数/只	饲养密度/(只/m^2)	羊圈面积/m^2	羊舍只均面积/(只/m^2)	各类型羊舍面积/m^2	实际建筑面积/m^2
1	能繁母羊	210	1.5	450	1.8	378	425
2	产仔与哺乳母羊	90	4	360	6	540	540
3	后备母羊	90	0.8	72	1	90	170
4	种公羊	6	4	24	6	36	120
5	后备公羊	6	1.5	9	2	12	
6	育肥羊	1 500	0.5	750	0.8	1 200	1 275
7	隔离羊	200	0.5	100	0.8	160	170
8	小计	2 102		1 765		2 416	2 700

注：种公羊采用单栏饲养，后备种公羊饲养在一个圈内；实际建筑面积是根据建筑模数 3 M 估算。

饲料加工间 1 栋，面积约为 200 m^2；草料棚 1 栋，面积约为 300 m^2；兽医室与诊断隔离治疗室 1 栋，面积约为 60 m^2；30 m^3 沼气池 2 个；堆肥棚 1 栋，面积约为 300 m^2；办公室与员工宿舍等生活用房，面积约为 120 m^2。

（二）羊舍设计

能繁母羊舍采用双列羊圈结构，如图 3－35、图 3－36 所示，平面尺寸为 40.5 m×10.5 m。共 1 栋，每栋 18 个羊圈。

产仔与哺乳母羊舍采用多列羊圈结构，如图 3－37 所示，平面尺寸为 30 m×6 m 的，共 3 栋，每栋 30 个产仔栏位，立面图参考图 3－30、图 3－31。

后备母羊舍采用单列羊圈结构，如图 3－38、图 3－39、图 3－40 所示，平面尺寸为 31.5 m×5.4 m 的，共 1 栋，每栋 6 个圈。

种公羊、后备公羊、采精室、待配室、配种室布置在一栋舍内，如图 3－41、图 3－42、图 3－43 所示，平面尺寸为 20 m×6 m。共 1 栋。

育肥羊舍采用与能繁母羊舍相同结构，平面尺寸为 40.5 m×10.5 m，共 3 栋。

隔离羊舍采用与后备母羊舍相同结构，平面尺寸为 31.5 m×5.4 m。共 1 栋。

饲料加工间采用圆弧形屋顶，以降低成本，如图 3－44 所示，平面尺寸为 16.8 m×12 m。

草料棚、堆粪棚采用与饲料加工间相同结构，但四周不封闭，只砌 1.2 m 高的矮墙，平面尺寸为 25 m×12 m。

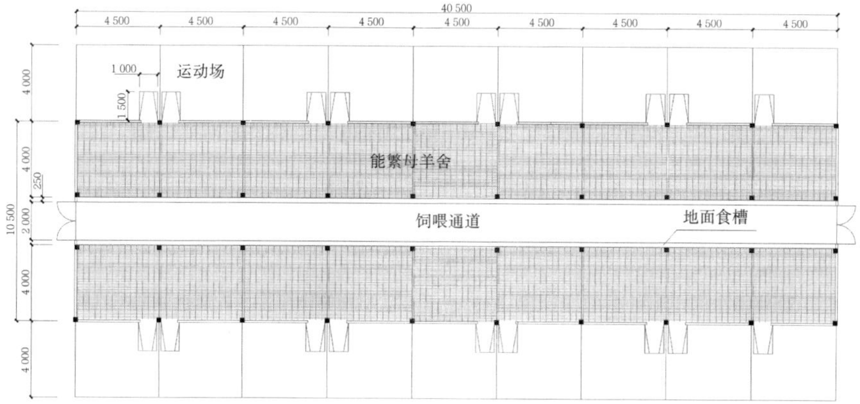

图 3－35　能繁母羊舍、育肥舍平面（单位：mm）

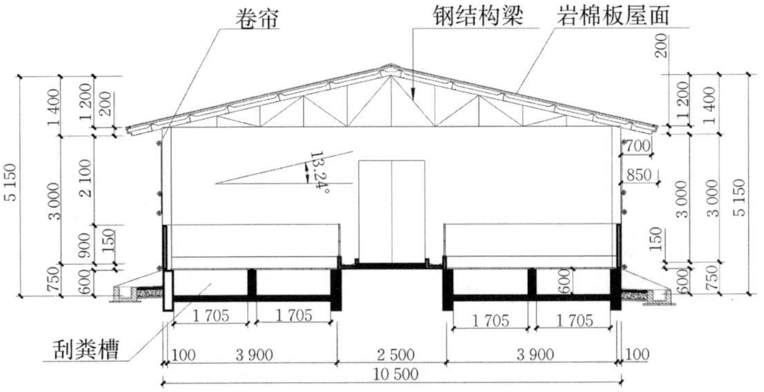

图 3－36　能繁母羊舍立面（单位：mm）

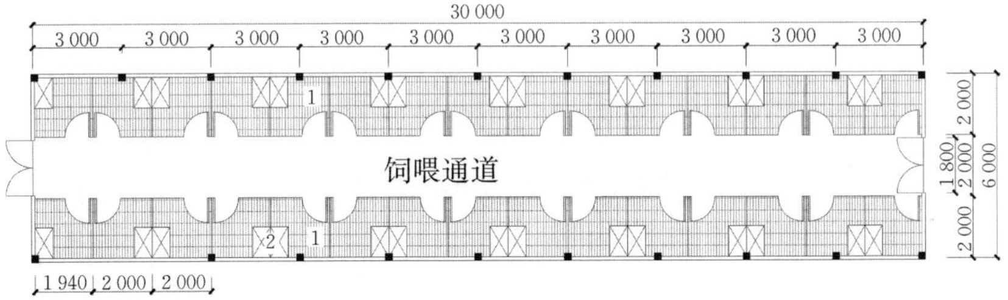

1. 产仔哺乳母羊圈；2. 保温箱。

图 3－37　产房和哺乳舍平面布置（单位：mm）

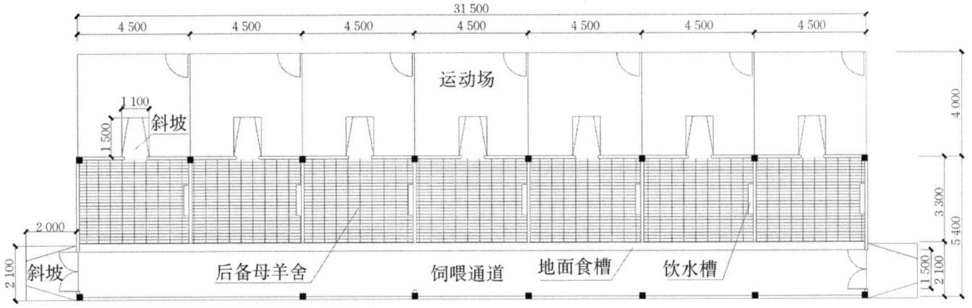

图 3－38　后备母羊舍平面（单位：mm）

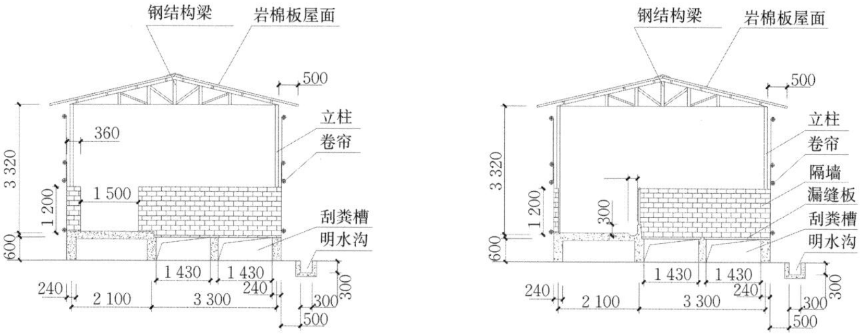

图 3-39　后备母羊舍横向立面图和剖面（单位：mm）

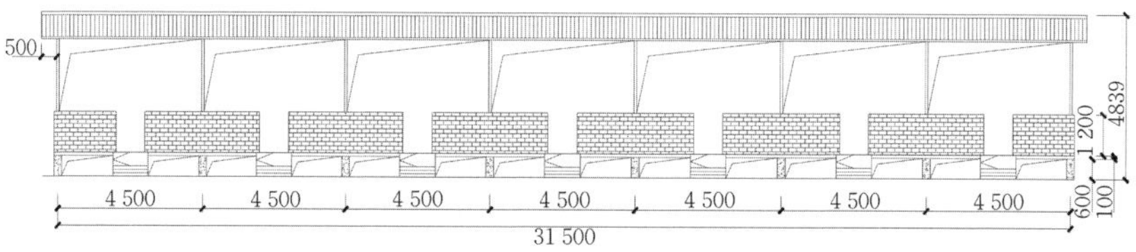

图 3-40　后备母羊舍纵向立面（单位：mm）

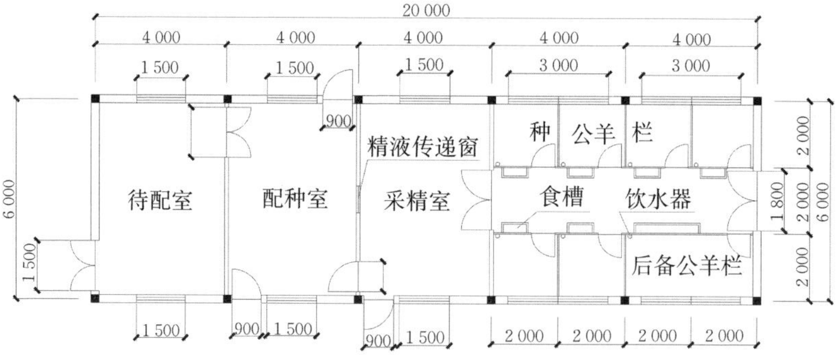

图 3-41　种公羊、后备公羊、采精室、处精室、待配室、配种室平面（单位：mm）

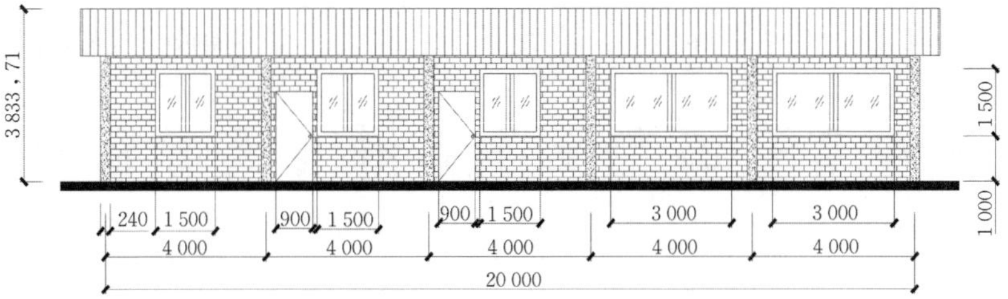

图 3－42　种公羊、后备公羊、采精室、处精室、待配室、配种室纵向立面（单位：mm）

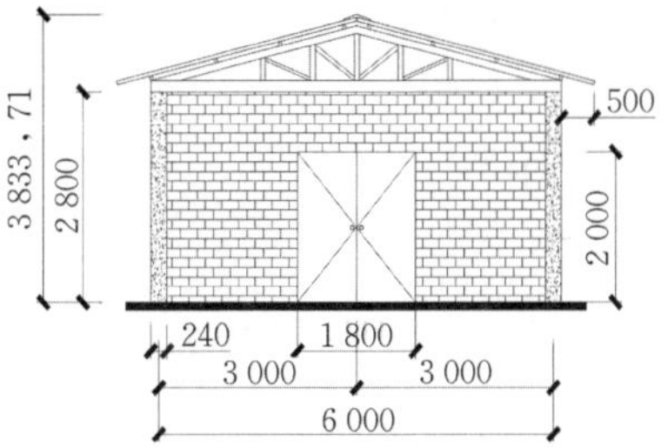

图 3－43　种公羊、后备公羊、采精室、处精室、待配室、配种室横向立面（单位：mm）

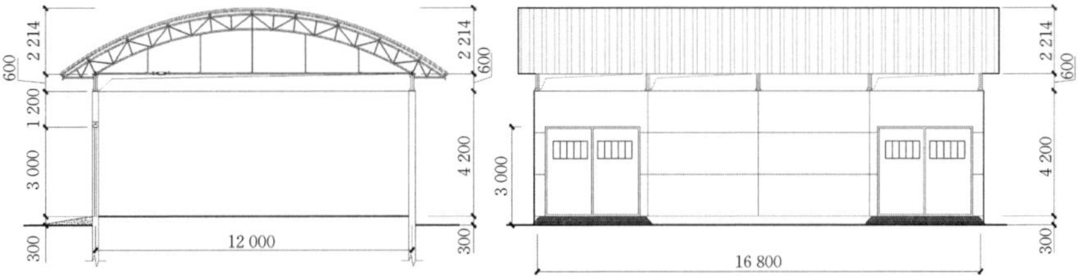

图 3－44　草料贮存库房与饲料加工间立面（单位：mm）

第四章　山羊主导品种与选育技术

第一节　主要山羊主导品种介绍

一、长江三角洲白山羊

（一）中心产区及分布

长江三角洲白山羊中心产区位于江苏省东南部的南通市和盐城市，主要分布于长江三角洲地区的江苏省南通市、苏州市和镇江市，上海市的崇明县，以及浙江省的金华市、嘉兴市等。

（二）品种形成

据湖笔来源历史记载，秦朝大将蒙恬曾在浙江省湖州府（今湖州市）善琏镇传授制笔技术，说明在秦朝当地就饲养山羊。另据《崇明县志》记载，崇明岛形成于唐代武德年间（618—626），居民大都是从江苏句容一带迁来，白山羊随移民进入崇明岛及邻近地区。当地群众素有饲养山羊的习惯，经过世世代代的不断选育提高，逐步形成产品独特、适应性强的优良品种。

（三）体型外貌特征

长江三角洲白山羊全身毛色洁白，被毛紧密、柔软、富有光泽。公羊颈背及胸部被有长毛，大部分公羊额毛较长。皮肤呈白色。体格中等偏小，体躯呈长方形。头呈三角形，面微凹，耳向外上方伸展。公、母羊均有角，向后上方伸展，呈倒八字形；公、母羊均有须。公羊背腰平直，前胸较发达，后躯较窄；母羊背腰微凹，前胸较窄，后躯较宽深。蹄壳坚实，呈乳黄色。尾短而上翘（图 4－1、图 4－2、表 4－1）。

图 4-1　长江三角洲白山羊公羊

图 4-2　长江三角洲白山羊母羊

注：图片来源于《中国畜禽遗传资源志·羊志》。

表 4-1　长江三角洲白山羊成年羊体重和体尺

性别	体重/kg	体高/cm	体长/cm	胸围/cm	胸宽/cm	胸深/cm	管围/cm
公羊	35.9±3.8	62.3±3.8	65.4±3.7	80.9±3.7	17.4±2.1	28.9±2.6	9.0±1.2
母羊	20.0±3.7	58.4±3.2	52.1±3.4	62.2±4.4	13.0±1.4	23.0±1.9	6.3±0.3

注：数据来源于《中国畜禽遗传资源志·羊志》。

（四）生产性能

长江三角洲白山羊所产笔料毛，主要是当年公羔颈脊部羊毛，挺直有锋、富有弹性，是制湖笔的优良原料，其中以三类毛中的细光锋最为名贵。

长江三角洲白山羊其肉有连皮与剥皮两种，连皮羊肉屠宰率一般为48%～52%，剥皮羊肉屠宰率为35%～45%。

长江三角洲白山羊公、母羊均在4～5月龄性成熟，初配年龄公羊7～8月龄、母羊5～6月龄。母羊常年发情，发情多集中于春、秋两季，发情周期18.6 d，发情持续期2.5 d，妊娠期143.75 d；两年三产或一年两产，产羔率230%，最高一胎产6羔。羔羊平均初生重1.37 kg，45～60日龄断奶重8 kg左右。

（五）品种评价

长江三角洲白山羊是我国唯一以生产优质笔料毛为特征的肉、皮、毛兼用山羊品种。具有早熟多羔、耐高温和高湿、耐粗饲、适应性强、抗病力强等特点；主要缺点是个体较小、肉用性能较差。

二、黄淮山羊

（一）中心产区及分布

黄淮山羊原产于黄淮平原，中心产区位于河南、安徽和江苏三省接壤地区，分布于河南省周口地区的沈丘、淮阳、项城和郸城等县（市）；安徽省北部的阜阳、宿县、亳州、淮北、滁州、六安、合肥、蚌埠和淮南等县（市）；江苏省的睢宁县、丰县、铜山县、邳州市和贾汪区等县（市）。

（二）品种形成

黄淮平原早在新石器时代就已饲养猪、牛、羊等多种家畜家禽。据《项城县志》记载："宋朝前已有养羊的习惯，宋代以后境内养羊较为普遍。"北宋诗人张耒的《春日怀淮阳六绝》中有"莽莽郊原带古丘，渐渐陇麦散羊牛"之句。明弘治年间（1488—1505）的《安徽宿州志》、正德年间（1506—1521）的《颍州志》中均有饲养山羊的文字记载。清乾隆时期（1736—1795）的《安徽亳州志》中对山羊毛皮作了评价："猾子皮毛直色白、之细小，贵口货不及也。"清宣统三年（1911）《重修项城县志》记载："羊，为农家所畜，率不过三五只，无十百成群者，且皆山羊。"安徽省的界首、河南省的周口等地，历史上就是牲畜交易集散地，黄淮山羊经过产区群众的精心选育，逐步形成适合当地生态环境的优良山羊品种。

（三）体型外貌特征

黄淮山羊被毛为白色，毛短、有丝光，绒毛少，肤色为粉红色。分有角、无角两个类型，具有颈长、腿长、腰身长的"三长"特征。体格中等，体躯呈长方形。头部额宽，面部微凹，眼大有神，耳小灵活，部分羊下颌有须。颈细长，背腰平直，胸深而宽，公羊前躯高于后躯。蹄质坚硬，呈蜡黄色。尾短、上翘（图 4－3、图 4－4、表 4－2）。

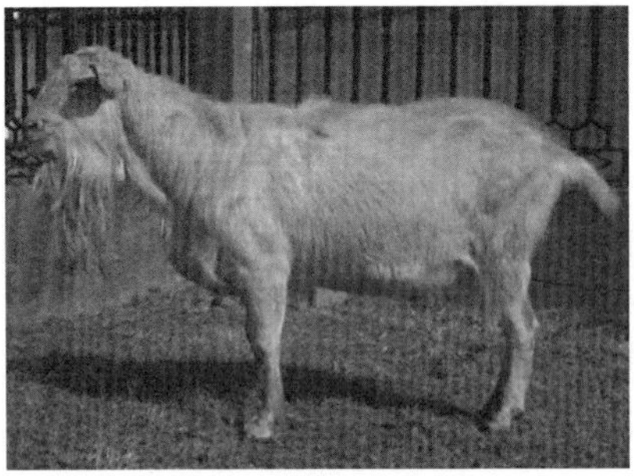

图 4－3 黄淮山羊公羊

图 4－4 黄淮山羊母羊

表 4-2　长江三角洲白山羊成年羊体重和体尺

性别	体重/kg	体高/cm	体长/cm	胸围/cm	胸宽/cm	胸深/cm
公羊	49.1±2.7	79.4±2.6	78.0±3.6	88.6±3.9	24.3±1.5	34.2±1.3
母羊	37.8±7.4	60.3±4.5	71.9±6.4	81.4±6.8	17.9±2.3	29.2±2.7

（四）生产性能

1. 板皮品质

黄淮山羊板皮品质好，以产优质汉口路山羊板皮著称，其中以河南省周口地区生产的槐皮质量最佳。黄淮山羊板皮呈浅黄色和棕黄色，俗称“蜡黄板”或“豆茬板”，油润光亮，有黑豆花纹，板质致密，毛孔细小而均匀，每张板皮可分 6～7 层，分层薄而不破碎，折叠无白痕，拉力强而柔软，韧性大且弹力强，是制作高级皮革“京羊革”和“苯胺革”的上等原料。

2. 产肉性能

7～10 月龄的羯羊宰前重平均为 21.9 kg，胴体重平均为 10.9 kg，屠宰率平均为 49.29%；公羊宰前活重 18.8 kg，宰后胴体重 9.6 kg，屠宰率平均为 51.1%，净肉率为 36.2%，肉骨比 2.4；母羊宰前重平均为 26.3 kg，胴体重平均为 13.5 kg，屠宰率平均为 51.3%，净肉率为 36.9%，肉骨比为 2.6。

3. 繁殖性能

黄淮山羊公、母羊均为 2～3 月龄性成熟，初配年龄公羊 9～12 月龄、母羊 6～7 月龄。母羊四季发情，但以春、秋季发情较多，发情周期 18～20 d，发情持续期 1～3 d，妊娠期 145～150 d；一年产两胎或两年产三胎，产羔率为 332%，最高一胎可产 6 羔。公、母羔平均初生重 2.6 kg,羔羊 117 日龄断奶，断奶重公羔 8.4 kg、母羔 7.1 kg。羔羊断奶成活率 96%。

（五）品种评价

黄淮山羊是我国中原地区饲养历史悠久的优良山羊地方品种，具有板皮品质优良、生长发育快、产肉性能高、性成熟早、繁殖力强等特点。

三、赣西山羊

（一）中心产区及分布

中心产区在江西省的长平、福田、老关、桐木和万载等县、区，分布于江西省的上高、修水、宜丰、铜鼓和袁州，以及湖南省的浏阳、醴陵等县。

（二）品种形成

赣西地区群众素有养羊和崇尚黑色食品的习惯，善于从适应性、爬山能力和采食能力等方面选育山羊，经过长期的人工选择和自然选择，逐步形成以“黑毛白肤”为主的赣西山羊。

（三）体型外貌特征

赣西山羊被毛以黑色为主，其次为白色或麻色。被毛较短，皮肤为白色。体格较小，体质结实，体躯呈长方形。头大小适中，额平而宽，眼大。角向上、向外叉开，呈倒八字形，公羊角比母羊角粗长。颈细而长。躯干较长，腰背宽而平直。前肢较直，后肢稍弯，蹄质坚硬，尾短瘦（图 4 - 5、图 4 - 6、表 4 - 3）。

图 4 - 5　赣西山羊公羊

图 4 - 6　赣西山羊母羊

表 4 - 3　赣西山羊成年羊体重和体尺

性别	体重/kg	体高/cm	体斜长/cm	胸围/cm
公羊	28.7±10.3	55.1±7.6	60.7±9.8	70.1±8.1
母羊	27.1±6.6	50.3±4.2	57.3±5.3	69.1±5.5

（四）生产性能

对 13 只放牧饲养的赣西山羊周岁羯羊进行的屠宰性能测定，宰前活重 16.3±3.4 kg，胴体重 7.2±1.3 kg，屠宰率 44.2%±5.7%，净肉率 32.0%±6.1%。据测定，羊肉中含水分 77.97%±0.72%，粗蛋白 19.53%±0.65%，粗脂肪 1.83%±0.38%，粗灰分 0.97%±0.06%。

赣西山羊性成熟年龄公羊 4～5 月龄、母羊 4 月龄，初配年龄公羊 7～8 月龄、母羊 6 月龄。母羊发情季节主要在春、秋两季，发情周期 21 d，妊娠期 140～150 d，产羔率 172%～300%。羔羊初生重 1.2～1.8 kg，断奶公羔重 7～8 kg、断奶母羔重 6.5～7.5 kg。羔羊断奶成活率 85%。

（五）品种评价

赣西山羊适应性强，具有善爬山、采食能力强、繁殖率高等特点，今后应加强本品种选育，着重提高其产肉性能。

四、广丰山羊

（一）中心产区及分布

原产于江西省东北部的广丰县，分布于江西省的玉山、上饶及福建省的浦城等县。

（二）品种形成

据《广丰县志》记载，远在唐朝当地就饲养有山羊。在当地自然生态条件下，经过群众长期精心选育形成该地方优良品种。

（三）体型外貌特征

广丰山羊全身被毛为白色，皮肤为白色，被毛粗短。体型偏小，体质结实。公、母羊均有角，公羊角较粗大，向上外方伸长，呈倒八字形。头稍长、额宽且平，耳圆长而灵活，颌下有须。颈细长，多无肉垂。体躯呈方形或长方形，胸宽深，背平，尻斜，腹大，后躯比前躯略高。腿直，蹄质结实。尾短小而上翘（图 4－7、图 4－8、表 4－4）。

图 4－7　广丰山羊公羊

图 4－8　广丰山羊母羊

表 4-4 广丰山羊成年羊体重和体尺

性别	体重/kg	体高/cm	体长/cm	胸围/cm
公羊	36.2±10.8	55.6±7.8	60.7±9.8	73.7±8.8
母羊	25.4±5.9	47.3±4.2	51.3±4.8	63.9±6.0

（四）生产性能

对15头自然饲养条件下的广丰山羊周岁羯羊进行屠宰测定，平均宰前体重23.3±6.6 kg，胴体重11.3±3.7 kg，屠宰率48.5%±4.3%，净肉率35.4%±3.4%，肉骨比2.7±0.3。据测定，肌肉中含水分77.83%±2.69%，粗蛋白18.68%±2.41%，粗脂肪2.40%±0.94%，粗灰分0.93%±0.05%，热值4.06 MJ/kg。

广丰山羊性成熟年龄公羊4～5月龄、母羊4月龄，初配年龄公羊12月龄、母羊6月龄。母羊发情多集中在春、秋两季，发情周期18～23 d，妊娠期140～150 d，产羔率151%～285%。羔羊初生重平均2.1 kg，羔羊断奶成活率85%。

（五）品种评价

广丰山羊适应当地低山丘陵的生态环境，具有耐粗饲、采食能力强、抗病能力强、繁殖力强等特点，但体格偏小、生长速度较慢。

五、麻城黑山羊

（一）中心产区及分布

中心产区位于湖北省东北部的麻城市，分布于大别山南麓周边地区的红安、新洲、罗田、团风、金寨、新县和光山等地。

（二）品种形成

麻城黑山羊原称“青羊”，养殖历史悠久。据明代李时珍《本草纲目》记载：“羊有三四种，入药以青色羊为胜，次则乌羊。”康熙十六年（1677）麻城古县志的物产篇中也记载了“青羊”的养殖历史。由此可见，麻城黑山羊是经过当地群众几百年的去杂选黑、定向选育、小规模饲养繁殖形成的地方优良品种。

（三）体型外貌特征

麻城黑山羊全身毛色为纯黑色，被毛粗硬、有少量绒毛，皮肤为粉色。体格中等，体躯丰满。头略长、近似马头状。额宽，耳大，眼大、突出有神。公、母羊绝大多数有角、有须。公羊角粗大，呈镰刀状，略向后外侧扭转；母羊角较小，多呈倒八字形，向后上方弯曲。角色为青灰色，无角者少。公羊腹部紧凑，母羊腹大而不下垂。四肢端正，蹄质坚实。尾短、瘦小（图 4－9、图 4－10、表 4－5）。

图 4－9　麻城黑羊公羊

图 4－10　麻城黑羊母羊

表 4－5　麻城黑山羊成年羊体重和体尺

性别	体重/kg	体高/cm	体斜长/cm	胸围/cm
公羊	40.0±4.0	71.0±7.0	72.0±6.7	88.0±5.0
母羊	34.0±4.0	68.0±6.5	69.0±8.0	82.0±5.5

（四）生产性能

在自然饲养条件下，成年公羊的屠宰率为 51.5%，净肉率为 38.4%，肉骨比4.3∶1；成年母羊的屠宰率为 48.5%，净肉率为 36.5%，肉骨比 3.2∶1。

麻城黑山羊公、母羊均为 4～5 月龄性成熟，初配年龄公、母羊均为 8～10 月龄。母羊常年发情，但以春、秋两季发情较多，发情周期 20.5 d 左右，发情持续期 1.5～3 d，妊娠期 149～151 d。产羔率 205%，最高一胎可产羔 5 只，两年产三胎母羊占群体的 80%。初生重公羔 1.9 kg、母羔 1.7 kg，断奶重公羔 10.0 kg、母羔9.0 kg。羔羊断奶成活率 88%。

（五）品种评价

麻城黑山羊具有性成熟早、繁殖率高、抗逆性强、易放牧、生长快等优点。

六、马头山羊

（一）中心产区及分布

马头山羊产于湖南、湖北西部山区。中心产区为湖北省的郧西、房县、郧县、竹山、竹溪、巴东、建始等县以及湖南省的石门、芷江、新晃、慈利等县，陕西、四川、河南与湖北、湖南接壤地区亦有分布。

（二）品种形成

马头山羊因头部无角、形似马头，体格雄壮，外形近似白马驹而得名。据明天顺年间（1457—1464）的《石门县志》记载：“羊，祥也，故吉礼用之。牡羊曰羖，曰羝；牝……无角曰瞳，曰羝。去势曰羯……性恶湿、喜燥。”明万历九年（1581）的《慈利县志》记载：“羊性善群，其物以瘦为病，性畏露，晚出早归。”由此可见，该品种羊是在当地自然生态环境条件作用下，经500多年的人为驯养和选择形成的。

（三）体型外貌特征

马头山羊全身被毛绝大多数为白色，次为杂色、黑色、麻色。被毛粗短、有光泽，公羊被毛较母羊长。体质结实，结构匀称。头大小中等，公、母羊均无角，皆有胡须；眼睛较大而微鼓，公羊耳大下垂，母羊耳小直立。颈细长而扁平。体躯呈圆桶状，胸宽深，背腰平直，部分羊背脊较宽（俗称“双脊羊”），十字部高于鬐甲，尻稍倾斜，后躯发育良好。四肢坚实，蹄质坚硬，呈淡黄色或灰褐色。尾短小而上翘（图4－11、图4－12、表4－6）。

图4－11 马头山羊公羊

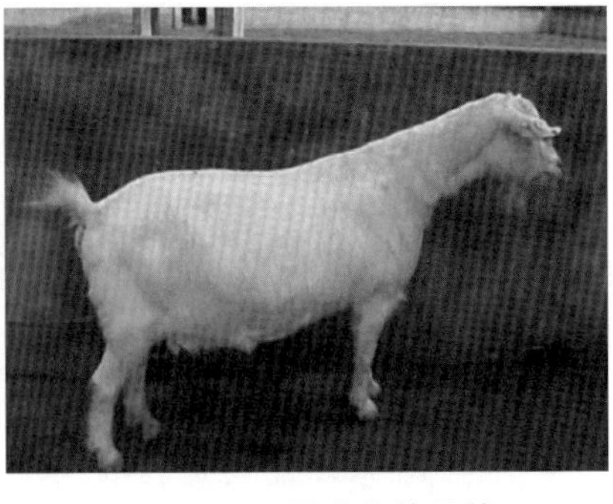

图4－12 马头山羊母羊

表 4-6　马头山羊的体重和体尺

性别	体重/kg	体高/cm	体长/cm	胸围/cm	胸宽/cm	胸深/cm
公羊	43.8±5.1	65.2±4.8	77.1±6.8	82.9±4.4	19.2±2.5	31.8±3.7
母羊	35.3±4.3	62.6±4.6	72.2±4.3	78.4±3.5	18.4±2.1	29.1±1.8

（四）生产性能

在自然饲养条件下，成年公羊的屠宰率为 54.7%，净肉率为 47.78%；成年母羊的屠宰率为 50.2%，净肉率为 42.6%。

马头山羊皮板质地柔软、洁白、韧性强、弹性好、张幅大，平均面积 8 190 cm^2，皮厚 0.3 mm。每张皮板可剖分为多层。

马头山羊公、母羊 4～5 月龄性成熟，5～8 月龄初配。母羊常年发情，但多集中在春末与深秋配种；发情周期 17～21 d，发情持续期 48～86 h，产后 18～42 d 发情；妊娠期 143～154 d，产羔率 270%。初生重公羔 1.8 kg，母羔 1.8 kg；2 月龄断奶重公羔 13.8 kg，母羔 12.4 kg。羔羊断奶成活率 98%。

（五）品种评价

马头山羊具有适应性强、耐粗饲、多胎多产、早熟易肥、产肉率高、肉质鲜美、板皮优良等特性。

七、湘东黑山羊

（一）中心产区及分布

湘东黑山羊原产于湖南省浏阳市，分布于湖南省的长沙、株洲、平江及江西省的铜鼓等地。

（二）品种形成

早在清同治年间，湘东黑山羊的生产和贸易就已相当发达。据《浏阳县志》记载："先农之神（或以春致祭）陈帛一羊一豕一铏一簠二笾四豆四尊一爵三其仪节悉兴"，当地群众历来有用"三仙"（即黑公羊、黑公猪和黑公鸡）开祭的习惯，说明湘东黑山羊的形成与当地群众的风俗习惯有关。在当地自然生态环境条件下，经过人们长期精心选育，逐步形成适应性强、皮肉性能优良的地方山羊品种。

（三）体型外貌特征

湘东黑山羊被毛为全黑色，油光发亮。头小而清秀，眼大有神，耳斜立，额面微突起，鼻梁稍拱。公、母羊均有角，呈灰黑色。公羊角向后两侧伸展，呈镰刀状，背腰平直，四肢短直，蹄壳结实，尾短而上翘，公羊被毛比母羊稍长。母羊角短小，向上斜伸，呈倒八字形。颈稍细长，颈肩结合良好，胸部狭窄，后躯发达，十字部高于鬐甲，体躯稍呈楔形，乳房发育良好（图 4－13、图 4－14、表 4－7）。

图 4－13 湘东黑山羊公羊

图 4－14 湘东黑山羊母羊

表 4－7 湘东黑山羊的体重和体尺

性别	体重/kg	体高/cm	体长/cm	胸围/cm	胸宽/cm	胸深/cm
公羊	37.1±3.3	64.9±1.8	71.6±2.4	76.7±2.4	27.7±2.5	35.4±1.4
母羊	28.8±3.3	59.7±2.6	65.8±3.5	71.0±4.3	27.0±1.4	34.1±1.5

（四）生产性能

在自然饲养条件下，湘东黑山羊周岁公羊的屠宰率为 45.0%，净肉率为 35.0%，肉骨比 3.5∶1；周岁母羊的屠宰率为 43.8%，净肉率为 34.1%，肉骨比 3.5∶1。

湘东黑山羊皮张幅大，质地柔软，纤维细致，拉力强，弹性好，热性强，分层度高，制成革手感丰满、柔软，是制革的优质原料。

湘东黑山羊公、母羊均 3 月龄性成熟，初配年龄公羊 6～8 月龄、母羊 4～5 月龄。母羊四季发情，但发情多数集中在春、秋两季，发情周期 16～21 d，妊娠期147 d左右；一年产两胎，且多产双羔，产羔率 380% 左右。初生重公羔和母羔都为 1.8 kg。

（五）品种评价

湘东黑山羊具有适应性强、繁殖力高、产肉性能好、板皮质量优、适宜系牧等特性。

八、成都麻羊

（一）中心产区及分布

成都麻羊原产于四川省的大邑县和双流县，分布于成都市的邛崃市、崇州市、新津县、龙泉驿区、青白江区、都江堰市、彭州市及阿坝州的汶川县。

（二）品种形成

产区气候温和、农业发达、农副产品丰富、牧草生长茂密，当地农民素有养羊积肥、宰羊吃肉的习惯，经过长期自然选择及人工培育，形成肉乳生产性能高、板皮品质优良的成都麻羊品种。

（三）体型外貌特征

成都麻羊全身被毛短、有光泽，冬季内层着生短而细密的绒毛。体躯被毛呈赤铜色、麻褐色或黑红色。单根纤维的尖端为黑色、中间呈棕红色、基部呈黑灰色。从两角基部中点沿颈脊、背线延伸至尾根有一条纯黑色毛带，沿两侧肩胛经前臂至蹄冠又有一条纯黑色毛带，两条毛带在鬐甲部交叉，构成一明显十字形。公羊的黑色毛带较宽，母羊的较窄，部分羊毛带不明显。从角基部前缘经内眼角沿鼻梁两侧至口角各有一条纺锤形浅黄色毛带，形似“画眉眼”。腹部被毛颜色较浅，呈浅褐色或淡黄色。体质结实，结构匀称。头大小适中，额宽、微突，鼻梁平直，耳为竖耳。公、母羊多有角，呈镰刀状。公羊及多数母羊下颌有毛髯，部分羊颈下有肉须。颈长短适中，背腰宽平，尻部略斜。四肢粗壮，蹄质坚实。公羊前躯发达，体躯呈长方形，体态雄壮，睾丸发育良好。母羊后躯深广，体型较清秀，体躯略呈楔形，乳房发育良好，呈球形或梨形（图 4－15、图 4－16、表 4－8）。

图 4－15　成都麻羊公羊

图 4－16　成都麻羊母羊

表 4－8 成都麻羊体重和体尺

性别	体重/kg	体高/cm	体长/cm	胸围/cm
公羊	43.31±3.9	68.10±1.8	69.78±2.7	77.42±2.9
母羊	39.14±6.6	64.66±4.0	70.45±6.3	78.06±6.8

（四）生产性能

在自然饲养条件下，成都麻羊成年公羊的屠宰率为 46.6%，净肉率为 38.48%；成年母羊的屠宰率为 46.97%，净肉率为 39.01%。

成都麻羊为四川路板皮中最优者，皮肤组织结构致密、薄厚均匀、板质好，制成革后平整光洁、粒纹细致、柔软坚韧、富于弹性。板皮竖向拉力强度为 57.07±2.73 N/mm^2，伸长率 45%。

成都麻羊母羊乳房发育好，多呈球形，乳头中等大小，泌乳力较高，泌乳期 6～8 个月，日产奶量 1.2 kg，乳汁较浓，乳脂率 6.47%。

成都麻羊性成熟年龄公羊 6 月龄，母羊 3～4 月龄。初配年龄公、母羊均为 8 月龄左右。母羊发情周期 20 d，妊娠期 148 d，年产 1.7 胎；平均产羔率 211.81%，初产母羊产羔率 141.70%，经产母羊产羔率 239.56%。羔羊成活率 95%。

（五）品种评价

成都麻羊具有肉质细嫩、膻味较轻、产奶量高、板质优良、乳脂率高、抗病力和适应性强、遗传性能稳定等特点。

九、雷州山羊

（一）中心产区及分布

雷州山羊原产于广东省的徐闻县，分布于雷州半岛及海南省的 10 多个县（市）。

（二）品种形成

据考证，徐闻山羊（雷州山羊）在清代即已开始饲养，以肉肥、味美闻名。当时徐闻县城有一条专门售羊的街道叫“羊行街”，每逢墟日，到羊行街交易的羊只少则几百、多则近千只，其中不乏 60～65 kg 的羯羊。据清道光年间的《琼州府志》记载“壅羊是以小羊为栏棚畜之，足不履地，采草木叶以饲之，肥而多脂，味极美”；又据 1930 年出版的《海南岛志》记载“羊以黑褐二色为多，皆饲作肉食，无为毛用者。放牧山野，采食树叶，以空室为羊牢，厚铺羊草，以供卧宿。”由此可见，雷州山羊是在该地区优越的生态条件下，经当地群众多年精心选育形成的适应热带生态环境的优良品种。

（三）体型外貌特征

雷州山羊被毛多为黑色，富有光泽，少部分为麻色及褐色；麻色羊除被毛为黄色外，背线、尾及四肢前端均为黑色或黑黄色，也有的羊面部有黑白相间的纵条纹，或腹部与四肢后部呈白色。全身被毛短密，但腹、背、尾的毛较长。公羊头大，额凸，耳大直立，角大而长，向上后方两侧伸展，颌下有须，颈粗，体躯前高后低，腹小身短；母羊面部清秀，头小，耳小直立，角细长，颈细长，体躯前低后高，腹大而深。尾短瘦。体型可分为高脚型和矮脚型，前者体格较高大，腹小，乳房不发达，多产单羔；后者体格较矮，骨骼较细，腹部膨大，乳房发育良好，多产双羔（图 4－17、图 4－18、表 4－9）。

图 4－17　雷州山羊公羊

图 4－18　雷州山羊母羊

表 4－9　雷州山羊体重和体尺

性别	体重/kg	体高/cm	体长/cm	胸围/cm	胸宽/cm	胸深/cm
公羊	42.3±5.9	56.0±3.6	63.2±4.3	81.0±5.3	19.2±3.9	30.5±1.9
母羊	33.4±6.7	54.9±4.0	62.5±3.9	71.7±6.0	15.5±1.9	26.9±2.4

（四）生产性能

在自然饲养条件下，雷州山羊周岁公羊的屠宰率为 51.6%，净肉率为 39.6%，肉骨比为 3.3∶1；周岁母羊的屠宰率为 47.3%，净肉率为 35.2%，肉骨比为2.9∶1。

雷州山羊性成熟年龄公羊 5～6 月龄、母羊 4 月龄，初配年龄公羊 18

月龄、母羊 11～12 月龄。母羊全年均可发情，但以春、秋两季发情较为集中。发情周期 16～21 d，发情持续期 24～48 h，妊娠期 146.4 d。多数母羊一年两产，少数两年三产，产羔率 177.3%，最高一胎可产 5 羔。初生重公羔 1.9 kg，母羔 1.7 kg；3 月龄断奶重公羔 10.9 kg，母羔 9.4 kg。羔羊断奶成活率 98%。

（五）品种评价

雷州山羊能很好地适应高温、高湿生态条件，具有性成熟早、生长发育快、繁殖力强、耐粗饲、肉质好等特点。

十、都安山羊

（一）中心产区及分布

原产于广西壮族自治区的都安瑶族自治县，分布于邻近的马山、大化、平果、东兰、巴马和忻城等县（市）。

（二）品种形成

都安山羊饲养历史悠久，据《都安县志》记载："本县家畜，大的如牛、马、猪、羊；小的如鸡……唯山地则兼养羊……""清以前，赋税制度系特殊……赋则征收士奉，并供树麻……竹木料，打山羊等。"都安县北部的瑶族同胞聚集地为三只羊乡，历来盛产山羊，以山羊作为赋税上缴，民间素有以羊作聘礼、杀羊作供品、烹制羊肉招待贵宾的风俗习惯。《隆山杂志》记述："婚时，男家备鹅羊及酒茶、盐糖为礼物……"由此可见，当地的民俗文化促进了都安山羊的形成。

（三）体型外貌特征

都安山羊被毛以纯黑色为主，其次是麻色、杂色。被毛短，种公羊的前胸、沿背线及四肢上部均有长毛。皮肤呈白色。体质结实，体格较小。头稍重，公、母羊均有须、有角，角向后上方弯曲，呈倒八字形，为暗黑色。额宽平，耳小、竖立、向前倾，鼻梁平直。躯干近似长方形，胸宽深，肋开张良好，背腰平直，十字部略高于鬐甲部。四肢端正，蹄质坚硬。尾短而上翘（图 4-19、图 4-20、表 4-10）。

图 4-19　都安山羊公羊

图 4-20　都安山羊母羊

表 4-10　都安山羊体重和体尺

性别	体重/kg	体高/cm	体长/cm	胸围/cm	胸宽/cm	胸深/cm
公羊	41.9±4.4	61.3±4.1	73.9±3.8	81.7±5.2	19.7±1.8	30.6±2.3
母羊	40.6±6.0	58.4±3.9	73.2±5.1	81.3±6.0	19.7±2.5	29.4±2.8

（四）生产性能

在自然饲养条件下，都安山羊周岁公羊的屠宰率为 49.6%，净肉率为 37.5%，肉骨比为 3.1∶1；周岁母羊的屠宰率为 45.3%，净肉率为 33.1%，肉骨比为 2.7∶1；羯羊的屠宰率为 51.8%，净肉率为 39.5%，肉骨比为 3.2∶1。

都安山羊皮板板质均匀、薄而轻韧、弹性好、纤维细致，是高级制革原料及出口物资。

都安山羊性成熟年龄公羊 6～7 月龄、母羊 5～6 月龄，初配年龄公羊 8～10 月龄、母羊 7～8 月龄。母羊四季发情，以 2～5 月和 8～10 月发情居多；发情周期 19～22 d，发情持续期 24～48 h，妊娠期 150～153 d；一年产一胎或两年产三胎，产羔率 115%。初生重公羔 1.93 kg，母羔 1.87 kg。羔羊断奶成活率 94.27%。

（五）品种评价

都安山羊是在喀斯特地貌环境和植被群落条件下，经过长期选育形成的，具有耐湿热、善于攀爬、耐粗饲、易于饲养等特点。

十一、云岭山羊

（一）中心产区及分布

云岭山羊原产于云南省楚雄彝族自治州的大姚、永仁、双柏、楚雄等四个县（市），分布于禄丰、武定、元谋、南华、姚安和牟定等县（市、区）。

（二）品种形成

云岭山羊主产区多高山峡谷，有大面积的草场和灌木林地，山羊可攀登到悬崖陡坡上采食。产区彝族人民素有养山羊的习惯，养羊积肥、穿羊皮褂、吃羊肉为当地群众的生活需求。在生产中当地群众注意选留体大、抗病力强的羊作种用，经过长期培育逐步形成这一地方优良山羊品种。

（三）体型外貌特征

云岭山羊被毛粗而有光泽，毛色以黑色为主，全身黑色占81.6%。体躯近似长方形，结构匀称，体格中等。头大小适中、呈楔形，额稍凸，鼻梁平直，耳中等大小、直立。部分羊有须。公、母羊均有角，呈倒八字形，稍弯曲，向后、向外伸展。公羊角粗大，母羊角稍细。部分羊颈下有肉垂。背腰平直，肋微拱，腹大，尻略斜。四肢粗短结实，蹄质结实呈黑色（图4-21、图4-22、表4-11）。

图4-21 云岭山羊公羊

图4-22 云岭山羊母羊

表4-11 云岭山羊体重和体尺

性别	体重/kg	体高/cm	体长/cm	胸围/cm
公羊	34.7±6.2	61.1±3.5	64.6±3.8	81.3±5.4
母羊	31.6±4.6	56.1±3.6	60.1±4.0	75.9±5.8

（四）生产性能

在自然饲养条件下，云岭山羊周岁公羊的屠宰率为46.56%，净肉率为 33.44%；周岁母羊的屠宰率为 43.44%，净肉率为 29.92%。

据对云岭山羊公、母羊各 15 只的皮板测定：公羊皮重 1.89 kg，皮厚 2.2 mm，皮张面积 5 063.6 cm^2；母羊皮重 1.65 kg，皮厚 2.2 mm，皮张面积 4 611.3 cm^2。

云岭山羊一般公羊 6～7 月龄、母羊 4 月龄性成熟，公、母羊均 10～12 月龄开始初配。高海拔地区羊性成熟稍晚，平坝、低河谷地区羊性成熟相对较早。母羊多为春秋季发情，发情周期 20 d，发情持续期 24～48 h，妊娠期 145～155 d，产羔率 115%；一般一年产一胎或两年产三胎。在平坝和低热河谷牧草丰盛的地方，双羔比例相对较高。羔羊成活率 90%左右。羔羊初生重 1.8～2.2 kg，4 月龄断奶重 6～8 kg。

（五）品种评价

云岭山羊对干旱、寒冷的自然环境适应性强，具有肉质好、板皮品质优良和早期肥育性能好等特点。

十二、凤庆无角黑山羊

（一）中心产区及分布

凤庆无角黑山羊原产于云南省凤庆县，主要分布于该县的勐佑、三叉河、大寺、洛党、诗礼、凤山 6 个乡镇，在相邻的云县、永德县的乡镇也有分布。

（二）品种形成

凤庆无角黑山羊产区群众，特别是彝族群众历来有养山羊的习惯，养羊已成为当地提供肉食和肥料的主要家庭副业。这些民间习俗和当地的自然条件，对凤庆无角黑山羊的形成和发展有着积极的促进作用。

（三）体型外貌特征

凤庆无角黑山羊大多数羊被毛以黑色为主。公羊腿部有长毛，母羊多为短毛、腿有长毛。体格大，结构匀称。额面较宽平，鼻梁平直。两耳平伸。公羊颌下有须。公、母羊均无角，有肉垂。颈稍长胸深宽，背腰平直，体躯略显前低后高，尻略斜。四肢高健，蹄质坚实（图 4－23、图 4－24、表 4－12）。

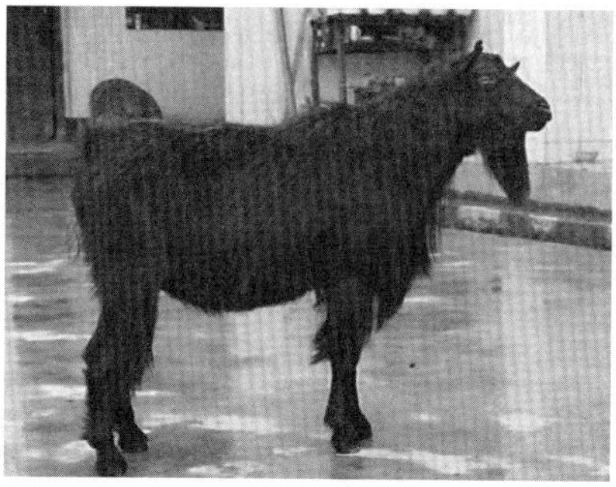

图 4－23 凤庆无角黑山羊公羊

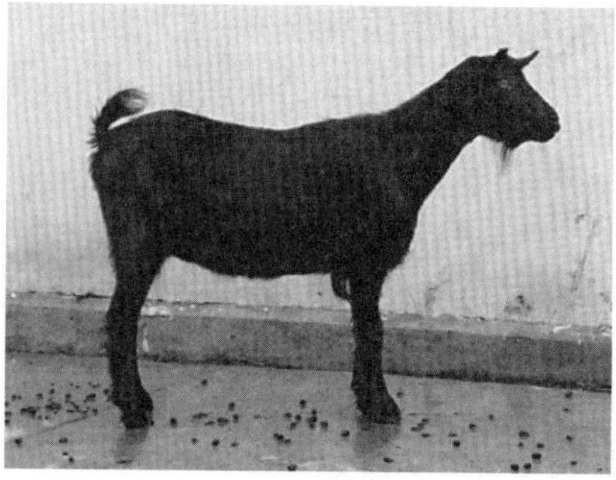

图 4－24 凤庆无角黑山羊母羊

表 4－12 凤庆无角黑山羊体重和体尺

性别	体重/kg	体高/cm	体长/cm	胸围/cm
公羊	60.00±1.45	74.00±1.34	78.00±0.98	90.00±1.05
母羊	55.00±1.36	72.00±1.20	70.00±0.85	84.00±1.01

（四）生产性能

在自然饲养条件下，凤庆无角黑山羊成年公羊的屠宰率为 55.6%，胴体净肉率为 66.1%，肉骨比 1.95∶1；周岁母羊的屠宰率为 43.44%，胴体净肉率为 64.3%，肉骨比 1.8∶1。

凤庆无角黑山羊母羊 4～6 月龄性成熟，一年四季均可发情，但多集中于 5～6 月；发情周期 18～21 d，妊娠期 148～155 d，平均产羔率 95%，羔羊成活率 95%。

（五）品种评价

凤庆无角黑山羊具有适应性广、抗逆性强、耐粗饲、个体大、肉质好等特点。

十三、贵州黑山羊

（一）中心产区及分布

贵州黑山羊原产于贵州省威宁、赫章、水城、盘县等县，分布于贵州西部的毕节、六盘水、黔西南、黔南和安顺等五个地、州（市）所属的 30 余个县（区）。

（二）品种形成

贵州黑山羊产区养羊历史悠久，在赫章县可乐乡出土东汉时的文物就有铜羊。黔西县出土西汉末年的陶羊等，形态逼真、造型优美。当地彝、回、苗、汉等民族，素有养羊习惯，至今仍然保留婚丧嫁娶、立房、祝寿“以羊馈赠”的习俗，养羊成为提供肉食和肥料的主要家庭副业。这些民间习俗对贵州黑山羊的形成和发展有着积极的促进作用。

（三）体型外貌特征

贵州黑山羊被毛以黑色为主，有少量的麻色、白色和花色，黑色占60%～70%，麻色占20%，白色及花色占10%。依被毛长短和着生部位的不同，可分为长毛型、半长毛型和短毛型三种，即当地群众俗称的“蓑衣羊”“半蓑衣羊”和“滑板羊”。长毛型羊体躯主要部位着生10～15 cm长的覆盖毛；半长毛型羊体躯下缘着生长毛。皮肤以白色为主，少数为粉色。体躯近似长方形，体质结实，结构紧凑，体格中等。头大小适中、略显狭长，额平。鼻梁平直，耳小、平伸，颌下有须。大多数羊有角，呈褐色，角扁平或半圆形，向后、向外扭转延伸，呈镰刀形，少数羊无角（俗称马头羊），颈细长，部分羊颈下有一对肉垂。胸部狭窄，背腰平直，腹围相对较大，后躯略高，尻斜。四肢略显细长但坚实有力，蹄质结实、蹄壳褐色（图4-25、图4-26、表4-13）。

图4-25　贵州黑山羊公羊

图4-26　贵州黑山羊母羊

表4-13　贵州黑山羊体重和体尺

性别	体重/kg	体高/cm	体长/cm	胸围/cm	胸宽/cm	胸深/cm
公羊	43.30±12.00	60.19±9.75	60.37±5.36	76.97±11.19	17.43±2.38	29.04±3.68
母羊	35.13±10.06	60.46±5.52	58.95±5.58	77.29±7.60	16.78±2.43	28.77±2.98

（四）生产性能

在自然饲养条件下，贵州黑山羊公羊（1～1.5岁）的屠宰率为

43.89%，净肉率为 30.89%；母羊（2.5～5 岁）的屠宰率为 43.79%，净肉率为 31.48%。

贵州黑山羊公羊性成熟年龄为 4.5 月龄，初配年龄为 7 月龄。母羊性成熟年龄为 6.5 月龄，初配年龄为 9 月龄。母羊可全年发情，但多数在春、秋两季发情。发情周期 20～21 d，发情持续期 24～48 h。妊娠期 149～152 d，平均产羔率 152%。羔羊初生重 1.49 kg，羔羊断奶重 9.15 kg。羔羊断奶成活率 90%。

（五）品种评价

贵州黑山羊属贵州地方优良品种之一，食性广、耐粗饲、抗逆性强，适宜高寒山区放牧饲养，肉质好。但其体格偏小、个体差异较大。

十四、贵州白山羊

（一）中心产区及分布

贵州白山羊原产于贵州省黔东北乌江中下游的沿河、思南、务川、桐梓等县，在铜仁地区、遵义市及黔东南、黔南两自治州的 40 多个县均有分布。

（二）品种形成

贵州白山羊是一个古老的山羊品种，已有 2 000 多年饲养历史。据明嘉靖年间编撰的《思南府志》记载："羊，皆山羊，罕绵羊。"又据《史记》《后汉书》等史籍记述，在汉代以前，现今的沿河、思南、印江一带养畜业已具规模，黄牛、山羊已是当地的主要畜种。产区活羊销路广，群众喜食羊肉，羊肉摊馆历来兴盛。遵义的"羊肉粉"久负盛名，当地婚丧嫁娶、立房、祝寿多宰羊待客。这些民间习俗和文化沉淀对贵州白山羊的形成和发展有着积极的促进作用。

（三）体型外貌特征

贵州白山羊被毛以白色为主，少部分为黑色、褐色及麻花色等。部分羊面、鼻、耳部有灰褐色斑点。全身为短粗毛，极少数全身和四肢着生长毛。皮肤为白色。体质结实，结构匀称，体格中等。头大小适中，呈倒三角形，额宽平，公羊额上有卷毛，鼻梁平直，耳大小适中、平伸，颌下有须。多数羊有角，呈褐色，角扁平或半圆，从后上方向外微弯，呈镰刀形。公羊角粗壮，母羊角纤细。公羊颈部短粗，母羊颈部细长，少数母羊颈下有 1 对肉垂。胸深，肋骨开张，背腰平直，后躯比前躯高，尻斜。四肢端正、粗短，蹄质坚实、蹄色蜡黄。少数母羊有副乳头（图

4-27、图 4-28、表 4-14）。

图 4-27　贵州白山羊公羊

图 4-28　贵州白山羊母羊

表 4-14　贵州白山羊成年羊体重和体尺

性别	体重/kg	体高/cm	体长/cm	胸围/cm	胸宽/cm	胸深/cm
公羊	34.15±2.22	57.13±3.07	66.41±3.23	75.5±2.64	18.41±1.31	27.45±1.28
母羊	31.90±2.37	55.40±3.58	66.42±2.96	73.64±2.60	17.19±1.52	26.5±1.60

（四）生产性能

在自然饲养条件下，贵州白山羊公羊的屠宰率为 51.07%，净肉率为 37.09%；母羊的屠宰率为 50.18%，净肉率为 38.64%。

贵州白山羊的板皮质地紧密、细致、拉力强、板幅大，平均板皮面积 5 150 cm^2。板皮上留有头皮、尾皮，与其他板皮有明显区别。

2007 年 11 月 6—12 日，在中心产区对贵州白山羊 60 只公羊、80 只母羊共 140 只成年羊的繁殖性能进行调查。公羊性成熟年龄为 5 月龄，初配年龄为 8 月龄；母羊性成熟年龄为 4 月龄，初配年龄为 6 月龄。母羊全年发情，发情周期 19～20 d，妊娠期 149～152 d，产羔率 212.50%。

（五）品种评价

贵州白山羊是优良的地方山羊品种，耐粗饲、抗逆性强、繁殖力高，肉质鲜嫩、膻味轻，板皮平整、厚薄均匀、柔韧、富有弹性、张幅较大，是制革的上乘原料。

十五、川中黑山羊

（一）中心产区及分布

川中黑山羊原产于四川省金堂县、乐至县，分布于安岳、雁江、中江、青白江、安居、大英等县（区）。

（二）品种形成

早在清朝道光年间《乐至县志》就有“唯黑山羊纯黑味美，不膻”的记载。证明很早以前当地就已饲养山羊，在当地生态环境条件下，经群众长期精心选育，形成适应性强、产肉性好的优良山羊资源。

（三）体型外貌特征

川中黑山羊全身被毛为黑色、具有光泽，冬季内层着生短而细密的绒毛。体质结实，体型高大。头中等大，有角或无角。公羊角粗大，向后弯曲并向两侧扭转；母羊角较小，呈镰刀状。耳中等偏大，有垂耳、半垂耳、立耳几种。公羊鼻梁微拱，母羊鼻梁平直。成年公羊颌下有毛须，成年母羊部分颌下有毛须。颈长短适中，背腰宽平。四肢粗壮，蹄质坚实。公羊体态雄壮，前躯发达，睾丸发育良好；母羊后躯发达，乳房较大，呈球形或梨形。乐至型中部分羊头部有栀子花状白毛。乐至型公羊体形比金堂型略大，金堂型母羊体形略大于乐至型（图 4－29、图 4－30、表 4－15）。

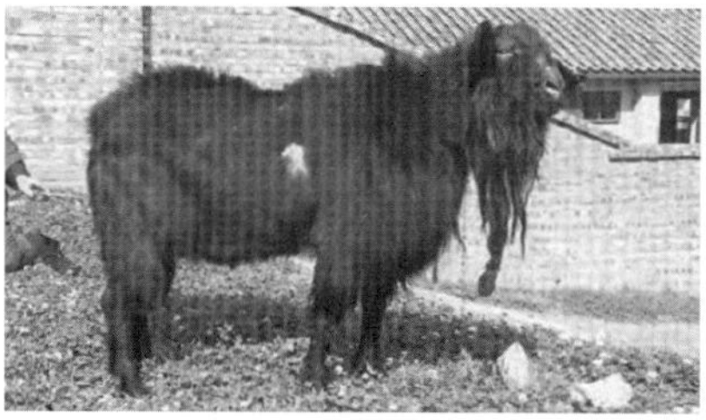

图 4－29　川中黑山羊公羊

图 4－30　川中黑山羊母羊

表 4－15　川中黑山羊体重和体尺

	性别	体重/kg	体高/cm	体长/cm	胸围/cm
乐至型	公羊	66.26±3.50	76.35±2.44	87.57±2.56	98.52±4.34
	母羊	49.51±2.89	67.84±2.69	76.31±3.35	84.61±4.02
金堂型	公羊	71.24±4.75	78.65±4.70	85.25±4.57	96.12±3.5
	母羊	48.41±2.71	68.37±3.27	73.52±3.41	85.63±2.75

（四）生产性能

在自然饲养条件下，川中黑山羊乐至型公羊的屠宰率为 52.76%，净肉率为 39.97%；母羊的屠宰率为 49.18%，净肉率为 37.25%。川中黑山羊金堂型公羊的屠宰率为 48.28%，净肉率为 37.29%；母羊的屠宰率为 45.95%，净肉率为 36.25%。

川中黑山羊母羊 3 月龄性成熟。初配年龄母羊 5～6 月龄，公羊 8～10 月龄。母羊发情周期 18～22 d，发情持续期 24～72 h，妊娠期 146～153 d，年产 1.7 胎。母羊平均产羔率 236.78%，初产母羊产羔率 197.15%，经产母羊产羔率 248.71%。羔羊成活率 91%。金堂型母羊产羔率初产母羊 189.30%，经产母羊 245.42%；乐至型母羊产羔率初产母羊 205.95%，经产母羊 252.00%。

（五）品种评价

川中黑山羊具有体形较大、繁殖性能突出、产肉性能优良、适应范围广、遗传性能稳定的特点。

十六、大足黑山羊

（一）中心产区及分布

大足黑山羊原产于重庆市大足县铁山、季家、珠溪等乡镇，分布于重庆市大足县及相邻的地区。

（二）品种形成

据《大足县农牧渔业志》记载，大足黑山羊饲养历史已超过百年。大足黑山羊是在当地自然生态环境作用下，经过长期自然选择和人工选择形成的地方优良山羊遗传资源。

（三）体型外貌特征

大足黑山羊全身被毛纯黑发亮，毛短、紧贴皮肤，皮肤为白色。体形较大，骨骼较细、结实，肌肉较丰满。各部位结合紧凑，体躯基本呈矩形。头清秀、大小适中，额平；多数羊有须、有角，角大而粗壮、光滑，向侧后上方伸展，呈倒八字形。耳细长，向前外侧方伸出。颈部细长，少数有肉垂。胸深宽，肋骨拱张，背腰平直，结构匀称，尻斜（图 4-31、图 4-32、表 4-16）。

图 4-31　大足黑山羊公羊

图 4-32　大足黑山羊母羊

表 4-16　大足黑山羊成年羊体重和体尺

性别	体重/kg	体高/cm	体长/cm	胸围/cm
公羊	59.50±5.80	72.01±2.14	81.25±2.15	96.56±1.96
母羊	40.20±3.60	60.04±3.89	70.21±1.85	84.35±4.38

（四）生产性能

在自然饲养条件下，大足黑山羊公羊的屠宰率为44.93%，净肉率为34.21%，肉骨比3.25∶1；母羊的屠宰率为44.72%，净肉率为33.18%，肉骨比3.12∶1。

大足黑山羊性成熟年龄公羊4～5月龄、母羊3～4月龄。多数母羊在6月龄左右即配种受孕。母羊常年发情，但多数集中在秋季，以本交为主；发情周期19±0.79 d，妊娠期147～150 d。初产母羊产羔率193%，羔羊成活率90%；经产母羊产羔率252%，羔羊成活率95%。

（五）品种评价

大足黑山羊具有繁殖力高、多胎性突出、抗病力强、肉质好等特点。

十七、隆林山羊

（一）中心产区及分布

原产于广西壮族自治区隆林各族自治县，中心产区位于该县的德峨、蛇场、克长、猪场、长发、常么等乡镇，与隆林各族自治县毗邻的田林、西林等县也有分布。

（二）品种形成

据《西隆州志》记载，自清康熙五年开始，当地即有马、牛、山羊、猪、鸡、鸭等畜禽，可见隆林县早在几百年前就已饲养山羊。隆林县地处云贵高原边缘，山峦重叠、交通闭塞，山羊长期处于封闭状态。当地少数民族历来就喜养山羊，凡遇婚丧大事，以所送山羊体格大者为荣。隆林山羊经过长期的自然选择和人工选育，逐步形成适应性强、形状独特的地方优良品种。

(三) 体型外貌特征

隆林山羊被毛以白色为主，其次为黑白花色、黑色、褐色、杂色等，腹侧下部和四肢上部的被毛粗长。体质结实，结构匀称。公羊鼻梁稍隆起，母羊鼻梁平直。耳直立、大小适中。公、母羊均有角和须，角向上向后外呈半螺旋状弯曲，有暗黑色和石膏色两种。颈粗细适中，少数羊的颈下有肉垂。胸宽深，腰背平直，后躯比前躯略高，体躯近似长方形。四肢粗壮。尾短小、直立（图 4－33、图 4－34、表 4－17）。

图 4－33　隆林山羊公羊

图 4－34　隆林山羊母羊

表 4－17　隆林山羊体重和体尺

性别	体重/kg	体高/cm	体长/cm	胸围/cm	胸宽/cm	胸深/cm
公羊	42.5±7.9	65.1±4.6	70.4±5.9	81.9±6.9	18.7±1.9	32.1±2.8
母羊	33.7±5.1	58.5±3.5	64.3±3.8	74.8±4.5	16.4±1.2	18.1±1.7

(四) 生产性能

在自然饲养条件下，隆林山羊公羊的屠宰率为 47.9%，净肉率为 36.8%，肉骨比 3.3∶1。母羊的屠宰率为 46.0%，净肉率为 35.3%，肉骨比 4.1∶1。羯羊的屠宰率为 46.0%，净肉率为 35.3%，肉骨比 3.3∶1。

隆林山羊公、母羊均 4～5 月龄性成熟，初配年龄公羊 8～10 月龄、母羊 7～9 月龄。母羊发情以夏、秋季节为主，发情周期 19～21 d，发情持续期 48～72 h，妊娠期 150 d 左右；年平均产羔 1.7 胎，产羔率 195.2%。公、母羔羊平均初生重 2.1 kg，3 月龄断奶重 14.7 kg。

（五）品种评价

隆林山羊是在喀斯特地貌生态环境下长期选育形成的地方品种，具有适应性强、耐粗饲、耐热、耐湿、生长发育快、产肉性能好、繁殖力高等特点。

十八、波尔山羊

（一）中心产区及分布

波尔山羊原产于南非，被称为世界“肉用山羊之王”，是世界上著名的生产高品质瘦肉的山羊，是一个优秀的肉用山羊品种。我国于 1995 年开始引进，通过适应性饲养和纯繁后，逐渐向四川、北京、山东、河北、河南、山西、广东、广西、江西、安徽等省、自治区、直辖市推广。

（二）品种形成

波尔山羊为白色被毛，头、颈、肩部均长着红褐色花纹。原产地为南非，据考证，印度山羊和欧洲山羊是波尔山羊的祖先，并且奶山羊对波尔山羊的形成有一定的影响，因此该品种还保留着产奶量高的特点。波尔山羊的祖先最初被南非那马克亨廷顿和班图族部落所饲养。1800—1820 年东好望角牧民定居下来，至 20 世纪初已经形成了一定数量的波尔山羊群。波尔山羊能较好地在亚热带地区生活，它们具有啃食灌木枝叶和宜于放牧的习性。

（三）体型外貌特征

波尔山羊毛色为白色，头颈为红褐色，额端到唇端有一条白色毛带。波尔山羊耳宽下垂，被毛短而稀。公母羊均有角，角坚实，耳长而大，宽阔下垂。头部粗壮，眼大、棕色；口颚结构良好；额部突出，曲线与鼻和角的弯曲相应，鼻呈鹰钩状；角坚实，长度中等，公羊角基粗大，向后、向外弯曲，母羊角细而直立；有鬃；耳长而大，宽阔下垂。颈粗壮，长度适中，且与体长相称；肩宽肉厚，体躯甲相称，甲宽阔不尖突，胸深而宽，颈胸结合良好。尾平直，尾根粗、上翘（图 4－35、图 4－36、表 4－18）。

图 4-35　波尔山羊公羊

图 4-36　波尔山羊母羊

表 4-18　成年波尔山羊平均体重和体尺

性别	体重/kg	体高/cm	胸深/cm	尻长/cm
公羊	110	80	39.5	77.5
母羊	68.5	65	37	77.5

（四）生产性能

波尔山羊的屠宰率超过 50%，肉骨比为 4.7∶1。良种波尔山羊屠宰率高于绵羊，且随年龄增长而增高，8～10 月龄为 48%，2 岁龄、4 岁龄和 6 岁龄时分别为 50%、52%和 54%。

波尔山羊母性好。性成熟早，通常公羊在 6 月龄，母羊在 10 月龄时达到性成熟。其性周期为 20 d 左右，发情持续时间为 1～2 d，初次发情时间为 6～8 月龄，妊娠期约 150 d。四季发情。每 2 年产 3 胎，产羔率为 160%～220%，绝大多数为多羔，60%为双羔，15%为三羔，可使用 10 年。

（五）品种评价

波尔山羊的抗病能力比较强，在干旱的情况下不供水和饲料，可以比其他动物的存活时间更长。波尔山羊适合放牧，采食范围比较广，小树或者灌木丛以及其他动物不吃的植物都可以被其利用。由于波尔山羊的采食范围比较广，所以，它的生长区域也比较广泛，除了有丰富的牧草地区，在杂草及农作物秸秆较多的地区也可以饲养波尔山羊。

十九、努比亚山羊

(一) 中心产区及分布

努比亚山羊原产于非洲东北部的埃及、利比亚、英国、美国等国家，东欧及南非等都有分布。我国在 1995 年就曾引入饲养，在四川用于改良成都附近的山羊。努比亚山羊在我国经过了 30 多年的培育，与很多地方品种进行了杂交改良，也起到了一定的效果。

(二) 品种形成

努比亚名源于埃及尼罗河第一瀑布阿斯旺与苏丹第四瀑布库赖迈之间的地区的称呼。努比亚这个词来自埃及语中的 nub，也是努比亚山羊的发源地，所以用“努比亚”对羊进行命名。其美国“华特希尔公司”、英国“KHZ”、中国贵州、广西和四川等地先后分批引进了努比亚山羊，对其进行培育，适应本国气候。

(三) 体型外貌特征

努比亚山羊原种毛色较杂，但以棕色、暗红为多见；被毛细短、富有光泽；头较小，额部和鼻梁隆起呈明显的三角形，俗称“兔鼻”；两耳宽大而长且下垂至下颌部。引入中国地区的均为黄色，有角或无角，有须或无须，角呈三棱形或扁形螺旋状向后，至达颈部。头颈相连处肌肉丰满呈圆形，颈较长，胸部深广，肋骨拱圆，背宽而直，尻宽而长，四肢细长，骨骼坚实，体躯深长，腹大而下垂，乳房丰满而有弹性，乳头大而整齐，稍偏两侧（图 4－37、图 4－38、表 4－19）。

图 4－37 努比亚山羊公羊

图 4－38 努比亚山羊母羊

表 4-19　成年努比亚山羊平均体重和体尺

性别	体重/kg	体高/cm	体长/cm	胸围/cm	管围/cm
公羊	90.0	85.0	89.0	94.3	9.4
母羊	58.6	72.1	73.6	85.5	8.6

(四) 生产性能

在自然饲养条件下，努比亚成年公羊、母羊屠宰率分别是 51.98%、49.20%，净肉率分别为 40.14%和 37.93%。

努比亚公羊初配种时间为 6～9 月龄，母羊配种时间 5～7 月龄，发情周期 20 d，发情持续时间 1～2 d，怀孕时间 146～152 d，发情间隔时间 70～80 d，羔羊初生重一般在 3.6 kg 以上，哺乳期 70 d，羔羊成活率为 96%～98%，产羔率为 2.65 只，年产胎次 2 次。

(五) 品种评价

该品种适应性与采食力强，耐热，耐粗饲，其产出效益是本地山羊的 2～3 倍。在四川、贵州、云南、湖南、广东、广西、湖北、陕西、河南等省（自治区）引种后表现出了良好的适应性和很好的生产能力。努比亚山羊改良调入地母羊成效显著。

第二节　中国南方肉羊生产的主要经济杂交模式

近年来，随着社会经济发展和人民生活水平的步步攀升，人们对羊肉的需求量日益增加。目前，肉羊的种间杂交生产已成为我国肉羊生产的有效方式。我国南方地区常用的肉羊经济杂交模式包括二元经济杂交和三元经济杂交。采用不同肉羊品种或品系进行杂交，可生产出比原有品种、品系更能适应当地环境条件和高产的杂种肉羊，极大地提高肉羊产业的经济效益。

一、经济杂交主要方式

(一) 简单杂交

简单杂交即二元杂交，是两种肉羊品种或品系间的杂交。一般是用肉种羊作父本，用本地羊作母本，杂种一代无论公母，都不作为种用继续繁殖，而是全部用于商品生产。二元杂交是最简单的一种杂交方式。

杂种后代可吸收父本个体大、生长发育快、肉质良好和母本适应性好等优点，方法简单易行，应用广泛，但母本的杂种优势却没有得到充分发挥。

（二）回交

回交是在单杂交基础上建立的一种新的杂交模式。即用简单杂交生产的F1母羊再与原来亲本品种之一进行交配。比如，用波尔公羊与马头山羊母羊进行杂交，杂一代母羊再与波尔公羊进行杂交。当然，第二次使用的波尔公羊不应是第一次使用的波尔公羊，二者的亲缘关系要比较远，以避免近交。如此，从杂交后代群体来看，杂交后代平均含75％波尔羊血统和25％的马头山羊血统。杂种后代可能含100％波尔羊血液，杂交后代含100％马头山羊血液的概率极小。由于杂交后代基因组合的不同，一些杂种羔羊可能外表类似波尔羊，而另外一些后代可能与杂种母羊相似。在回交时，也可使用马头山羊公羊再与F1母羊杂交，产生含75％马头山羊血液和25％波尔羊血液的杂种后代。一般应使用生长快的品种作为父本，而用繁殖力强、母性好的品种作为杂交母本。

（三）轮回杂交

1. 两品种轮回杂交

在回交基础上，再应用另一个亲本品种对回交F2母羊进行杂交。如前例，对含75％波尔羊血液的F2母羊再用马头山羊公羊进行交配，则杂交后代平均含37.5％波尔羊血液和62.5％的马头山羊血液。此后，可继续使用波尔公羊与F3母羊进行交配，这样可使杂种后代中波尔血液从37.5％升到68.75％，而马头山羊血液则从62.5％下降到31.25％。此后，可继续交换使用杂交双亲品种公羊，杂交后代中双亲品种的平均血液组分在2/3和1/3间不断轮换。

2. 三品种轮回杂交

三品种轮回杂交是三个品种中两个品种先杂交，杂一代母羊再与第三品种公羊交配。此后，依次用三个品种作为父本，与各级杂种母羊进行交配。比如，用杜泊公羊与波尔×马头山羊杂种母羊进行交配，F2平均含50％杜泊血液及25％波尔血液和25％马头山羊血液。然后，可使用波尔公羊与F2母羊交配。若使用波尔公羊，则F3平均含25％杜泊羊、62.5％波尔羊、12.5％马头山羊。F3母羊再与马头山羊公羊交配，则F4杂种后代中平均含12.5％杜泊羊血液、31.25％波尔羊血液、56.25％马头山羊血液。此后，再使用杜泊公羊，则杂交后代血液平均组成变为：

56.25%杜泊羊、15.625%波尔羊、28.125%马头山羊。依次类推，注意不同级代同一品种公羊间血缘关系要尽可能远。

三品种轮回杂交和两品种轮回杂交一样，是一种持续性的杂交生产系统，即每代杂交都可为下代杂交生产材料。除第一次杂交外，母羊始终都是杂种，有利于利用繁殖性能的杂种优势。每代只需要引入少量纯种公羊（可使用种羊场种公羊精液配种），不需要本场维持几个纯繁群，节省人力物力。另外，此种杂交方式的杂种优势比较大。

3. 终端杂交

与轮回杂交不同，终端杂交是不可持续的杂交生产系统，即杂交最终产生的杂种公羊和母羊全部都用于育肥出售。

（1）三元杂交。三元杂交是先用两个品种或品系杂交，所生杂种母畜再与第三个品种或品系杂交，所生二代杂种作为商品代。一般以本地羊作母本，选择肉用性能好的肉羊作为第一父本，进行第一步杂交，产生体格大、繁殖力强、泌乳性能好的F1母羊，作为羔羊肉生产的母本，F1公羊则直接育肥。再选择体格大、早期生长快、瘦肉率高的肉羊品种作为第二父本（终端父本），与F1母羊进行第二轮杂交，所产F2羔羊全部肉用。三元杂种集合了三个种群的遗传物质和三个种群的互补效应，因而在单个数量性状上的杂种优势可能更大，既可利用子代的杂交优势，又可利用母本的杂交优势，但繁育体系的组织工作相对较为复杂。

（2）双杂交。双杂交是两个品种杂交的杂种公羊与另外两个品种杂交的杂种母羊进行杂交生产的杂种商品羊。其优点是杂种优势明显，杂种羊具有生长速度快、繁殖力高、饲料报酬高等优点，但繁育体系更为复杂，投资成本较大。

二、杂交亲本选择

杂种后代的表现取决于亲本的优劣。一般来说，性状优良的亲本才能产生性状优良的杂种后代，因此正确选择亲本是杂交成败的关键。

（一）母本

在肉羊杂交生产中，应选择在本地区数量多、适应性好的品种或品系作为母本。母羊的繁殖力要足够高，产羔数一般为2个以上，至少是两年三产，羔羊成活率要足够高。此外，还要求泌乳力强、母性好。母性强弱关系到杂种羊的成活和发育，影响杂种优势的表现，也与杂交生产成本的高低有直接关系。在不影响生长速度的前提下，不一定要求母本的体格很大。比如马头山羊、湘东黑山羊、湖羊及贵州白山羊等都是较适宜的杂交母本。

（二）父本

应选择生长速度快、饲料报酬率高、胴体品质好的品种或品系作为杂交父本。比如杜泊羊、波尔山羊、努比亚山羊等都是经过精心培育的专门化品种，遗传性能稳定，可将优良特性稳定地遗传给杂种后代。若进行三元杂交，第一父本不仅要生长快，还要繁殖率高；选择第二父本时主要考虑生长快、产肉力强。

三、肉用山羊杂交组合

（一）二元杂交组合

1. 波马杂交组合

马头山羊是国内地方山羊品种中生长速度较快、体形较大、肉用性能最好的品种之一，波尔山羊与马头山羊杂交，F1 初生重、3 月龄、6 月龄、9 月龄、12 月龄体重分别达 2.7 kg、18.5 kg、22.7 kg、28.8 kg、32.7 kg，分别比马头山羊提高 54.3%、48.0%、29.0%、26.3%、16.8%。

2. 努马杂交组合

努比亚山羊是一种肉、乳、皮兼用型山羊。其耐热性能好，羔羊生长速度快，产肉多。努比亚山羊与马头山羊杂交，F1 初生重、3 月龄、6 月龄、9 月龄、12 月龄体重分别为 2.8 kg、11.8 kg、19.6 kg、26.0 kg、31.5 kg，分别比马头山羊提高 60.0%、0、11.4%、14.0%、12.5%。

（二）三元杂交组合

波努马杂交组合。努比亚山羊公羊先与马头山羊母羊杂交，F1 母羊再与波尔山羊公羊杂交。F2 初生重、3 月龄、6 月龄、9 月龄、12 月龄重分别为 3.0 kg、12.0 kg、22.0 kg、27.9 kg、34.0 kg，分别比马头山羊提高 71.4%、0、25.0%、22.2%、21.4%。

四、经济杂交中应注意的问题

从各地的杂交试验结果来看，引进的肉羊品种对我国地方羊种的改良作用效果很明显，但在进行经济杂交过程中应注意以下问题：

（一）杂种优势与性状的遗传力有关

一般认为低遗传力性状的杂种优势高，而高遗传力性状的杂种优势低。繁殖力的遗传力为0.1～0.2，杂种优势率可达15％～20％。肥育性状的遗传力为0.2～0.4，杂种优势率为10％～15％。胴体品质性状的遗传力为0.3～0.6，杂种优势率仅为5％左右。

（二）一般F1羊杂种优势率最高

随着杂交代数的增加，杂种优势逐渐降低，且有产羔率降低、产羔间隔变长的趋势。因此，应在生长和繁殖性状变动中找到契合点，不宜无限制级进杂交。引进肉用山羊品种相对较少，可适当进行级进杂交，但不宜超过两代。在肉用山羊生产中，除积极培育新品种外，还可加强努比亚山羊和波尔山羊的利用。

（三）应注意综合评价改良效果

不宜单以增重速度来衡量经济杂交效果。母羊生产指数综合了增重速度和繁殖力的总体效应，是比较适宜的杂交效果评价指标。

（四）不可忽视杂交的负面影响

杂交可能对山羊的肉质、适应性产生不利影响，应引起足够的重视。

（五）注意改善饲养管理

在选择适宜的杂交组合的同时，应注意改善饲养管理。优良的遗传潜力只有在良好营养的基础上才能充分发挥。国外肉羊品种繁殖能力受营养条件影响较大，如杜泊羊产羔率随营养水平不同在100％～250％范围变动，波尔山羊也有类似的现象。

第三节　现代育种技术

以现代生物技术手段和分子遗传学为基础的生物种业，是将分子育种技术、转基因育种技术、合成生物技术、细胞工程育种技术和胚胎工程育种技术等现代生物技术应用于动植物育种领域，培育性能优良的新品种，围绕这些新品种的培育、生产和推广而形成的新兴产业。其在推动我国畜禽养殖业健康发展、保障食物安全、改善农业生态环境、保障农民增收增效、提高人民健康水平和增强农业国际竞争力等方面发挥了关键作用。

一、动物分子育种技术

动物分子育种是依据分子遗传学和数量遗传学理论，利用DNA重组技术改良畜禽品种的新方法，内容包括转基因育种和基因组育种等方面。

近年来，随着生物技术迅速发展，利用高通量测序、分子标记等先进的生物技术和信息技术手段，架起了种质基因资源信息与高通量、大数据的桥梁，建立起常规育种与分子育种相结合的平台，大幅度提高了育种效率，使育种工作实现了由“经验”向“科学”的根本性转变。

在动物的遗传育种中，标记辅助选择（MAS）的应用可使遗传进展从15%增加到30%，依据这种趋势，MAS的总的遗传进展估计可达到44.7%～99.5%。模拟研究表明采用标记辅助选择比传统指数选择的理论相对效率可提高24倍。标记辅助选择由于充分利用了表型系谱和遗传标记的信息，与只利用表型和系谱信息的常规选种方法相比具有更大的信息量。同时由于标记辅助选择不易受环境的影响，且没有性别、年龄的限制，因而允许进行早期选种，可缩短世代间隔，提高选择强度，从而提高选种的效率和准确性，尤其是对于限性性状、低遗传力性状及难以测量的性状，其优越性就更为明显。从理论上而言，MAS改良数量性状比常规表现型选择有效得多，但实际育种中应用并不理想，其原因是数量性状位点（quantitative trait locus，QTL）定位与效应的估算精确度不高，并且QTL与分子标记的关联性，因群体和世代不同而异。动物多数经济性状为复杂的数量性状，发育过程中涉及众多的基因表达调控及其相互作用。分子标记不是基因，其变异并不能完全解释性状的遗传变异，此外基因型与环境互作也是重要影响因素。而目前的MAS方法大多基于简单加性模型或单基因座双基因座模型，还不能分析基因型与环境的互作和上位效应以及性状在不同时空表达的复杂遗传现象。目前国内外有大量关于动物的一些重要经济性状QTL图谱的报道，但尚没有应用QTL进行辅助选择的报道。为此开展能分析复杂数量性状的遗传模型，并探讨其在育种实践中的应用十分必要。

目前要做的是利用分子标记图谱发掘QTL资源，从整个基因组水平上进行QTL定位，探索其效应大小、作用方式等。发展基于QTL图谱的标记辅助选择的新方法，逐步建立完善抗病抗逆高产优质等重要性状相关基因标记的筛选及其辅助育种技术。随着各国动物基因组计划的深入开展，许多影响畜禽重要经济性状的QTL已经或正在被成功定位，人们对标记辅助选择的研究也将不断深入，标记辅助选择也必将在未来的动物育种改良中发挥出更加重要的作用。

近10年来，动物全基因组标记辅助选择策略是育种工作者们关注的焦点和热点，也被认为是精准估计育种值的最佳方案，虽然这一方案在试验及分析技术方面已经比较成型，并且在家畜动物育种中得到了应用，但实际上它的技术成熟度还远远不能满足商业需求，面临着在理论和实际应用方面诸多难题。因此全基因组选择技术在动物种业领域的主要任务和发展重点应包括以下几个方面：①单核苷酸多态性SNP检测的成本是全基因组选择在动物种业领域大规模应用的重要限制条件，因此应提高全基因组选择检测的效率，缩短检测时间，革新SNP芯片制作技术，降低芯片制作技术成本，通过优化检测技术，提高芯片的利用效率，使得全基因组选择能够得到广泛应用。②在数据挖掘方面，高密度SNP芯片同样是育种学家面临的挑战。主要集中于如何对SNP进行准确的单倍型推断，更多的利用标记信息；以及如何估计单倍型及SNP的遗传效应，使之成为育种值准确估计的依据。基因型选择的核心思想是估计出覆盖整个基因组的SNP的单倍型效应，每个染色体区段上单倍型效应的累加即个体的基因组估计育种值，因此单倍型效应估计的准确性显得十分重要。当前大部分基因组选择理论方面的研究仍假定单倍型已知，而在实际应用中，单倍型很难通过实验方法检测到，更多是利用统计学方法进行推断。虽然已有针对家养动物的单倍型推断方法，但它们都存在局限性，因此建立针对主要畜禽不同实验设计的单倍型推断方法，提高单倍型效应分析准确性，构建一套适合全基因组SNP标记的单倍型推断方法尤为必要。③开展鸡牛猪羊等农业动物参考群体的构建、全基因组重测序、SNP标记批量发掘和抗病等重要性状相关分子标记筛选、SNP标记与重要性状关联分析及其遗传效应值评估、基于全基因组选择的系谱信息分子矩阵及遗传算法等技术研究，研制重要动物基因分型用的高密度全基因组SNP芯片和育种用的低密度SNP芯片，建立动物全基因组选择育种技术。④建立分子育种设计技术，构建重要农业动物抗病、高产和优质等重要性状相关基因调控网络，构建重要性状关键基因功能验证及其互作网络，以及建立重要经济性状的G－P模型，研究不同个体关键基因和优良性状聚合技术。

二、动物胚胎育种技术

动物胚胎育种，也可以称为动物胚胎工程技术育种，就是利用胚胎工程技术和相关现代生物学技术，以动物配子和胚胎为对象进行工程化操作，达到动物育种、遗传改良以及动物遗传资源保护等目的。

动物胚胎育种的实质就是利用胚胎工程技术和原理，生产预期基因型的胚胎，进而得到预期目标性状的动物育种群体。随着胚胎育种技术的发展，对动物胚胎育种理论和实践的总结将会形成一个新兴的学科，那就是胚胎育种学。即集动物胚胎学、动物分子遗传学、动物育种学和动物生殖生物学等学科和技术于一体的动物繁殖育种技术和学科。动物胚胎育种是一个新概念，其研究内容主要围绕动物胚胎育种的性质、功能和实施过程进行技术集成和生产体系的建设以及对该技术体系的整体评价，为生产应用提供技术支撑和服务。

（一）动物育种方案中胚胎工程技术的应用及应用方面的技术选择和优化

随着生物技术的发展以及不同学科和技术的相互交叉，现代动物育种方案设计或多或少都会应用到胚胎工程技术。胚胎工程技术的应用也确实在一些动物育种体系中发挥了显著性的作用，促进了育种进程。但是胚胎工程技术，涵盖内容较多，如超数排卵和胚胎移植（MOET）技术、胚胎性别鉴定、胚胎冷冻、胚胎分割、胚胎嵌合、转基因技术、动物克隆技术等，这些技术在动物育种中如何细化、组装、集成以及有选择性的应用，以发挥胚胎工程技术最大潜力和加快动物育种的遗传进展，这是胚胎育种方案中需要最先考虑和研究的共性技术和策略问题。

（二）不同类型动物胚胎育种体系的建立及防止群体近交系数上升遗传退化等问题的研究

胚胎育种技术策略常常由于扩繁优良个体或者所期望基因型的动物，不可避免地会增加育种群体中相似或者相同基因型的个体比例，增加群体的近交系数，将会为群体选配和选育带来麻烦，从长远来说，会影响群体选育的极限和生产水平的提高。动物的种类不同，育种的目的不同，育种方案也应该有所不同。试验动物近交系，专门用来生产相同基因型的群体，采用全同胞兄妹交配的方式来进行繁育。但是对于大多数家畜来说，选种选配中必须考虑防止近交，近交只能在较小的范围内有目的、有控制地使用。由于不同种类动物群体对近交的耐受度不同，所以在动物育种中，采用胚胎育种的技术策略，必须根据不同种类、不同用途方向的动物，如试验动物、小型动物、中型动物和大型动物等来制定合适的育种方案，同时要将常规育种和胚胎育种方案有机结合，封闭群育种与开放系统育种有机结合，建立不同类型的动物胚胎育种方案和技术体系，以加快育种进展和提高优秀基因型个体在群体中的比例，提高动物群体特别是家畜的生产水平。

（三）动物胚胎育种的遗传进展以及生物安全方面的科学评估

动物育种中，采用的育种方案不同，对育种的遗传进展会产生不同的影响。动物群体选育提高和保种所选择的繁育方式在许多方面不同，动物选育追求的是生产能力和产品品质的提高，保种追求遗传资源和优良基因不丢失。作为胚胎育种，目前在理论和实践上处于探索阶段，针对不同类型的动物或者育种群体，根据育种目的和选育方向，如何选择胚胎工程领域的不同技术，如何进行技术优化和集成，如何能取得良好的育种效果，还需要进行全面的评价，才能做出理性选择，需要进行生物安全评价才能进入生产阶段。胚胎育种的优越性，需要和常规育种进行全方位的比较，在实践中不仅要进行经济性状改良效果及效益的评估，同时还要进行对应用胚胎育种技术产生的问题、存在缺陷、不利影响、潜在的生物风险和危害等问题进行相关研究，提出解决的途径和方法，为胚胎育种技术的设计和改进以及生产应用提供安全、可靠的依据。

三、动物转基因技术

动物转基因技术是将外源基因导入动物体内，外源基因随机整合或定点整合（打靶）在染色体基因组上并得到表达和遗传的生物技术。转基因技术在畜牧业、医药产业、环境保护以及新型生物材料等领域已得到了广泛应用。目前，制备转基因动物的主要方法包括显微注射法、逆转录病毒感染法、精子载体法、体细胞核移植法、胚胎干细胞介导法等。但用以上方法生产转基因动物有时间长、效率低、费用昂贵等缺点，这一定程度地限制了转基因动物的发展。近几年来，慢病毒载体导入法、精原干细胞法、锌指核酸酶介导的基因打靶、RNA 干扰介导的基因沉默等新的高效转基因技术迅速发展起来，结合原有显微注射、体细胞核移植、胚胎干细胞等技术，为研究动物品种改良、动物生物反应器生产药用蛋白、建立疾病动物模型和器官移植等领域带来了新的希望。

（一）慢病毒载体导入法

慢病毒载体导入法是一种高效的动物转基因技术，其特点是慢病毒载体携带的外源基因能整合到宿主基因组内并在宿主体内长期稳定表达，基因表达效率高；一般不需要特别的设备，操作相对简便；并且不易诱发宿主免疫反应，安全性较好。慢病毒属于逆转录病毒科，与其他逆转录病毒相比，慢病毒不但能感染分裂细胞，还能感染静止细胞，因此成为有效的基因转移载体。慢病毒载体导入法生产转基因动物可以通过下面几条途径完成。将目的基因重组到慢病毒载体上，重组病毒载体感染包装细胞后制成高滴度的病毒颗粒，直接注射到受精卵的卵周隙，经胚胎移植制备转基因动物；或注射到卵母细胞的卵周隙，体外受精后经胚胎移植制备转基因动物；还可以用病毒颗粒感染动物体细胞，经核移植制备转基因克隆动物；此外慢病毒载体还能整合到精原干细胞 DNA 上，再经自然交配制备转基因动物。

（二）精原干细胞法

精原干细胞是雄性动物睾丸内能够自我更新，具有生精能力并能将遗传信息传递给下一代的一类细胞。对精原干细胞进行的基因修饰是可遗传的，通过受精即可传递给后代，获得整合位点不同的转基因动物。精原干细胞在体外培养期间用病毒（逆转录病毒/慢病毒/腺病毒）感染后移植给受体动物，受体能够产生转基因精子并通过多种途径，包括自然交配、体外受精（IVF）或卵胞浆内单精子注射（ICSI），最终获得转基因后代。而其中精原干细胞离体培养技术、精原干细胞移植技术以及外源基因导入方法的不断发展是应用精原干细胞法生产转基因动物的前提。

（三）锌指核酸酶法

锌指核酸酶（ZFNs）是由能特异性结合 DNA 的锌指蛋白（ZFPs）与非特异性核酸内切酶（FokI）结合在一起构成的一种嵌合蛋白。锌指核酸酶结构中的 DNA 结合域是由 3～4 个锌指蛋白串联而成的，每个锌指蛋白识别并结合一个特异的三联体碱基，即这样的 3 指/4 指锌指蛋白能特异结合到 9～12 bp 的 DNA 序列上。由于 DNA 切割域 FokI 必须二聚化才具有内切酶作用，因此也需要 2 个锌指蛋白才能构成完整的锌指核酸酶并行使其特有的功能。

（四）RNA 干扰

RNA 干扰（RNA interference，RNAi）是真核细胞中由外源或内源性短的双链 RNA（dsRNA）启动并依赖于 RNA 诱导沉默复合体（RISC）活性的转录后基因沉默过程。依据此原理，研究人员利用一段短的 dsRNA 诱导细胞内同源 mRNA 高效特异性降解从而达到抑制靶基因表达的目的。目前，哺乳动物细胞中一般采用两种方式诱导 RNAi，一种是体外合成小干扰 RNA（siRNA），转染到细胞后诱导目的基因瞬时沉默；一种是利用质粒或病毒性载体表达小发卡 RNA（shRNA），实现细胞内持续稳定诱导 RNAi。

四、全基因组选择育种技术

数量遗传学自19世纪90年代形成以来，以线性模型为基础的数量遗传学逐渐完善，并由此发展及衍生出动物育种方法，取得了相当大的成就，在一定程度上支持了数量遗传学的理论推断。传统的数量遗传学方法根据表型、系谱信息对家畜的中高遗传力性状的选择非常有效，取得了较大的遗传进展，但由于这种方法受环境的影响较大，对于一些低遗传力性状和难以测量的性状，传统的最佳线性无偏预测（BLUP）育种方案的选种效率和准确性相对较低，无法获得目标性状的遗传进展。

随着分子遗传学的发展，现代育种技术逐渐从表型选择转到基因型选择，越来越多的育种技术被提出并得以应用。标记辅助选择（MAS）是最先被提出来的一种对重要经济性状进行间接选择的分子育种方式，其优点是不直接利用性状本身的信息，而是利用与性状相关联的遗传标记进行间接选择。这种遗传标记通常是DNA标记，然而，标记辅助选择的主要缺点是目前发现的可用标记并不多，仅通过这些有限的标记只能与一部分基因进行连锁，而复杂性状都是由微效多基因控制的，所以复杂性状的效应无法被准确估计，这在一定程度上制约了标记辅助选择的应用。因此，2001年Meuwisen等提出了基因组选择（genomic selection，GS），提高了对微效基因控制的复杂性状的选择能力。基因组选择应用于家畜育种，实现了在基因组范围内通过高密度标记对个体进行遗传评估。具体来讲，就是利用参考群体（包含表型信息和基因型标记）估计每一个单核苷酸多态性（single nucleotide polymorphism，SNP）标记对个体生产性能的贡献大小。最后，利用SNP效应估计值计算候选群体（具有基因型标记）的基因组育种值，进而选择优秀种畜用于繁殖下一代。

与标记辅助选择不同的是，全基因组选择模型的使用能够有效地捕捉到微小效应的基因座，而标记辅助选择由于标记数目较少，可能会遗漏某些微小的效应，无法对其进行准确估计。基因组选择所采用的全基因组预测模型显示出了更为卓越的预测准确性，其特点是假设每一个QTL都是通过邻近的标记进行解释，并通过高密度的遗传标记使得一个或者多个QTL与遗传标记处于连锁不平衡状态，QTL产生的所有遗传变异可以由这些标记解释，克服了标记辅助选择中遗传标记解释遗传变异较少的缺点，并且基因组选择的方法拟合模型中所有的标记效应，不考虑它们在统计学意义上的显著性。许多SNPs的效应很小，它们的值不是零，使用基因组选择的最佳估计使得SNPs效应与许多小的QTLs匹配在一起，共同解释了大多数的遗传变异。

随着各类家畜基因组序列图谱及SNP图谱的完成，为基因组选择提供了大量的标记，更进一步推动了基因组选择在育种中的应用。基因组选择的最大进步就是缩短了世代间隔，因为个体的DNA及基因型可以在早期获得，可以计算出个体的基因组育种价值（GEBV），实现对种畜的早期选择。例如，在奶牛的基因组选择中，如果基因组选择的世代间隔是一年，而传统育种由于需要先得到个体的表型信息，因此传统育种方法必须要用两年甚至更长的时间才能获得个体育种值。所以，可以将基因组选择的育种方案与生殖技术配套，实现早期繁殖，早期选育，加快新品种的培育，缩短优秀种畜的世代间隔，加快其遗传进展。在实际育种过程中，基因组选择的准确性与世代间隔存在一个平衡关系，延迟选择种畜，可以获得更多的信息，包括表型和基因型信息，个体估计育种值的准确性增加，然而世代间隔将变长。另外，当对一个全同胞家系进行遗传改良时，与传统的BLUP育种方案相比，基因组选择可以更加有效地控制近交，同时DNA可以在动物出生或者更早的时期获得，所以基因组选择将家畜育种提升到了一个更高的水平。

第五章 山羊繁殖技术

第一节 选种与留种

一、种羊的引种和选择

种羊的引种和选择是发展山羊应该采取的重要措施，目的是为了选出优质高产的种羊，为发展山羊生产提供良好的遗传基础。山羊的选种，主要是根据目的要求，把能够生产出优质、高产，种用价值大的公、母羊挑选出来供繁殖种用。在购买种羊时一定要选择育成羊、健康羊、良种羊和高产羊，切忌选购老年羊、病羊、土种羊和低产羊。挑选种羊的年龄时，公羊一般控制在 2 周岁以内，母羊育成羊较好，如引成年母羊应控制在 2 胎龄较好。实践中，买大羊还是买小羊一定要根据季节来定，一般原则是：早春买小羊，夏季买中羊，秋季买大羊。山羊一年四季都可配种繁殖，但养羊经验证明，冬季产羔最好，这是因为冬季气温低、机体新陈代谢较旺盛，有利于羊的生长发育；产羔时，母羊体质较好，奶汁丰富，羔羊体质健壮，至断乳后，又可吃上青草，羔羊发育良好。因此早春买的小羊体质一般是比较健壮的，买回来容易养活、养大。具体说来，以 2—3 月买小羊、5—6 月买中羊、9—10 月买大羊为宜。挑选羊体质时，一般应该具有下列特征：鼻孔及鼻镜湿润，口腔及眼黏膜为粉红色；粪便呈褐色，表面富有光泽，颗粒状；呼吸均匀，呼出气体无恶臭；相反，凡有离群、喜睡、皮肤粗松、皮毛竖立、两眼无神、不食、不反刍、精神不好、粪便太稀甚至有血和有黏液、呼吸急促、呼出气体有恶臭、鼻镜干燥的羊都是病态羊，一律不能选购。挑选羊外貌时必须选头长而深的大羊和体大而头窄的羔羊，前者是好羊的特征，后者是年龄幼小的特征，切忌选躯体矮、身短、肚子向两旁突出、头部短而宽、嘴比较尖的羊，这种羊看起来头比较大，实为生长受阻，这是品质低的羊明显的特征（图 5-1、图 5-2）。

图 5-1　体型外貌俱佳的波尔种公羊

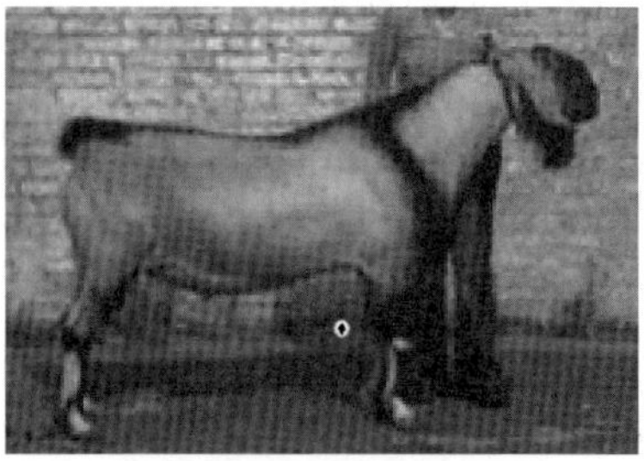

图 5-2　体型外貌俱佳的努比亚种公羊

引进种羊时，除了上述要求外，还应注意下列事项：①要了解所在地山羊疾病流行情况，以便知情而防；②不要将买进的羊立即与原来的羊群同养，要隔离 10～14 d，观察有无疾病，以免带入疾病，引起传染，造成损失；③种羊买来后，要按照原来的饲养方法饲养，一个月后逐渐改变饲养方式，以免由于饲养管理变化过大、过快而导致疾病。

二、种羊留种

选留优良、高产、种用价值大的公、母羊，主要根据个体品质、系谱和后裔品质进行综合评定。实践证明，只有坚持综合评定选留种羊，才能对山羊的品质改良和提高羊群生产性能产生良好的效果。

（一）个体品质评定

山羊的外貌鉴定是个体品质评定的主要项目。山羊的体质外貌应是细致紧凑型的体质，皮薄、骨细而结实，肌肉发达，轮廓清晰；成年母山羊前躯较浅，后躯较深，全身呈现楔形，乳用特征明显；种公羊要求高大雄伟，雄性特征鲜明，品种特征典型，健康活泼，头大颈粗，背腰平直，胸部开扩，四肢有力。为了防止外形鉴定的主观性和便于比较，通常采用分数评定法来评定体质外形的优劣。

（二）系谱评定

系谱是指血统关系，即祖先评定。对种羊的选择，不但应考查自身的表现，还应评定其祖先的优劣。系谱评定在进行羔羊选留时占有重要位置。评定方法主要是通过系谱分析来进行的，如果一只种羊在其系谱上有许多卓越的祖先特性，那么，该种羊产生优良后代的可能性就大，通常只考察三代。对后代品质影响最大的是父母代，其次是祖代和曾祖代。在实际工作中，我们要尽可能选育高产品系的后代。

（三）后裔品质评定

一般对种羊场的种羊，务必进行后裔测定，才能决定是否留作种用。后代品质的优劣是种公羊和种母羊遗传性和种用价值的最好见证，依据后代品质来评定种用价值是非常重要的，常用下列方法评定：

1. 母女对比法（即母亲和女儿的对比）

按照父母双亲对后代的影响各占一半的原则，以奶山羊为例，以女儿第一胎的产奶量与母亲同龄同胎次的产奶量进行比较，若女儿的成绩高于母亲的成绩，则种公羊的遗传品质就好，反之则不宜作种用，实用价值不大。

2. 不同后代间的比较法

在鉴定种公羊时，若是两只以上，则让他们在同一时期各配若干母羊，这样母羊分娩季节相同，比较容易做到后代在相似的条件下进行饲养管理，然后进行后代间的比较，判断种公羊的优劣。应用这种方法鉴定种母羊时，如使数只母羊在同一时期与同一头种公羊交配，当母羊分娩后，其后代都在同一条件下饲养管理，他们很少受不同条件的影响，这样就更容易判断出母羊的优劣。在使用这种方法时，关键是要求与配母羊尽可能相似，以减少误差。

第二节　发情与配种

一、发情鉴定技术

（一）山羊的发情特征

山羊的发情周期平均为 21 d（18～24 d），产后发情的时间平均为 30 d（20～40 d）。发情持续期母山羊 24～48 h。母羊发情时其外部表现为食欲减退，鸣叫不安，外阴部红肿并流出黏液，频频摆尾，喜欢接近公羊，尾随公羊并爬跨其他母羊，公羊接近时站立不动，后肢分开且接受交配。

（二）鉴定方法

1. 外部观察法

母羊发情时常表现精神兴奋、爱走动、食欲减退，外阴部发红肿胀，阴门、尾根黏附着分泌物。山羊发情外部表现比绵羊明显。

2. 试情法

在羊群较大时，鉴定母羊发情最好采用公羊试情法。试情公羊主要用来寻找发情母羊。公羊必须体格健壮、无病、年龄在 2～5 岁。为防止试情中偷配，要在试情公羊腹部结系一块 40 cm×35 cm、四角各有一条带子的白布。试情公羊与母羊比例 1∶40。试情时间一般是清晨。当发现试情公羊用鼻去嗅母羊，或用蹄去挑逗母羊，甚至爬跨到母羊背上，而母羊站立不动或接近公羊时，这样的母羊即为发情羊。每次试情时间1 h左右为宜。

3. 阴道检查法

采用阴道开膣器，通过观察母羊阴道黏膜的色泽和充血程度，子宫颈口的开张大小和分泌黏液的颜色、分泌量及黏稠度等，来判定母羊的发情。

二、配种技术

（一）配种时间

由于山羊的排卵时间分别在发情开始后 12～14 h 和 30～40 h，其适宜的受精时间是在发情开始后 8～20 h 和 12～14 h，在生产中要正确把握羊的发情特征，掌握羊的最佳排卵时间，适时配种，才能提高受胎率。因此羊配种的适宜时间是在发情开始后 10～18 h。为保证受胎率，实践中多采用重复交配，即早晨检出的发情母羊早晨配种一次，傍晚再配一次；下午检出的发情母羊在傍晚配种一次，次日早上再配种一次。两次配种间隔 10～18 h。复配时可用同一头公羊，也可用不同的公羊。

（二）配种方法

养羊生产中常用自然交配、人工辅助交配和人工输精三种配种方法。

1. 自然交配（亦称本交）

在配种季节，依（1∶40）～（1∶30）的公母比例，将调教好的公羊放入母羊群混群饲养或放牧，让公羊、母羊自由交配。目前在我国南方地区大部分养殖户和规模养殖场都采用的是自然交配的方式，这种方法简单省事，受胎率较高。但缺点是公羊消耗太大，后代血统不明，易造成近交衰退，且无法确知母羊预产期。可采取在非配种季节将公羊、母羊分开饲养，每一配种季节有计划地调换公羊（每年调换 1 次）等措施来克服上述缺点。

2. 人工辅助交配

将发情母羊挑出来，有计划地与指定的公羊交配。这种方法有利于提高公羊利用率，合理地选种选配，并能测算预产期。当初次参加配种的青年公羊因性欲旺盛而又缺乏性经验以致出现多次爬跨而不能使阴茎插入阴道时，从事人工辅助交配的人员应用手帮助，将公羊的阴茎插入阴道内；当与配公、母羊体格悬殊使公羊不易爬跨母羊或母羊无力承受公羊体重时，可选择斜坡地势，让较小、较弱一方站在高处，再施以人工辅助使配种成功。为确保受胎，也可采用重复交配。

3. 人工输精

羊的人工输精主要采用开膣器法或阴道内窥镜法输精（图 5－3）。方法是：用开膣器或阴道内窥镜法插入母羊阴道，以反光镜或手电筒光线找到子宫颈外口，把装好的精液输精器插入子宫颈外口 1～2 cm，注入精液，然后轻缓取出输精器和开膣器。在生产中常采用上午发情，傍晚配种，下午发情，清晨配种的方法。通过发情控制技术进行同期发情处理的母羊，可不进行公羊试情，直接在药物停止处理后的 42 h 同时输精，此后间隔 8 h 再次输精一次。此技术在我国南方推广不是很普遍，主要是羊的冷冻精液尚未在南方大范围推广，有条件的规模养殖场可以采用此技术。

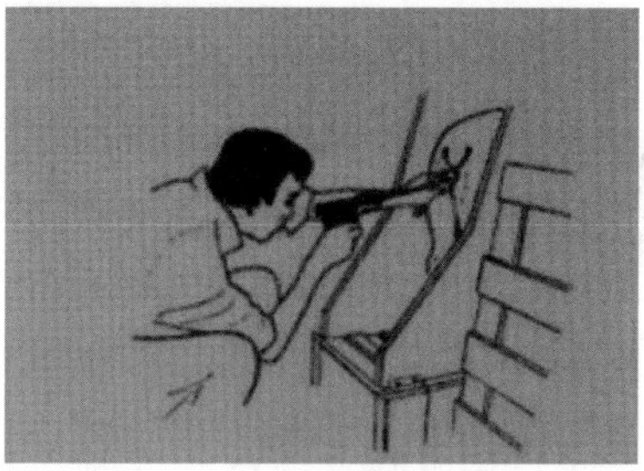

图 5－3　阴道内窥镜法输精

第三节　妊娠、分娩与助产

一、妊娠与妊娠诊断技术

妊娠即怀孕，指母羊配种后从卵子受精到分娩这一阶段，并伴随着生理和外部形态的变化过程。母羊的妊娠期一般为 150 d（145～159 d）左右。

母羊配种后，养殖场（户）应及时对母羊做好妊娠诊断，特别是母羊早期怀孕诊断具有十分重要的意义。对经过检查诊断确定没有怀孕的母羊，应及时做好补救措施，以确保母羊全配满怀；对经过检查诊断确定为怀孕的母羊，应加强饲养管理，并做好母羊的保胎工作，防止母羊发生流产。

母羊进入预产期后，应做好接产的准备工作，只有这样才能有效地提高母羊的受胎率和羔羊的成活率，具体来讲，母羊的妊娠诊断方法主要有以下 5 种，前 3 种较为常用。

（一）外部观察试情法

母羊受孕后，发情周期停止，不再表现发情症状。一般健康而且发情正常的母羊，经输精或配种够 20 d 左右不再发情，且母羊性情变得温顺，采食量增加，容易上膘。

用公羊试情时，拒绝公羊爬跨，即可初步判断该母羊已经怀孕。此后，母羊的消化能力逐渐增强，食欲增加，毛色光亮，体重增加。

母羊在怀孕初期，阴门收缩，阴门裂紧闭，黏膜颜色变为苍白，且黏膜上覆盖有从子宫分泌出的浓稠黏液，并有少量黏液流出阴门；头胎母羊怀孕 60 d 左右，乳房开始发育，其基部变得柔软，颜色逐渐变得红润。

（二）腹部触诊法

一般此法适用于怀孕两个月以上的妊娠诊断。检查者应倒骑在母羊身上，用双腿夹住母羊的颈部或前躯，双手兜住母羊的腹部，轻轻而又连续地向上轻掂，左手在母羊下腹部右侧感觉到是否有硬物，经过反复几次，即可基本判断母羊是否怀孕。

有经验者甚至可以判断母羊怀有几只羔羊。应用此法检查母羊是否怀孕时，检查者的动作要轻，不可粗心大意，谨防引起母羊流产。

（三）阴道检查法

此法主要是检查母羊的阴道黏膜和黏液情况。一般怀孕母羊的阴道黏膜为粉红色，黏液量少而黏稠，且能拉成线；而空怀母羊则阴道黏膜为红色或苍白色，黏液量多而稀薄，且呈灰白色脓样。

（四）超声波检查法

使用超声波仪器探测母羊的血液在脐带、胎儿血管、子宫中动脉和心脏中的流动情况，用来诊断母羊的怀孕情况。一般使用超声波检查法能够检测出妊娠母羊的怀孕状况，在母羊妊娠 6 周时，诊断母羊怀孕的准确率可达到 98%～99%。如对母羊实施直肠内超声波探测妊娠情况，可有效地减少外部超声波探测时羊毛等对超声波探测结果的影响，可提高探测的准确率。

（五）B 超造影检查法

即使用小型 B 超机进行母羊的怀孕检查，其使用操作方便，但 B 超机价格较贵，且检查人员需要进行严格的操作技能培训，才能准确地诊断母羊的怀孕情况。

二、分娩与助产技术

母山羊分娩前，在生理和形态上发生一系列变化，根据这些变化的全面观察，往往可以大致预测分娩时间，以便做好助产的准备。

母山羊的乳房在分娩前迅速发育，腺体充实，有的母山羊在乳房底部出现浮肿。临近分娩时，可以从乳头中挤出少量清亮胶状液体或挤出少量的初乳，有的出现漏乳现象。分娩前几天，乳头增大变粗，但营养不良的母羊，乳头变化不很明显。母山羊的外阴部在临近分娩前几天，阴唇逐渐柔软，肿胀、增大，阴唇皮肤上的皱襞展开，皮肤稍变红。阴道黏膜潮红，黏液由浓厚黏稠变为稀薄滑润。母山羊在分娩前骨盆韧带松弛，怀孕末期荐坐韧带变软，临产前更明显，在尾根及后部两旁可见到明显的凹陷，手摸如同面团状，行走时可见明显的颤动，这是临产前的一个典型征兆。母山羊在分娩前的行动表现也发生变化，分娩前 6～12 d离群独立，常在墙角用两前肢轮流刨地，有的母山羊还发出呻吟声，食欲减少，目光迟钝，站立不动，时起时卧。

母山羊在一昼夜各时间都能产羔，但在上午 9—12 时或下午 3—6 时产羔稍多，胎衣通常在分娩后 2～4 h 排出，随后子宫很快复原。因此在母山羊正常分娩时，助产人员不应干预，只监视其分娩情况和做好羔羊的护理。若胎羔头部露出阴门之外，羊膜尚未破裂时，就应立即撕破羊膜，使胎羔鼻端暴露于外，防止窒息。有时当羊水流出，胎羔尚未产出，母山羊阵缩及努责又减弱时，可抓住胎羔头部及两前肢，随母山羊的努责沿着骨盆轴方向拉出。倒生时更应迅速拉出，避免胎羔的胸部在母羊骨盆内停留过久，脐带被嵌压以致供氧中断。站立分娩的母山羊，多见于初产母山羊，应用双手接住胎羔。

助产前应注意做好清洁、消毒及助产箱内必备物资的准备。如产房的清洁、消毒，助产人员双手的清洁及消毒。剪刀、毛巾、纱布和消毒药物等的准备。

第四节　新生羔羊护理

羔羊出生后两天以内，要想方设法让其吃上“初乳”。对于较弱的羔羊要及时进行辅助吸乳。同时，要注意脐带消毒，除湿保暖，救护，防寒保暖等措施。

一、脐带消毒

生产中，一些羔羊患破伤风病，主要是养羊户缺乏防病知识，给羊接生时，用未经消毒的剪刀剪脐带或用不清洁的线结扎脐带，甚至对脐带不消毒结扎，使破伤风杆菌通过脐部感染而发病。因此，羔羊出生后，脐部创口用3％过氧化氢溶液清洗后，用消过毒的剪刀断脐带，离脐带5 cm处用消过毒的线扎紧，脐端涂上3％碘酊，杀灭病菌。亦可给羔羊皮下注射1 500 U破伤风抗毒素，使羊体自动免疫。

二、除湿保暖

羔羊产出后，立即用干净布将口、鼻、眼及耳内黏液掏净擦干，并让母羊舔干羔羊全身，母羊不愿舔时，可在羔羊身上撒些麸皮，或将羔羊身上的黏液涂在母羊嘴上，诱它舔羔。天气寒冷时，并生火取暖，迅速将羔羊的毛烘干保暖。

三、救护

遇到羔羊假死时，要立即用清洁白布擦去其口腔及鼻孔污物，如羔羊吸入黏液出现呼吸困难，可握住其后肢将它吊挂并拍打其胸部，使它吐出黏液。如无效，可将橡皮导管放入其喉部，吸出黏液。寒冷天气，羔羊冻僵不起时，在生火取暖的同时，迅速用38 ℃的温水浸浴，逐渐将热水兑成40 ℃～42 ℃，浸泡20～30 min，再将它拉出迅速擦干放到生火的暖和处。

四、及早吃乳

羔羊出生后，要让其早吃初乳，以获得较高的母源抗体。母羊产后1周内分泌的乳汁叫初乳，是新生羔羊非常理想的天然食物。初乳浓度大，养分含量高，含有大量的抗体球蛋白和丰富的矿物质元素，可增加羔羊的抗病力，促使羔羊健康生长。

五、防寒保暖

羔羊产出后，体温调节中枢尚未发育完善，而春季气候多变，若不注意防寒保暖，很容易受凉患病。羔舍应建在背风向阳的地方，舍内要勤出粪尿、勤换垫干土并打扫干净。羔羊栖息处多铺垫干草干土，雪雨天寒冷时，羔舍门窗要加盖厚草帘，并生火取暖。还要防止雨水淋湿羊羔，白天让羊多到户外活动，接受新鲜空气和阳光，多晒太阳增加体内维生素 D 和胆固醇的含量，促进羔羊骨骼发育，增强抵抗力，为羔羊营造一个清洁温暖的生活环境。

六、及时补饲

羔羊在最初一个月内，主要靠母乳获取营养，但随着日龄的增长，胃容积的扩大，仅靠母奶已满足不了羔羊生长发育的营养需要，必须及时补喂草料。羔羊出生后 15 日龄补喂草料，以优质新鲜牧草为主，将新鲜干青草吊在空中或让它自由采食。从 20 日龄起调教吃料，将炒熟的豆类磨碎。加入数滴羊奶，用温水拌成糊状，放入饲槽内，让羔羊自由嗅食，每天 20 g 左右，如此 2～4 d 就可学会吃食，以后便可逐步将开口食料换成配合饲料（详见第六章）。

第五节　同期发情技术

同期发情是提高母畜繁殖率和生产管理水平的一项高效繁殖新技术，是通过利用外源激素人为调控母羊的发情周期，诱导羊同期发情—排卵，可实现母羊集中发情、集中配种、集中产羔和集中泌乳的目的。同期发情技术是实现山羊批次化生产，使山羊养殖业向规模化、程序化、集约化发展的基础。同期发情技术一般应用于存栏能繁母羊较大规模的养殖场。

一、山羊的同期发情生理机制

通常实现同期发情有两种途径：一是延长黄体期，二是缩短黄体期。延长黄体期是使用抑制卵泡发育的外源激素按照特定的使用程序对母羊进行处理，发挥抑制卵泡发育的作用，停止处理后可出现发情和排卵。缩短黄体期是在母羊卵巢处于黄体期时注射促进黄体溶解的药物，使不同时期的黄体在同一时间内溶解，达到母畜同期发情的目的。人为地调整母羊集中表现发情，以达到计划配种、提高繁殖率的目的。

二、山羊的同期发情常用处理方法

（一）氯前列烯醇处理法

1. 作用机制

氯前列烯醇（PGF2α）能快速溶解母羊的卵巢黄体。其机制是

PGF2α 可让处于不同黄体期的黄体同时溶解，使卵巢转入卵泡发育期，促进卵泡排卵，开始表现发情。

2. 使用方法

采用肌内注射 PGF2α 给药，分两次注射，注射剂量根据母羊体重不同，中等母羊注射剂量为 50.0μg/只，较大个体母羊注射剂量为 100.0μg/只，母羊第一次注射 PGF2α 后，间隔 10～12 d 后，进行第二次注射同等剂量药物。药物诱导结束后 2～3 d，同期发情率可达 80.0%左右，在发情后的第 8 小时和第 18 小时，各配种输精 1 次，可获得 60.0%～70.0%的情期受胎率，该方法简单，但发情受胎率不高。

（二）孕激素处理法

1. 作用机制

人为口服、注射、埋植和栓塞孕激素可使母羊机体血液中的孕激素含量水平升高，可形成人为的卵巢黄体期。当终止其作用，卵巢黄体就会溶解退化，伴随着卵泡开始发动并发育成熟，母羊群体开始发生发情。

2. 使用方法

孕激素可选择使用黄体酮（PIDR）、氟孕酮、氯地孕酮和 18-甲基炔诺酮等孕激素药物，通过口服、注射、埋植和栓塞等多种方法，将一定剂量的孕激素注入山羊母羊体内，使孕激素在一段时间内逐渐地缓慢释放，持续地发挥孕激素药物作用，在卵巢内形成黄体。

山羊同期发情一般使用 PIDR 等孕激素药物，通过母羊阴道，以栓塞的方式给药，操作方便简单，同期发情率高，药物应用效果好。按照 PIDR 40.00～60.00 mg/只剂量，将药物海绵阴道栓用送栓器将其塞入山羊母羊阴道深处的子宫颈口附近，并把细线头留在阴门外以便取栓。PIDR 海绵阴道栓放置 14 d 后取出，取栓后 30～48 h，母羊开始表现发情，在发情后的第 8 小时和第 18 小时，分别人工输精 1 次。可获得 70.0%～80.0%的情期受胎率。

（三）“孕激素＋促性腺激素＋前列腺素”配合使用

1. 作用机制

母羊在应用孕激素的同时，如再配合使用促性腺激素，能提高同期发情的比例和促进卵泡成熟排卵。一般常用的促性腺激素药物主要有孕马血清促性腺激素（PMSG）、绒毛膜促性腺激素（HCG）、促卵泡激素（FSH）、促黄体素（LH）和促黄体素释放激素 A3（LHRH－A3）等。孕激素和促性腺激素结合使用的常见方法有孕激素＋PMSG 法、孕激素＋FSH 法和孕激素＋PGF2α 法等。

2. 使用方法

（1）孕激素和促性腺激素结合使用法。在母羊阴道内放置 PIDR 海绵阴道栓，记为第 0 天，第 15 天取出，同时肌内注射 PMSG 200.0～300.0 IU/只。一般取栓后 30～48 h，羊群表现发情，同期发情率在 85.0%～90.0%。在母羊发情后的第 8 小时和第 18 小时，分别人工输精 1 次。

（2）孕激素和促性腺激素与前列腺素结合使用法。在母羊阴道内放置 PIDR 海绵阴道栓，记为第 0 天，放栓后的第 16 天取栓，同时肌内注射 PGF2α 4.0～6.0 mg/只。一般在取栓后的 30～48 h，羊群表现发情，同期发情率可达 85.0%左右。在母羊发情后的第 8 小时和第 18 小时，分别人工输精 1 次。

（3）孕激素、促性腺激素和前列腺素结合使用法。在母羊阴道内放置 PIDR 海绵阴道栓，记为第 0 天，在放栓后的第 14 天，肌内注射 PMSG 200.0～500.0 IU/只；在放栓后的第 16 天取栓，同时肌内注射 PGF2α 4.0～6.0 mg/只。一般在取栓后的 30～48 h，羊群表现发情，同期发情率可达 90.0%左右。在母羊发情后的第 8 小时和第 18 小时，分别人工输精 1 次。

（4）孕激素和促卵泡素结合使用法。在母羊阴道内放置 PIDR 海绵阴道栓，记为第 0 天，在放栓后的第 13 天，肌内注射 FSH 25.0～50.0 IU/只；在放栓后的第 14 天取栓。一般在取栓后的 30～48 h，羊群表现发情，同期发情率可达 85.0%～90.0%。在母羊发情后的第 8 小时和第 18 小时，分别人工输精 1 次。

从近几年试验和推广结果，孕激素＋促性腺激素组合是近年来推广较广、效果较优的应用组合。

三、影响同期发情效果的因素

多年来，同期发情技术研究较多，在生产实践中应用不多，因为影响同期发情效果的因素较多，如果要推广同期发情技术，必须了解和克服影响同期发情效果的因素。

（一）体况

母羊体况是同期发情的决定因素，体况较好母羊的同期发情率明显更高。用于同期发情的母羊膘情要达 60%以上且无生殖系统疾病，精神状态好，被毛光顺，确定为空怀。备选母羊要补充全价精饲料，达到营养均衡。

（二）品种

不同品种的羊具有不同的繁殖特性，应充分认识备选母羊的品种特点，掌握发情情况，以便确定用合适的同期发情方法。

（三）季节

季节是影响羊同期发情效果的重要因素之一。在非繁殖季节，母羊血液中的促性腺激素水平较低。秋季羊同期发情率优于其他季节。

（四）母羊饲养方式

生产中推荐公羊与母羊隔离饲养、隔栏相望，有利于提高发情率和受胎率。因为混养难以保证全群母羊都处于空怀阶段，对已妊娠母羊进行同期发情处理易造成流产。视空怀母羊体况，提前 30～60 d 进行饲料优化，保证母羊体况，做好配种准备。对非繁殖季节放牧羊只每日补饲一定量的干草和玉米粒；舍饲母羊膘情过盛需增强活动量。

（五）激素处理方法

激素处理方法是影响同期发情效果最直接因素。以上介绍的同期发情处理方法，2 次 PG 法效果较差，组合阴道孕酮栓 CIDR＋FSH＋前列腺素 PG 的处理方法效果最好。

现代化高效养羊用同期发情技术可集中配种和集中产羔，统一管理，降低生产成本，并且在非繁殖季节应用诱导发情可大大缩短繁殖周期，提高年繁殖率。虽然近年来在生产中利用同期发情技术有的发情受胎率的效果不理想，但该技术值得推广应用。我们要在实践中结合山羊的体况、地域、季节等综合因素，优化使用剂量和激素组合，筛选最适合各地区不同品种山羊的同期发情方法，更有利于在实践上推广应用。

第六节　提高繁殖力的措施

繁殖力是指家畜在正常生殖功能条件下，生育繁衍后代的能力。种公畜的繁殖力主要表现在精液的质量、性欲、交配能力及使母畜受胎的能力。母畜的繁殖力主要是指性成熟的迟早、发情周期是否正常、发情表现是否旺盛、排卵质量和多少、卵子的发育能力、受精能力、妊娠能力及哺育仔畜的能力等。提高山羊繁殖效率，可有效增加羊群存栏，增加肉羊出栏数，对于肉羊产业的发展具有重要的意义。

一、做好种羊的选种工作

山羊繁殖力与遗传因素有关。引进品种时根据存档信息筛选繁殖力优秀个体，同时综合评价品种的特点与本地气候特点、地理特征、自然资源条件是否相匹配。自养自繁模式尽量保留高产个体，选择产双羔的母羊后代为后备种羊，建好优秀个体档案信息，逐步提高羊群质量，保证群体高繁殖力的潜能。

二、提高饲养管理水平

（一）公羊和母羊分群管理

羊群中不留种用小公羊，应尽早去势育肥。混群管理将造成公、母羔羊的早期交配及无计划乱配，影响种公羊的发育或造成母羊流产。

（二）山羊营养状况与繁殖力密切相关

1. 妊娠母羊

母羊妊娠前期所需营养物质不多，妊娠中后期由于胎儿生长发育较快，所需要营养物质多，应给予适当补饲，每只母羊补饲优质干草 0.5～1 kg，混合精料 0.2 kg。禁止饲喂冰冻霉烂的草料，禁止饮冰水，防止惊吓、跳沟和拥挤，防止爬跨高栏（墙），做好保胎工作。

2. 哺乳期母羊

羊出生后 3 周内主要依靠母乳喂养，母羊营养好，奶水充足，则羔羊健壮，成活率高。母羊产后应给予温热的红糖水、豆浆水或玉米糊加少量食盐饲喂，同时饲喂优质青干草、混合精料（包括玉米、黄豆、麸皮等）和补充胡萝卜素。无论是初产母羊还是经产母羊，在哺乳期间均应补饲青干草 1 kg，混合精料 0.2～0.3 kg。母羊产后一周，体况恢复，吃草正常，无其他异常时，可到附近草场放牧，晚上给予补饲；产后一个月，母羊放牧采食可基本满足其营养需要，这时可酌情减少补饲量或停止补饲。

3. 待产母羊及产多羔母羊

待产母羊在临产前一周至十天，应在近处牧地放牧，最好改放养为圈养并昼夜观察，防止羔羊产在圈外。对于产多羔的母羊，除按标准补给精料外，还应积极采取补救措施：一是给羔羊及时喂奶粉；二是寄养于其他泌乳过剩的哺乳期母羊。

4. 加强羔羊的饲养管理

做好接产护理工作，在一般情况下，经产母羊产羔较快，羊膜破裂几分钟至 30 min 左右，羔羊便能顺利产出。如遇母羊胎位不正时可将母羊后躯垫高，将胎儿露出部分送回子宫，校正胎位，随着母羊努责慢慢将胎儿拉出，胎儿产出后，一般是自己扯断脐带，未断者应进行人工断脐，并涂上碘酒。产后用毛巾擦干小羔鼻腔、口腔的黏液，或让母羊舔干羔羊身上的黏液。羔羊出生后 1 h 内应尽快吃上初乳，对于弱羔和母羊不让吃奶的特殊情况，要人工辅助喂奶。保证羔羊营养，及早补饲。羔羊产出 3～5 d 实行圈养，5 d 以后母子分开饲养，白天分群，晚上合群；出生后 10～15 d，开始训练开食，以促进瘤胃发育。补饲方法：将优质细嫩的青饲草与胡萝卜或炒香的黄豆粉混合，少量撒在饲槽内，让羔羊自由采食或诱食，以后逐渐增加饲喂量，并在精料中加入适量食盐和钙，每只羔羊日补精料 25～150 g。

5. 早期断奶，缩短母羊产羔间隔期

传统的母羊产羔间隔期较长，如采用科学的养羊方法，能缩短母羊产羔间隔期。其主要措施：首先保持母羊产后中等以上膘情，很快恢复体况，使生殖功能处于正常状态。其次羔羊早期断奶。羔羊 35～40 日龄断奶，使母羊产后 50 d 左右发情配种，这样可有效缩短母羊产羔间隔期，提高母羊繁殖力。

6. 种公羊培育

做好种公羊的日常饲养管理，保证良好体质基础。种公羊日粮配合应以优质禾本科和豆科牧草为主，一年四季必须保证均衡供给。冬季补给适当的青贮饲料或氨化饲料；进入配种期，要给种公羊每天补充 0.2～0.3 kg 混合精料，主要包括玉米粉、豆粕、麸皮等。在频繁配种季节，除补充以上精饲料外，根据配种任务，每天还应补给 1～2 个鸡蛋、维生素 E、鱼肝油等。

7. 饲料与药品管理

杜绝使用发霉变质、药物残留的饲料原料，正确合理使用生物制品及治疗疾病药物，避免有毒有害物质引起生殖繁殖疾病，导致空怀、流产、弱胎、死胎、畸形等。

三、加强疫病防治

疫病对山羊繁殖力影响大，影响母羊繁殖力的主要疫病有：蓝舌病、衣原体、弓形虫病、布鲁氏菌病、沙门菌病、羊弯杆菌病、羊链球菌病。对这些疫病，布鲁菌病采取淘汰净化羊群，其他病种采取对症治疗和淘汰病羊的方法。此外，支原体性肺炎、山羊痘、口蹄疫也可间接引起母羊流产，要用相应疫苗进行预防。山羊抗病力强，在适度规模饲养及饲养方式改变后，抵抗力降低，特别注意卫生防疫。每日清扫羊圈一次。羊粪远离羊舍堆放发酵，饲具保持干净，槽内剩料清扫干净，饮水清洁，饲料无霉变，每隔 1～2 周消毒 1 次。

四、推广现代繁殖生物技术应用

（一）同期发情

在同期发情的实际应用中，母羊的品种、年龄、胎次及个体差异也会导致结果的差异性。因此，山羊的同期发情技术需根据相关实践经验，寻找一种适合当地环境、品种的处理方案。

（二）人工授精

人工授精技术是当前家畜繁育最成熟的技术之一，可提高山羊的繁殖效率及优秀种公羊的利用率，并能针对不同的养殖群体开展选育选配，有助于群体的质量提升及规模扩大。人工授精操作一般包括种精液采集和输精两个主要环节。输精剂量、输精部位和输精时间都是影响受胎率的主要因素。羊人工输精深度与受胎率呈正相关关系，通过子宫颈口输精部位越深，受胎率也越高。然而由于羊的子宫颈管腔狭窄，皱褶较多，常规的输精器械很难将精液输送到子宫颈深部或穿越子宫颈实现子宫内输精。腹腔镜输精技术解决了这一难题，该技术直接通过腹腔手术将精液注射到子宫角内，不仅能获得较高的受胎率，而且减少了精液用量，提高了种公羊的精液利用效率。但是这种技术对设备及人员操作的要求较高，目前还未普及，只停留在科研活动或者种羊繁育中应用。

（三）精液稀释及保存

精卵完成受精的关键因素之一是精子保持完整的结构和正常的活力，这对精液的保存条件有着严格要求。山羊的精液稀释及保存技术使得人工授精不再受地域和种公畜的限制，有利于品种的育成和改良。精液稀释就是在获得的精液里加入一定比例的适合精子生存并保持一定活性的溶液，目的在于扩大精液的容量，提高公畜的利用率和羊场的生产效益。山羊精液的低温液态保存不但能有效延长保存时间，还能使精子保持较好的活力，配合人工授精技术提高优秀奶山羊的利用率。但液态保存的精液精子容易遭受氧化应激损伤，精液品质短时间内下降明显，严重影响受胎率，在实际生产应用中具有局限性。同时，液态保存的精液还易受稀释液、环境温度以及保存方法等因素的影响。冷冻精液由于精子活力低，受胎率不理想，在生产实践中应用较少。为进一步提高冷冻精液及液态精液的品质，筛选适宜的精液稀释液配方成为行之有效的解决途径。为降低液态保存过程中精子可能遭遇的冷打击，可根据需要在稀释液中添加卵黄、甘油、乙二醇等抗冷保护剂。此外，由于糖类具有防冷冻、平衡渗透压、提高精子运动性能以及介导信号传递和抗氧化等功能，单糖类（如葡萄糖、果糖）、二糖（如乳糖）、三糖（如棉籽糖）、多糖（如阿拉伯糖）也逐渐在精液稀释液中得到应用。

（四）超数排卵及胚胎移植

超数排卵处理是通过注射外源性激素排出更多可用卵泡，可降低发育卵泡的闭锁率，增加早期卵泡发育到高级阶段的数量。在当前条件下，超数排卵仍是胚胎移植获取大量优质胚胎的主要途径。在养羊业中多应用 FSH 和 PMSG，作用于卵巢刺激卵泡发育。将母畜体内的早期胚胎或者卵细胞在体外进行受精处理后获得的胚胎，经过检测后移植到通过同质化处理的受体母畜体内，使之在受体内发育成为一个新生个体，该项技术被称为胚胎移植。对受体母羊进行胚胎移植时，首先拉出子宫找到两侧卵巢，并观察黄体状态、黄体数量及质量。然后选用黄体发育良好的受体进行手术移植，根据黄体的数量与冲胚的数量综合考虑移植的胚胎数，根据回收与移植部位一致原则，将胚胎移植至子宫角前端或通过输卵管伞推送至壶腹部。也可采用腹腔内窥镜进行手术，原理基本相同，但由于手术开口较小，对受体造成的应激也较小，这有利于受体羊的术后恢复。

目前在山羊繁殖生产中，这两种技术集成同期发情、人工授精进行核心群扩繁和种羊生产。国内外在羊胚胎移植的主要指标上大体处于同一水平：同期发情率为 85%～90%，回收胚胎数为 10～15 枚/只，鲜胚移植受胎率为 55%～65%，冻胚移植受胎率为 45%左右。

胚胎移植技术加快了家畜良种繁育的进程，将其应用于奶山羊的扩繁能在短期内提高母羊的繁殖效率，取得可观的收益。随着研究的深入，胚胎移植技术与胚胎冻存、胚胎分割、胚胎嵌合、性别控制等技术的联合使用进一步发掘出家畜动物的繁殖潜力，对现代畜牧业的发展做出了突出贡献。

（五）性别控制技术

在常规生产方式下，山羊繁殖得到雌雄羔羊的概率相同。对山羊所产后代的性别进行人为干预，就能在优质高产的核心群中增加母羔羊的产出数量。现阶段畜牧生产中主要通过性细胞分离、早期胚胎性别鉴定、调节母畜生殖道环境来实现性别控制。性控精液是将X、Y精子分离，再选取相应性别的精子进行人工授精能大概率获得与预期性别相符的后代。由于输精位置和输精方式的限制，在养羊业中使用性控精液受到一定的条件限制。首先，在母羊子宫颈口进行输精对精液的单次需求量较大，采用流式细胞分选仪对精液进行分离时，其分选速度无法满足输精剂量的要求。此外，母羊生殖道与牛差异很大，无法进行子宫颈的把握输精。因此，山羊性别控制技术常常与超数排卵技术和胚胎移植技术结合使用，来提高性控精液的使用效率，但操作过程中需要提高精液活力，并尽可能降低运输、分选过程中对精子的损伤。近年来逐步发展起来的羊用腹腔镜技术可以辅助实现子宫内输精。该技术在降低输精剂量的同时，能减少对母羊的手术损伤，基本达到与鲜精输精一致的受胎率。

由于山羊的季节性繁殖特点，增加山羊优秀种质利用率和繁殖力，对于山羊产业的快速发展具有重要意义。目前，多种扩繁技术已被运用于山羊生产，同期发情技术与人工授精、胚胎移植等技术紧密结合，为山羊育种、品种改良及规模化生产提供了有效手段。但我国山羊养殖区域跨度大、范围广，品种多样、环境各异，处理方案标准化制定方面难以实现统一，现有的研究成果不足以改善山羊的整体生产状况。因此，在山羊的饲养过程中，应综合考虑多种因素，根据不同地区的实际情况制定饲养管理和繁殖调控方案，以期获得更佳的生长、繁殖表现。

第七节　杂交改良

利用杂种优势是提高山羊产肉性能的主要方式，国外肉羊生产发达国家已建立肉羊杂交利用的技术体系。山羊在我国各地都有养殖，每个地区都有不同的山羊品种，为了使养殖户提高养殖效率，需要引进优良山羊品种，引进的优质山羊品种价格都很高，数量也有限。直接引入本地生产，估计养殖成本高，外来品种的环境适应性养殖习惯和消费习惯也会出现问题，所以引进外来优良品种与本地品种进行杂交，用杂交优势改良本地山羊的生产性能，这样既经济又实用，是迅速发展本地山羊产业的有效方法。山羊杂交改良主要是运用动物遗传学的基本原理，将不同品种的羊作为父本和母本，让他们进行有计划地交配繁育下一代。

因为父母两个亲本的品种不同而成为杂交，杂交后代具有两个亲本的遗传特性，另外羊杂交改良一般是引进优良肉羊品种作父本与本地母羊杂交，杂交后代既具有父本的某些优点又克服了母本的某些缺点，显示出优良的山羊品性，因此杂交技术是改良家畜品质的重要手段，山羊杂交改良的目的是对本地羊生产性能的整体改良（具体杂交模式详见第四章）（图 5－4）。

图 5－4　利用波尔山羊改良的杂交羊群

第六章　山羊营养需要与饲养标准

第一节　山羊的营养需要

山羊的营养需要包括维持需要和生产需要。其中，维持需要是指山羊为了维持其正常生命活动，即在体重不增不减，又不生产的情况下，其基本生理活动所需要的营养物质。维持需要是全部非生产性活动所消耗的养分总和，在经济上没有收益，属于无效需要，但是动物只有在维持需要得到满足之后，多余的营养物质才会用于生产，可见维持需要是动物进行生产的前提条件，是必需的。维持需要的量不是固定不变的，生理状态、生产性能及生活环境等许多因素对维持需要量都有影响。例如，在低温环境中动物就要消耗较多的能量来保持体温，所以用于维持支出的能量就要多。生产需要包括生长、繁殖、泌乳和产毛等生产条件下的营养需要。

一、能量需要量

（一）维持的能量需要量

美国NRC（1981）标准，每千克代谢体重（$W^{0.75}$）平均需424.17 kJ代谢能或239.45 kJ净能。金功亮等（1982）的试验表明，中等饲养水平的奶山羊的维持代谢能需要量为543.92 kJ/$W^{0.75}$。王雷等（2019）报道，山羊生长的能量需要估计为每增重1 g体重需消耗8.84 kcal消化能。而且对于山羊类型、环境和不同的饲粮，这个值应该解释为是相对大范围的平均值。

（二）妊娠的能量需要

在妊娠前期，胎儿的生长发育较慢，对日粮的营养水平要求不高，但必须提供一定数量的优质蛋白质、矿物质和维生素，以满足胎儿生长发育的营养需要。在放牧条件较差的地区，母羊要补喂一定量的混合精料或干草。可按同等体重下的维持能量需要量饲养，或按同等体重下的维持能量需要量的110%给予。NRC（2007）认为羊妊娠前15周由于胎儿的绝对生长很小，所以能量需要较少。给予维持能量加少量的母体增重需要，即可满足妊娠前期的能量需要。到妊娠后期（后2个月），胎儿和子宫内容物的增重加快，胎儿增重的60%和胎儿贮积纯蛋白质的80%均在这一时期内完成。随着胎儿的生长发育，母羊腹腔容积减小，采食量受限，草料容积过大或水分含量过高，均不能满足母羊对干物质采食量的要求，应给母羊补饲一定的混合精料或优质青干草，并以头胎母羊及临近产羔的母羊能量需要增幅最大。妊娠后期母羊的热能代谢比空怀期高15%～20%，对蛋白质、矿物质和维生素的需要量明显增加，50 kg体重的成年母羊，日需可消化蛋白质90～120 g、钙8.8 g、磷4 g，钙、磷比例为（2～2.5）∶1。妊娠后期每天需增加的能量见表6-1。

表6-1　母羊妊娠不同个数羔羊时在妊娠后期的净能需要量 单位：kJ/d

妊娠羔羊数	妊娠天数		
	100d	120d	140d
1	292.74	606.39	1 087.32
2	522.75	1 108.23	1 840.08
3	710.94	1 442.79	2 383.74

从表6-1可以看出，在妊娠的后6周，怀单羔时能量的需要量约为维持能量需要的1.5倍，怀双羔时约为维持需要量的2倍。

（三）泌乳的能量需要

母羊分娩后泌乳期的长短和泌乳量的高低，对羔羊的生长发育和健康有重要影响。母羊产后4～6周泌乳量达到高峰，维持一段时间后母羊的泌乳量开始下降，一般而言，山羊的泌乳期较长，尤其是乳用山羊品种。母羊泌乳前期的营养需要高于后期，根据母羊所产羔羊的数量不同，对营养物质的需要量也不同。奶山羊每产1 kg乳脂率4%的标准奶，平均需5 213.77 kJ代谢能或2 943.15 kJ净能。乳脂率每增减0.5个百分点，需增加或减少68.12 kJ代谢能或38.49 kJ净能（NRC，1981）。

（四）生长的能量需要

哺乳期是羔羊一生中生长发育强度最大而又最难饲养的一个阶段，稍有不慎不仅会影响羊的发育和体质，还会造成羔羊发病率和死亡率增加，给养羊生产造成重大损失。羊从出生到1.5岁，肌肉、骨骼和各器官组织的发育较快，需要沉积大量的蛋白质和矿物质，尤其是初生至8月龄是羊生长发育最快的阶段，对营养的需要量较高。羔羊在哺乳前期（0～8周龄）主要依靠母乳来满足其营养需要，母乳充足时羔羊发育好、增重快、健康活泼。而后期（9～16周龄），必须给羔羊单独补饲。哺乳期羔羊的生长发育非常快，每千克增重仅需母乳5 kg左右。羔羊断奶后，日增重略低一些，在一定的补饲条件下，羔羊8月龄前的日增重可保持在100～200 g。羊增重的成分主要是蛋白质（肌肉）和脂肪。在羊的不同生理阶段，蛋白质和脂肪的沉积量是不一样的，例如，体重为10 kg时，蛋白质的沉积量可占增重的35%；体重在50～60 kg时，此比例下降为10%左右，脂肪沉积的比例则明显上升。

到了育成阶段主要依靠饲料来满足生长发育的营养需要，这一阶段的增重虽然没有哺乳期那样迅速，但是在8月龄以前，如果饲养条件好，山羊的日增重仍可达150～200 g。山羊在生长发育阶段的可塑性很大，营养充足与否直接影响到山羊成年后的体型与体重，山羊体躯各部位生长发育的强度不一致，头部、四肢及皮肤等在早期就发育完成，胸腔、骨盆、腰部等部位发育较晚，所需时间较长；若营养先好后差，则早期生长发育的组织与器官得到充分的生长与发育，而后期发育的组织与器官生长发育不良，表现在生产实践中则是四肢较高但胸腔较窄与浅的山羊；若营养先差后好，则抑制早期发育的组织与器官的生长和发育，促进晚熟组织与器官的生长发育，山羊体形易出现畸形。

山羊在育成阶段对蛋白质的需求较高，从断奶后到15月龄的母羊需要可消化蛋白质105～110 g，公羊需要135～160 g，育成阶段骨骼生长发育迅速，对矿物质的需要量大，尤其是对钙、磷的需求非常迫切，育成期的母羊，每日需钙5.0～6.6 g，磷3.2～3.6 g。维生素对育成阶段的山羊也十分重要，尤其是维生素A和维生素D，若饲料中缺乏维生素A，山羊出现表皮组织角质化、神经系统功能退化、繁殖功能下降、免疫功能降低、易感染各种疾病等现象；若缺乏维生素D，山羊表现为生长发育不良、体形短小，甚至出现佝偻病等。育成羊及空怀母羊的饲养标准见表6-2。

表 6-2 育成及空怀母羊的饲养标准（日需要量/只羊）

月龄	体重/kg	风干饲料/kg	消化能/MJ	可消化粗蛋白质/g	钙/g	磷/g	食盐/g	胡萝卜素/mg
4～6	25～30	1.2	10.9～13.4	70～90	3.0～4.0	2.0～3.0	5～8	5～8
6～8	30～36	1.3	12.6～14.6	72～95	4.0～5.2	2.8～3.2	6～9	6～8
8～10	36～42	1.4	14.6～16.7	73～95	4.5～5.5	3.0～3.5	7～10	6～8
10～12	37～45	1.5	14.6～17.2	75～100	5.2～6.0	3.2～3.6	8～11	7～9
12～18	42～50	1.6	14.6～17.2	75～95	5.5～6.5	3.2～3.6	8～11	7～9

生长山羊的能量需要量，在不同体重下每增重 1 g 需 30.33 kJ 代谢能或 17.11 kJ 净能（NRC，1981）。法国 Lu 等（1987）试验认为，生长奶山羊每增重 1 g 需代谢能 37.66 kJ。陈喜斌等（1986）测定表明，每千克代谢体重的生长净能或生长代谢能需要量为 60.54 kJ/d 或 167.65 kJ/d。

（五）运动的能量需要

由于维持状态下的能量需要是基础代谢产热量与自由活动产热量的总和。因此，自由活动量愈大，则用于维持的能量就愈多；反之若活动量愈小，则用于维持的能量愈少，所以饲养肉用畜禽适当限制其活动，可节省维持需要的消耗。金功亮等（1982）认为，奶山羊每驱赶运动 1 km（速度为 60 m/min）需消耗 37.66 kJ/$W^{0.75}$代谢能。NRC（1981）将奶山羊的活动量分为高、中、低三种，分别相当于干旱牧场放牧、半干旱牧场放牧及集约化饲养管理情况下的活动量，上述三种情况，总能量依次增加 75%、50%及 25%。

（六）不同温度时的能量需要

畜禽都是恒温动物，当气温下降到临界温度且风速大时，畜禽的散热量显著增加，为了维持体温恒定，必须加速体内物质氧化以增加产热量，在这种情况下，维持的能量需要就成倍增加；当气温达到过高温度时，畜体的散热受阻，这时由于体内蓄热而致体温升高，使呼吸与循环加速，也会增加代谢消耗。不同畜禽及同种畜禽的不同年龄个体，都有各自的等热区，处于等热区内，其代谢率最低，维持能量消耗最小，因此，维持营养需要量最低。生产中要保持适当的环境温度，冬季防寒，夏季防暑。环境温度低于或高于临界温度时，奶山羊为了保持体温恒定，需额外消耗能量，并以高温时消耗的能量最多。

二、蛋白质需要量

蛋白质是羊体生长和组织修复的主要原料，也提供部分能量。同时，羊体内的各种酶、内分泌、色素和抗体等大多是氨基酸的衍生物，离开了蛋白质生命就无法维持。在维持条件下，蛋白质主要用于满足组织新陈代谢和维持正常生理功能的需要。各个生理阶段的羊都需要一定的蛋白质。蛋白质缺乏，羊表现为消瘦、衰弱，甚至死亡。种公羊蛋白质缺乏会造成精液品质下降；母羊蛋白质缺乏会使胎儿发育不良，产死胎、畸形胎，泌乳减少，幼羊生长发育受阻，严重者出现贫血、水肿，抗病力弱，甚至引起死亡。

饲料中的蛋白质是由各种氨基酸组成的含氮化合物。羊对蛋白质的需要，实质就是对各种氨基酸的需要。山羊瘤胃中的微生物利用饲料中的真蛋白、氨基酸及含氮化合物合成菌体蛋白质，保证了山羊机体所需的各种氨基酸。

（一）维持的蛋白质需要量

动物维持时氮（N）的消耗包括内源尿氮（绝食时的尿氮）、代谢粪氮（采食无氮饲粮时粪中排出的氮）和成年动物毛发、蹄角、皮肤、羽毛的增长，代谢粪氮主要是唾液、消化酶及消化道脱落的细胞所含的氮；在维持状态时，羽毛、蹄爪等表皮组织的更新需要蛋白质极微少，一般略去不计，所以，维持对蛋白质的需要量就可概略为内源尿氮和代谢粪氮的总和。NRC（1981）标准，每千克代谢体重的维持蛋白质需要量平均为 2.82 g 可消化粗蛋白或 4.15 g 粗蛋白。

（二）生长的蛋白质需要量

不同体重的山羊，每增重 1 g 平均需 0.195 g 可消化粗蛋白或 0.284 g 粗蛋白（NRC，1981）。

（三）妊娠的蛋白质需要量

妊娠前期奶山羊的蛋白质需要量，与同等体重时的维持需要量相同。妊娠后两个月，每千克代谢体重平均需 4.79 g 可消化粗蛋白或 6.97 g 粗蛋白，比前期同样体重时高 50%～70%（NRC，1981）。

（四）泌乳的蛋白质需要量

NRC（1981）的推荐量为，奶山羊每产 1 kg 乳脂率 4.0%的标准乳，需 51 g 可消化粗蛋白或 72 g 粗蛋白。

三、矿物质的需要量

矿物质是羊机体组织、细胞骨骼和体液的重要部分，目前已证明羊体必需的矿物质有 15 种，其中常量元素有 7 种，包括钠、氯、钙、磷、镁、钾和硫；微量元素有 8 种，包括碘、铁、铜、铝、钴、锰、锌和硒。机体内矿物质的缺乏会引起神经系统、消化系统、肌肉运动、营养输送、血液凝固和酸碱平衡等功能紊乱，直接影响羊体健康、生长发育、繁殖和产品质量，严重时引起死亡。羊最易缺乏的矿物质是钙、磷和食盐。此外，还应补充必要的矿物质微量元素。

（一）钙、磷的需要量

成年羊体内钙的 90%、磷的 87%存在骨组织中，钙、磷比例应为 2∶1，但其比例量随羊的年龄增加而减少，生长后期钙、磷比例应调整为（1～1.2）∶1。钙、磷不足会引起胚胎发育不良、佝偻病、骨软化等。在牧草丰盛、质量较好的放牧季节，可以少补或不补充钙、磷。妊娠或哺乳母羊、种公羊和青年羊都需要补充一定量的钙、磷。奶山羊每天每 100 kg 体重维持需要钙 5～8 g、磷 4～5.5 g（NRC，1981）；每生产 1 g 标准乳需钙 3 g、磷 2 g；每增重 100 g 需钙 1 g、磷 0.7 g（NRC，1981）。一般要求日粮中钙、磷比为（1.5～2）∶1。

（二）钾、钠和氯的需要量

钾、钠和氯是维持渗透压、调节酸碱平衡、控制水代谢的主要元素。此外，钠是制造胆汁的重要原料，氯参与胃液盐酸形成，而盐酸有使胃蛋白酶活化的性质。各种饲料中钠都较缺乏，其次是氯，钾一般不缺。缺乏钠、钾和氯，表现为食欲下降，生长缓慢，减重，皮毛粗糙，繁殖功能降低，饲料利用率低，生产力下降。血浆中含量降低，特别是粪尿中含量降低，三种元素缺乏反应都敏感。三种元素中任何一种缺乏均可能表现生长慢或失重，食欲差。山羊自由采食食盐，即使采食量过大，也无不良反应，食盐供给不足则易引起山羊异食癖，食土石，适宜的食盐供给量应占干物质进食量的 0.5%或适当提高。植物性饲料中所含的钠和氯不能满足羊的需要，必须在饲料中补充氯化钠（即食盐）。同时，补充食盐又可以刺激羊的食欲。一般可将食盐和其他补充矿物质与精料混合饲喂，也可制成舔砖悬挂在羊舍，任其舔食。夏季给羊补充钾，可缓解热应激对羊的影响，但高钾日粮会影响镁和钠的吸收。育肥羊日粮精料或非蛋白氮物质比例过高或大量使用玉米青贮等饲料可能出现缺钾症。

一般食盐在奶山羊日粮中占 0.30%～0.50%，或占精饲料量的 0.5%～1.0%。

(三) 镁的需要量

镁是骨骼和牙齿的成分之一，也是体内许多酶的重要成分，具有维持神经系统正常功能的作用。缺镁的典型症状是痉挛。一般不会出现镁中毒，中毒症状是昏睡、运动失调和下痢。但慢性症状不易鉴别，往往出现食欲减退、掉膘等症状。

通过测定血清含量可以鉴定羊是否缺镁。正常情况下，血清含量为 1.8～3.2 mg/mL，如果降低到 1.0 mg/mL 以下，常常出现上述临床症状。由于羊对嫩绿青草中镁的利用率较低，因此在早春放牧期，羊也常发生上述缺镁症状。一般青年羊日粮中以含镁 0.06%、产奶羊以 0.2%为宜，奶山羊对镁的最大耐受量为 0.5%（NRC，1981）。

(四) 硫的需要量

硫是山羊必需矿物质元素之一。羊毛（绒）纤维的主要成分是角蛋白，角蛋白中含硫量比较集中，大部分硫以胱氨酸形式存在，少部分以半胱氨酸和蛋氨酸形式存在，其中胱氨酸占全部氨基酸的 11%～13%，净毛含硫量为 2.7%～5.4%。羊毛（绒）越细，含硫量越多。此外，硫还参与氨基酸、维生素和激素的代谢，并具有促进瘤胃微生物生长的作用。无论有机硫还是无机硫，被羊采食后均降解成硫化物，然后合成含硫氨基酸。然而硫在常见牧草和一般饲料中含量较低，仅为毛纤维含硫量的 1/10 左右。在放牧和舍饲情况下，天然饲料含硫量均不能满足羊毛（绒）最大生长需要，因此，硫成为绵羊、山羊毛纤维生长的主要限制因素。奶山羊对硫的准确需要量尚不很清楚，一般认为最低需要量为日粮干物质的 0.1%。补充尿素时，为了提高尿素的利用率，一般以每 100 g 尿素补充 3 g 无机硫，且氮、硫之比以 10∶1 为宜。通常情况下，奶山羊日粮中应含 0.16%～0.32%的硫，奶山羊对硫的最大耐受量为 0.40%（NRC，1981）。

(五) 铁的需要量

铁是血红蛋白和肌蛋白的重要组成成分。铁作为许多酶的组成成分，参与细胞内生物氧化过程。铁有预防机体感染疾病的作用。缺铁的主要表现是小红细胞性贫血。长期喂奶的羔羊常出现缺铁，发生低色素性小红细胞性贫血（血红蛋白过少及红细胞比容降低），皮肤和黏膜苍白，食欲减退、生长缓慢、体重下降、抗病力弱，严重时死亡率高。

山羊对过量铁的耐受力较强，日粮中铁的耐受量为500 mg/kg。过量饲喂，也会引起中毒，表现瘤胃弛缓、腹泻及肾功能障碍，严重时死亡。一般认为每千克饲料干物质中含铁40 mg以上时，即可满足奶山羊的需要。羔羊以奶为唯一饲料时，容易发生缺铁，因此需要补充铁，其补充量为每千克进食干物质中含铁100 mg。补饲铁盐时，以$FeSO_4$、$FeCO_3$或$FeCl_3$为佳。

（六）碘的需要量

碘是甲状腺素的成分，主要参与体内物质代谢过程。碘缺乏表现为明显的地域性，如我国新疆南部、陕西南部和山西东南部等部分地区缺碘，其土壤、牧草和饮水中的碘含量较低。同其他家畜一样，缺碘会出现甲状腺肿大、弱羔、死胎等。正常成年羊每100 mL血清中碘含量为3～4 mg，低于此数值是缺碘的标志。在缺碘地区，给羊舔食含碘的食盐可有效预防缺碘。一般推荐的碘含量为每千克干物质中0.15 mg。初生羔羊易发生缺碘症。饲料中加入1%的碘化盐（含碘0.01%），可预防缺碘症。奶山羊饲粮中以含碘2～4 mg/kg为宜，奶山羊对碘的最大耐受量为50 mg/kg。

（七）铜的需要量

铜促进铁在小肠的吸收，铜是形成血红蛋白的催化剂。铜是许多酶的组成成分或激活剂，参与细胞内氧化磷酸化的能量转化过程。铜还可促进骨和胶原蛋白的生成及磷脂的合成，参与被毛和皮肤色素的代谢，与羊的繁殖性能有关。自然条件下缺铜存在区域性特征。缺铜羔羊表现低色素小细胞性贫血，母羊可表现低色素和大细胞性贫血，与缺铁性贫血类似，但不能通过补铁消除。缺铜羊常患骨质疏松，引起骨折或骨畸形，羊可因缺铜而降低繁殖性能。

羊对过量铜特别敏感，易受过量铜的危害。过量使用时在肝内聚积，肝内铜聚积到爆发点时则出现黄疸症，以致肝坏死和肾功能障碍。当肝中铜的蓄积量达到临界水平时可产生严重溶血，大量铜转移至血液中使红细胞溶解，发生血红蛋白尿和黄疸，使组织坏死，迅速死亡。饲料中铜的含量一般为所需量的3～4倍，故只有当某些土壤中缺铜时，奶山羊才发生缺铜症。奶山羊日粮中以含铜5～6 mg/kg为宜，奶山羊对铜的最大耐受量为25 mg/kg。

（八）锌的需要量

锌能参与体内酶组成，直接参与羊体蛋白质、核酸、碳水化合物的代谢，维持上皮细胞和羊毛的正常形态、生长和健康。锌还是一些激素的必需成分或激活剂，并有维持生物膜的正常结构和功能。羊缺锌，生长慢，采食量下降，食欲差，繁殖功能受损（胚胎畸形死胎），鼻黏膜和口腔黏膜发炎、出血，皮肤变厚，被毛粗糙，关节变僵，肢端肿大。羔羊缺锌，眼和蹄上部出现皮肤不完全角化症，有角羊角环结构消失，踝关节可能肿大。一般来说，锌是相对无毒的微量元素，但过量使用也会引起中毒，表现为食欲不振和贫血，症状为剧烈的呕吐、腹泻、疼痛不安。家畜本身能根据日粮含锌量的多少调节锌的吸收率。随着年龄的增长和生长速度的变慢，锌的吸收率下降，且公羊对锌的需要量大于母羊，缺锌会引起副皮炎、小睾、性欲低、僵关节病、唾液分泌增加和进食量减少。青年羊及成年羊日粮中分别含 4 mg/kg 和 6～7 mg/kg 锌时，会发生缺锌症。奶山羊日粮中最少应含锌 10 mg/kg，以 40～60 mg/kg 为宜。

（九）锰的需要量

锰主要影响骨骼的发育和繁殖力。很少有由于缺锰影响骨骼生长的报道。在实验室条件下，早期断奶羔羊和长期饲喂日粮干物质中含1 mg/kg锰的饲料，可观察到骨骼畸形发育现象。缺锰导致羊繁殖力下降的现象在养羊实践中常有发生，长期饲喂锰含量低于 8 mg/kg 的日粮，会导致青年母羊初情期推迟、受胎率降低、妊娠母羊流产率提高、羔羊性比例不平衡、公羔比例增大而且母羔死亡率高于公羔的现象。饲料中钙和铁的含量影响羊对锰的需求量。对成年羊而言，羊毛中锰含量对饲料锰供给量很敏感，因此可作为羊锰营养状况的指标。奶山羊日粮中含5.5 mg/kg锰时出现缺锰症。一般山羊对锰的需要量约为每千克日粮 20 mg。饲料中锰的含量，一般能够满足家畜之需，因此在多数情况下无须补锰。

（十）硒的需要量

硒是谷胱甘肽过氧化酶发挥活性所必需的微量元素。硒还是细菌许多酶发挥活性的必需元素，因此硒对瘤胃微生物的蛋白质合成有促进作用。有研究表明硒还参与体内碘代谢（呙于明，1992），硒是体内一些脱碘酶的重要组成部分，脱碘酶的活性受硒营养水平的调节，缺硒时则失去活性或活性降低。脱碘酶的作用是使三碘甲状腺原氨酸（T_4）转化为甲状腺素，而甲状腺素是动物体内一种很重要的激素，它调节许多酶的活性，影响动物的生长发育。因此人畜如处于硒、碘双重缺乏状态，单纯补碘可能收效甚微，还必须保证硒的供给。研究还表明硒也与动物冷应激状态下产热代谢有关，缺硒的动物在冷应激状态下产热能力降低，这势必影响新生家畜抵御寒冷的能力，这对我国北方寒冷地区特别是牧区提高羔羊成活率有重要指导意义。当每千克鲜草含硒 0.02～0.03 mg 以上，或日粮干物质含硒 0.05～0.1 mg/kg 时，奶山羊很少发生缺硒症。

缺硒有明显的地域性，我国大部分地区为低硒区或缺硒区，因此在这些地区要注意补充硒，特别要注意羔羊的缺硒。治疗缺硒症时，以维生素 E 和硒同时应用效果最理想。硒是剧毒元素，奶山羊对硒的最大耐受量为 2～3 mg/kg。

（十一）钴的需要量

钴参与血红素和红细胞的形成。钴对于羊等反刍动物还有特别的意义，它对瘤胃微生物分解纤维素有促进作用，直接影响维生素 B_{12} 合成量，钴也对瘤胃蛋白质的合成及尿素酶的活性有较大影响。奶山羊对日粮中钴的需要量为 0.1～0.2 mg/kg，最大耐受量为 10 mg/kg（NRC，1981）。钴是维生素 B_{12} 的主要成分，维生素 B_{12} 系瘤胃微生物合成，长期缺钴会降低食欲、消瘦、推迟发情和生产力下降等。最近的研究表明，在补充非蛋白氮时，添加钴有利于非蛋白氮的利用。苏联（1985）认为，绵羊每天补充 7～8 g 尿素时须同时补充 1 mg/kg $CoCl_2$。在美国一些缺钴的地区，饲料中补钴时，每 100 kg 盐中加入 2.5 g 钴。

矿物质营养的吸收、代谢以及在体内的作用很复杂，它们之间有些存在相互拮抗作用，有的存在相互协同作用，因此某些元素的缺乏或过量可导致另一些元素的缺乏或过量。此外，各种饲料原料中矿物质元素的有效性差别很大，目前大多数矿物质营养的确切需要量还不清楚，各种资料推荐的数据也很不一致。在实践中应结合当地饲料资源特点及羊的生产表现进行适当调整。

四、维生素需要量

维生素是维持生命活动必需的一种营养物质，在饲料中含量甚微，但作用很大。它的主要作用是调节动物体内各种生理功能的正常进行，参与体内各种物质的代谢。缺乏时会使机体内的新陈代谢发生紊乱，引起各种不同的维生素缺乏症，导致生长缓慢、停滞，生产力下降。维生素的种类很多，根据其溶解性质分为脂溶性维生素和水溶性维生素。脂溶性维生素包括维生素 A、维生素 D、维生素 E、维生素 K；水溶性维生素包括 B 族维生素和维生素 C。B 族维生素不易缺乏，因为山羊瘤胃中的微生物可以合成 B 族维生素，但应注意脂溶性维生素 A、维生素 D、维生素 E 的补充。各种维生素的生理功能、缺乏症以及主要来源见表 6-3。

（一）维生素 A 的需要量

维生素 A 与正常视觉有关，它是构成视紫质的组分，为暗光中视觉所必需，对维持黏膜上皮细胞的正常结构有重要作用。维生素 A 参与性激素的合成，促进羔羊生长发育，增强羔羊的抗病能力。维生素 A 与免疫以及骨骼的生长发育有关，是羊最重要的维生素之一。维生素 A 缺乏时，羊食欲减退，采食量下降，增重减慢，最早出现的症状是夜盲。严重缺乏时，上皮组织增生、角质化，抗病力明显降低。羔羊生长停滞、消瘦；公羊性功能减退，精液品质下降；母羊受胎率下降，性周期紊乱，流产，胎衣不下。维生素 A 不易从机体内迅速排出，当长期摄入过量或突然摄入过量的维生素 A 均有可能引起动物中毒。羊的中毒剂量一般为需要量的 30 倍，维生素 A 过多引起的中毒症状一般是器官变性，生长缓慢和失重，特异性症状为骨折、胚胎畸形、痉挛、麻痹甚至死亡等。

维生素 A 仅存在于动物体内。植物性饲料中的胡萝卜素作为维生素 A 原，可在动物体内转化为维生素 A。主要由胡萝卜素在肠壁黏膜细胞及其他组织中经胡萝卜素酶转化为维生素 A。在维生素 A 原中，以 β-胡萝卜素分布最广、活性最高，1 mg β-胡萝卜素相当于 400 U 维生素 A。青草、优质青干草及脱水苜蓿干草等均是维生素 A（胡萝卜素）的最好来源。正常放牧饲养条件下的山羊一般不会出现维生素 A 缺乏症。生长奶山羊及成年奶山羊每 100 kg 活重需 10 mg 左右的胡萝卜素，产奶羊为 20 mg 左右，怀孕后期应有所提高。在 NRC 标准中，100 kg 活重的奶山羊每天需 2 400 IU 维生素 A，每产 1 kg 羊奶需 3 500 IU 维生素 A。

（二）维生素 D 的需要量

植物性饲料中不含维生素 D，但含有麦角固醇，它在体内经紫外线照射而合成维生素 D。只要经常在室外活动，采食晒制干草，就能够得到足够的维生素 D。青年羊每 100 kg 活重需要 660 IU 维生素 D，成年羊每只每天需 500～600 IU 维生素 D。高产奶山羊从预产前 5 天开始，到产后第一天，每天供给大剂量维生素 D，能减少乳热症的发生。NRC（1985）指出每产 1 kg 奶需要 700 IU 维生素 D。

（三）维生素 E 的需要量

维生素 E 是一种抗氧化剂，能防止易氧化物质的氧化，保护富于脂质的细胞膜不受破坏，维持细胞膜完整。维生素 E 不仅能增强羊的免疫能力，而且具有抗应激作用。在饲料中补充维生素 E 能提高羊肉贮藏期间的稳定性，延缓颜色的变化，减少异味，并且维生素 E 在加工后的产品中仍有活性，使产品的稳定性提高。羔羊时期若日粮中缺乏维生素 E，可引起肌肉营养不良或白肌病，缺硒时又能促使症状加重。维生素 E 缺乏同缺硒一样，都影响羊的繁殖功能，公羊表现为睾丸发育不全，精子活力降低，性欲减退，繁殖能力明显下降；母羊性周期紊乱，受胎率降低。维生素 E 相对于维生素 A 和维生素 D 是无毒的。羊能耐受 100 倍于需要量的剂量。

奶山羊维生素 E 的主要来源是青粗饲料和禾本科籽实。粗饲料储存期间，维生素 E 含量下降。当饲料中不饱和脂肪酸及亚硝酸盐含量较高时，则应提高维生素 E 的供给量。一般每千克饲粮干物质中维生素 E 含量不应低于 100 IU。

（四）B 族维生素的需要量

当日粮中含有足够的可溶性碳水化合物以及糖、蛋白比为 1∶1 时，瘤胃中的微生物可合成足够的维生素 B，故一般情况下奶山羊不缺乏 B 族维生素。若奶山羊患某种疾病或得不到完全的营养时，有机体合成 B 族维生素的功能遭到破坏，此时应补充 B 族维生素，其中以补充维生素 B_{12} 最常见。

表 6－3 维生素的生理功能、缺乏症和主要来源

维生素名称	特性	生理功能	缺乏症	主要来源
维生素 A	植物含有胡萝卜素，动物可将其转化为维生素 A	维持上皮组织的健全与完整，维持正常视觉，促进生长发育	干眼病，夜盲症，上皮组织角质化，抗病力弱，生产性能降低	青绿饲料、胡萝卜、黄玉米、鱼肝油
维生素 D	结晶的维生素 D 比较稳定，晒太阳少时易缺乏	促进钙磷吸收与骨骼的形成	幼畜佝偻病，成年家畜骨质疏松症	日光照射在体内合成。肝油、合成的维生素 D_2 和维生素 D_3
维生素 E	对酸、热稳定，对碱不稳定，易氧化	维持正常生殖功能，防止肌肉萎缩，抗氧化剂	肌肉营养不良或白肌病，生殖功能障碍	植物油、青绿饲料、小麦胚、合成的维生素 E

续表 1

维生素名称	特性	生理功能	缺乏症	主要来源
维生素 K	耐热，易被光、碱破坏	维持血液的正常凝固	凝血时间延长	青绿饲料、合成的维生素 K
维生素 B_1（硫胺素）	对热和酸稳定，遇碱易分解，温度高于 100 ℃时被破坏	维持正常碳水化合物代谢，维持神经、血液循环、消化系统的正常功能		青绿饲料，糠麸类饲料，合成的维生素 B_1
维生素 B_2（核黄素）	对热和酸稳定，遇光和碱易破坏	维持正常蛋白质和碳水化合物代谢	生长受阻，生产力下降	青绿饲料，酵母，工业合成的维生素 B_2
泛酸（维生素 B_5）	对湿热及氧化剂稳定，在碱性环境中不稳定	是辅酶 A 的组成部分，参与碳水化合物、脂肪和蛋白质代谢		苜蓿草，糠麸类饲料，饼类饲料，泛酸钙
吡哆醇（维生素 B_6）	对热稳定，对光不稳定	为氨基酸脱羧酶等辅酶的成分。参与氨基酸、蛋白质代谢	生长不良，贫血，运动失调	谷类饲料，酵母，动物性饲料
生物素（维生素 H）	易被高温和氧化剂破坏	为多种酶的辅酶，参与各种有机质代谢和脂肪合成		各种饲料、酵母
叶酸	在酸性中加热分解，易被光破坏	对氨基酸合成和红细胞形成有促进作用	生长受阻	青绿饲料，小麦、豆饼
胆碱		为脂肪和神经组织的成分，调节脂肪代谢和防止肝脏变性	生长减慢，脂肪肝，脾肿大	一般饲料脂肪中都含胆碱，氯化胆碱

续表 2

维生素名称	特性	生理功能	缺乏症	主要来源
维生素 B_{12}（钴胺素）	强酸、日光、氧化剂、还原剂均可破坏	对核酸的形成、含硫氨基酸代谢、脂肪与碳水化合物代谢有重要作用。红细胞的形成	生长停滞，贫血，皮炎，后肢运动失调，繁殖率降低	动物性饲料，维生素 B_2 制剂
维生素 C（抗坏血酸）	易被氧化剂破坏	参与机体一系列代谢，有抗氧化作用	贫血、出血、抗病力降低	大多数家畜体内能合成

注：本表摘自《畜禽生产经营管理实用技术》，1994。

五、脂肪需要量

羊的各种器官、组织，如神经、肌肉、皮肤、血液等都含有脂肪。脂肪不仅是构成羊体的重要成分，也是热能的重要来源。另外，脂肪也是脂溶性维生素的溶剂，饲料中维生素 A、维生素 D、维生素 E、维生素 K 及胡萝卜素，只有被饲料中的脂肪溶解后，才能被羊体吸收利用。羊体内的脂肪主要由饲料中的碳水化合物转化为脂肪酸后再合成体脂肪，但羊体不能直接合成十八碳二烯酸（亚麻油酸）、十八碳三烯酸（次亚麻油酸）和二十碳四烯酸（花生油酸）3 种不饱和脂肪酸，必须从饲料中获得。若日粮中缺乏这些脂肪酸，羔羊生长发育缓慢，皮肤干燥，被毛粗直，有时易患维生素 A、维生素 D 和维生素 E 缺乏。

虽然奶山羊的乳汁中乳脂含量为 3.5%左右，但是因乳脂肪主要由粗纤维的发酵产物乙酸、丁酸合成而来，所以仅从乳脂的合成而言，日粮中无须补充脂肪类饲料。目前常向泌乳早期母羊日粮中补充一定量的油脂，以提高日粮的能量浓度。随着对反刍动物饲养技术研究的深入，日粮中添加油脂的数量趋于增多。综合各种情况来考虑，奶山羊日粮干物质中以含脂肪 5%左右为宜，最多不应超过 8%，羊日粮中脂肪含量超过 10%，会影响羊的瘤胃微生物发酵，阻碍羊体对其他营养物质的吸收和利用。

新生羔羊在瘤胃功能尚未健全之前，需喂给含脂肪的日粮，以满足羔羊对必需脂肪酸及脂溶性维生素的需要，且脂肪还可供给一部分能量。

六、粗纤维的需要量

对于羊，粗纤维是必需的营养物质，它除为羊提供能量及合成葡萄糖和乳脂的原料外，也是维持羊消化功能正常所必需的。粗纤维性质稳定，不易消化，容积大，吸水性强，能充填消化道给动物以饱腹感。它还能刺激消化道黏膜，促进消化道蠕动，促进未消化物质的排泄，保证消化道的正常功能。

当羊日粮中粗纤维含量太低时，会出现一系列消化系统疾病或代谢病，如乳酸症、真胃变位等。然而，在肉羊强度育肥期，粗料过多难以满足其能量需要和高产，因而应适当提高精料的用量。精料中含有大量淀粉，淀粉在瘤胃内迅速发酵，使瘤胃 pH 下降，严重时代谢发生紊乱。因此，在生产中要非常重视精料与粗料的比例，并科学地使用缓冲剂等瘤胃发酵调控剂。为了保证肉羊健康，一般应供给肉羊日粮 15%～20%的粗纤维。

七、水的需要量

水是组成体液的主要成分，对羊体的正常物质代谢有特殊的作用。初生羔羊身体含水 80%左右，成年羊含水 50%。水是羊体内的一种重要的溶剂，各种营养物质的吸收和输送，代谢产物的排出需溶解在水中以后才能进行。羊体内的化学反应是在水媒介中进行的；水参与氧化-还原反应、有机物质合成以及细胞呼吸过程。水对体温的调节起重要作用，天热时羊通过喘息和出汗使水分蒸发散热，以保持体温恒定。水还是一种润滑剂，如关节腔内的润滑液能使关节转动时减少摩擦，唾液能使饲料容易吞咽等。缺水可使羊的食欲降低、健康受损，生长羊生长发育受阻，成年羊生产力下降。冬春季节由于气温较低，若给羊饮冷水，甚至冰碴水，羊不愿饮水，会造成羊饮水不足。这样不仅使羊饲料消化过程放慢，体内代谢受阻，膘情下降，还会发生食滞或百叶干等疾病。因此，在生产中必须给羊创造饮水条件，保证清洁充足的饮水。

羊体需水量受机体代谢水平、环境温度、生理阶段、体重、采食量和饲料组成等多种因素影响。每采食 1 kg 饲料干物质，需水 1～2 kg。成年羊一般每日需饮水 3～4 kg，夏季、春末秋初饮水量增大，冬季、春初和秋末饮水量较少。舍饲养殖必须供给足够的饮水，经常保持清洁的饮水。奶山羊对水分的需要量变化很大，受气温、产奶量、采食量以及饲料中含水量等因素的影响，在温带地区，每采食 1 kg 饲料干物质，非泌乳羊需水 2 kg，泌乳羊需水 3.5 kg，每产 1 kg 奶需 2.5 kg 左右的水。

第二节　山羊的饲养标准

《中华人民共和国农业行业标准·肉羊饲养标准》（NY/T816—2004）具体规定了不同体重所需要的代谢能、消化能、粗蛋白质、钙、总磷、食盐的需要量（表 6－4）。

表 6－4　　生长育肥山羊羔羊每日营养需要量

体重/kg	日增重/(kg/d)	DMI/(kg/d)	DE/(MJ/d)	ME/(MJ/d)	粗蛋白质/(g/d)	钙/(g/d)	总磷/(g/d)	食用盐/(g/d)
1	0	0.12	0.55	0.46	3	0.1	0.0	0.6
1	0.02	0.12	0.71	0.60	9	0.8	0.5	0.6
1	0.04	0.12	0.89	0.75	14	1.5	1.0	0.6
2	0	0.13	0.90	0.76	5	0.1	0.1	0.7
2	0.02	0.13	1.08	0.91	11	0.8	0.6	0.7
2	0.04	0.13	1.26	1.06	16	1.6	1.0	0.7
2	0.06	0.13	1.43	1.20	22	2.3	1.5	0.7
4	0	0.18	1.64	1.38	9	0.3	0.2	0.9
4	0.02	0.18	1.93	1.62	16	1.0	0.7	0.9
4	0.04	0.18	2.20	1.85	22	1.7	1.1	0.9
4	0.06	0.18	2.48	2.08	29	2.4	1.6	0.9
4	0.08	0.18	2.76	2.32	35	3.1	2.1	0.9
6	0	0.27	2.29	1.88	11	0.4	0.3	1.3
6	0.02	0.27	2.32	1.90	22	1.1	0.7	1.3
6	0.04	0.27	3.06	2.51	33	1.8	1.2	1.3
6	0.06	0.27	3.79	3.11	44	2.5	1.7	1.3
6	0.08	0.27	4.54	3.72	55	3.3	2.2	1.3

续表 1

体重 /kg	日增重 /(kg/d)	DMI /(kg/d)	DE /(MJ/d)	ME /(MJ/d)	粗蛋白质 /(g/d)	钙 /(g/d)	总磷 /(g/d)	食用盐 /(g/d)
6	0.10	0.27	5.27	4.32	67	4.0	2.6	1.3
8	0	0.33	1.96	1.61	13	0.5	0.4	1.7
8	0.02	0.33	3.05	2.5	24	1.2	0.8	1.7
8	0.04	0.33	4.11	3.37	36	2.0	1.3	1.7
8	0.06	0.33	5.18	4.25	47	2.7	1.8	1.7
8	0.08	0.33	6.26	5.13	58	3.4	2.3	1.7
8	0.10	0.33	7.33	6.01	69	4.1	2.7	1.7
10	0	0.46	2.33	1.91	16	0.7	0.4	2.3
10	0.02	0.48	3.73	3.06	27	1.4	0.9	2.4
10	0.04	0.50	5.15	4.22	38	2.1	1.4	2.5
10	0.06	0.52	6.55	5.37	49	2.8	1.9	2.6
10	0.08	0.54	7.96	6.53	60	3.5	2.3	2.7
10	0.10	0.56	9.38	7.69	72	4.2	2.8	2.8
12	0	0.48	2.67	2.19	18	0.8	0.5	2.4
12	0.02	0.50	4.41	3.62	29	1.5	1.0	2.5
12	0.04	0.52	6.16	5.05	40	2.2	1.5	2.6
12	0.06	0.54	7.90	6.48	52	2.9	2.0	2.7
12	0.08	0.56	9.65	7.91	63	3.7	2.4	2.8
12	0.10	0.58	11.40	9.35	74	4.4	2.9	2.9
14	0	0.50	2.99	2.45	20	0.9	0.6	2.5
14	0.02	0.52	5.07	4.16	31	1.6	1.1	2.6
14	0.04	0.54	7.16	5.87	43	2.4	1.6	2.7
14	0.06	0.56	9.24	7.58	54	3.1	2.0	2.8
14	0.08	0.58	11.33	9.29	65	3.8	2.5	2.9
14	0.10	0.60	13.40	10.99	76	4.5	3.0	3.0
16	0	0.52	3.30	2.71	22	1.1	0.7	2.6
16	0.02	0.54	5.73	4.70	34	1.8	1.2	2.7

续表 2

体重/kg	日增重/(kg/d)	DMI/(kg/d)	DE/(MJ/d)	ME/(MJ/d)	粗蛋白质/(g/d)	钙/(g/d)	总磷/(g/d)	食用盐/(g/d)
16	0.04	0.56	8.15	6.68	45	2.5	1.7	2.8
16	0.06	0.58	10.56	8.66	56	3.2	2.1	2.9
16	0.08	0.60	12.99	10.65	67	3.9	2.6	3.0
16	0.10	0.62	15.43	12.65	78	4.6	3.1	3.1

注：①表中 0～8 kg 体重阶段肉用山羊羔羊日粮干物质进食量（DMI）按每千克代谢体重 0.07 kg 估算；体重大于 10 kg 时，按中国农业科学院畜牧研究所 2003 年提供的如下公式计算获得：

$DMI=(26.45\times W^{0.75}+0.99\times ADG)/1\ 000$

式中：DMI—干物质进食量，单位为千克每天（kg/d）；

W—体重，单位为千克（kg）；

ADG—日增重，单位为克每天（g/d）。

②表中代谢能（ME）、粗蛋白质（CP）数值参考自杨在宾等（1997）青山羊数据资料。

③表中消化能（DE）需要量数值根据 ME/0.82 估算。

④表中钙需要量按表 6－10 中提供参数估算得到，总磷需要量根据钙磷为 1.5∶1 估算获得。

⑤日粮中添加的食用盐应符合 GB 5461 中的规定。

15～30 kg 体重阶段育肥山羊消化能、代谢能、粗蛋白质、钙、总磷、食用盐每日营养需要量见表 6－5。

表 6－5　　育肥山羊每日营养需要量

体重/kg	日增重/(kg/d)	DMI/(kg/d)	DE/(MJ/d)	ME/(MJ/d)	粗蛋白质/(g/d)	钙/(g/d)	总磷/(g/d)	食用盐/(g/d)
15	0	0.51	5.36	4.40	43	1.0	0.7	2.6
15	0.05	0.56	5.83	4.78	54	2.8	1.9	2.8
15	0.10	0.61	6.29	5.15	64	4.6	3.0	3.1
15	0.15	0.66	6.75	5.54	74	6.4	4.2	3.3
15	0.20	0.71	7.21	5.91	84	8.1	5.4	3.6
20	0	0.56	6.44	5.28	47	1.3	0.9	2.8

续表

体重/kg	日增重/(kg/d)	DMI/(kg/d)	DE/(MJ/d)	ME/(MJ/d)	粗蛋白质/(g/d)	钙/(g/d)	总磷/(g/d)	食用盐/(g/d)
20	0.05	0.61	6.91	5.66	57	3.1	2.1	3.1
20	0.10	0.66	7.37	6.04	67	4.9	3.3	3.3
20	0.15	0.71	7.83	6.42	77	6.7	4.5	3.6
20	0.20	0.76	8.29	6.80	87	8.5	5.6	3.8
25	0	0.61	7.46	6.12	50	1.7	1.1	3.0
25	0.05	0.66	7.92	6.49	60	3.5	2.3	3.3
25	0.10	0.71	8.38	6.87	70	5.2	3.5	3.5
25	0.15	0.76	8.84	7.25	81	7.0	4.7	3.8
25	0.20	0.81	9.31	7.63	91	8.8	5.9	4.0
30	0	0.65	8.42	6.90	53	2.0	1.3	3.3
30	0.05	0.70	8.88	7.28	63	3.8	2.5	3.5
30	0.10	0.75	9.35	7.66	74	5.6	3.7	3.8
30	0.15	0.80	9.81	8.04	84	7.4	4.9	4.0
30	0.20	0.85	10.27	8.42	94	9.1	6.1	4.2

注：①表中干物质进食量（DMI）、消化能（DE）、代谢能（ME）、粗蛋白质（CP）数值来源于中国农业科学院畜牧所（2003），具体的计算公式如下：

$DMI=(26.45\times W^{0.75}+0.99\times ADG)/1\,000$

$DE=4.184\times(140.61\times LBW^{0.75}+2.21\times ADG+210.3)/1\,000$

$ME=4.184\times(0.475\times ADG+95.19)\times LBW^{0.75}/1\,000$

$CP=28.86+1.905\times LBW^{0.75}+0.2\,024\times ADG$

以上式中：

DMI—干物质进食量，单位为千克每天（kg/d）；

DE—消化能，单位为兆焦每天（MJ/d）；

ME—代谢能，单位为兆焦每天（MJ/d）；

CP—粗蛋白质，单位为克每天（g/d）；

LBW—活体重，单位为千克（kg）；

ADG—平均日增重，单位为克每天（g/d）。

②表中钙、总磷每日需要量来源见表 6-4 中④。

③日粮中添加的食用盐应符合 GB 5461 中的规定。

表 6 - 6　　后备公山羊每日营养需要量

体重/kg	日增重/(kg/d)	DMI/(kg/d)	DE/(MJ/d)	ME/(MJ/d)	粗蛋白质/(g/d)	钙/(g/d)	总磷/(g/d)	食用盐/(g/d)
12	0	0.48	3.78	3.10	24	0.8	0.5	2.4
12	0.02	0.50	4.10	3.36	32	1.5	1.0	2.5
12	0.04	0.52	4.43	3.63	40	2.2	1.5	2.6
12	0.06	0.54	4.74	3.89	49	2.9	2.0	2.7
12	0.08	0.56	5.06	4.15	57	3.7	2.4	2.8
12	0.10	0.58	5.38	4.41	66	4.4	2.9	2.9
15	0	0.51	4.48	3.67	28	1.0	0.7	2.6
15	0.02	0.53	5.28	4.33	36	1.7	1.1	2.7
15	0.04	0.55	6.10	5.00	45	2.4	1.6	2.8
15	0.06	0.57	5.70	4.67	53	3.1	2.1	2.9
15	0.08	0.59	7.72	6.33	61	3.9	2.6	3.0
15	0.10	0.61	8.54	7.00	70	4.6	3.0	3.1
18	0	0.54	5.12	4.20	32	1.2	0.8	2.7
18	0.02	0.56	6.44	5.28	40	1.9	1.3	2.8
18	0.04	0.58	7.74	6.35	49	2.6	1.8	2.9
18	0.06	0.60	9.05	7.42	57	3.3	2.2	3.0
18	0.08	0.62	10.35	8.49	66	4.1	2.7	3.1
18	0.10	0.64	11.66	9.56	74	4.8	3.2	3.2
21	0	0.57	5.76	4.72	36	1.4	0.9	2.9
21	0.02	0.59	7.56	6.20	44	2.1	1.4	3.0
21	0.04	0.61	9.35	7.67	53	2.8	1.9	3.1
21	0.06	0.63	11.16	9.15	61	3.5	2.4	3.2
21	0.08	0.65	12.96	10.63	70	4.3	2.8	3.3
21	0.10	0.67	14.76	12.10	78	5.0	3.3	3.4
24	0	0.60	6.37	5.22	40	1.6	1.1	3.0
24	0.02	0.62	8.66	7.10	48	2.3	1.5	3.1

续表

体重/kg	日增重/(kg/d)	DMI/(kg/d)	DE/(MJ/d)	ME/(MJ/d)	粗蛋白质/(g/d)	钙/(g/d)	总磷/(g/d)	食用盐/(g/d)
24	0.04	0.64	10.95	8.98	56	3.0	2.0	3.2
24	0.06	0.66	13.27	10.88	65	3.7	2.5	3.3
24	0.08	0.68	15.54	12.74	73	4.5	3.0	3.4
24	0.10	0.70	17.83	14.62	82	5.2	3.4	3.5

注：日粮中添加的食用盐应符合 GB 5461 中的规定。

表 6-7　妊娠期母山羊每日营养需要量

妊娠阶段	体重/kg	DMI/(kg/d)	DE/(MJ/d)	ME/(MJ/d)	粗蛋白质/(g/d)	钙/(g/d)	总磷/(g/d)	食用盐/(g/d)
空怀期	10	0.39	3.37	2.76	34	4.5	3.0	2.0
	15	0.53	4.54	3.72	43	4.8	3.2	2.7
	20	0.66	5.62	4.61	52	5.2	3.4	3.3
	25	0.78	6.63	5.44	60	5.5	3.7	3.9
	30	0.90	7.59	6.22	67	5.8	3.9	4.5
1～90 d	10	0.39	4.80	3.94	55	4.5	3.0	2.0
	15	0.53	6.82	5.59	65	4.8	3.2	2.7
	20	0.66	8.72	7.15	73	5.2	3.4	3.3
	25	0.78	10.56	8.66	81	5.5	3.7	3.9
	30	0.90	12.34	10.12	89	5.8	3.9	4.5
91～120 d	15	0.53	7.55	6.19	97	4.8	3.2	2.7
	20	0.66	9.51	7.80	105	5.2	3.4	3.3
	25	0.78	11.39	9.34	113	5.5	3.7	3.9
	30	0.90	13.20	10.82	121	5.8	3.9	4.5
120 d 以上	15	0.53	8.54	7.00	124	4.8	3.2	2.7
	20	0.66	10.54	8.64	132	5.2	3.4	3.3
	25	0.78	12.43	10.19	140	5.5	3.7	3.9
	30	0.90	14.27	11.70	148	5.8	3.9	4.5

注：日粮中添加的食用盐应符合 GB 5461 中的规定。

表 6－8　　泌乳前期母山羊每日营养需要量

体重/kg	泌乳量/(kg/d)	DMI/(kg/d)	DE/(MJ/d)	ME/(MJ/d)	粗蛋白质/(g/d)	钙/(g/d)	总磷/(g/d)	食用盐/(g/d)
10	0	0.39	3.12	2.56	24	0.7	0.4	2.0
10	0.50	0.39	5.73	4.70	73	2.8	1.8	2.0
10	0.75	0.39	7.04	5.77	97	3.8	2.5	2.0
10	1.00	0.39	8.34	6.84	122	4.8	3.2	2.0
10	1.25	0.39	9.65	7.91	146	5.9	3.9	2.0
10	1.50	0.39	10.95	8.98	170	6.9	4.6	2.0
15	0	0.53	4.24	3.48	33	1.0	0.7	2.7
15	0.50	0.53	6.84	5.61	31	3.1	2.1	2.7
15	0.75	0.53	8.15	6.68	106	4.1	2.8	2.7
15	1.00	0.53	9.45	7.75	130	5.2	3.4	2.7
15	1.25	0.53	10.76	8.82	154	6.2	4.1	2.7
15	1.50	0.53	12.06	9.89	179	7.3	4.8	2.7
20	0	0.66	5.26	4.31	40	1.3	0.9	3.3
20	0.50	0.66	7.87	6.45	89	3.4	2.3	3.3
20	0.75	0.66	9.17	7.52	114	4.5	3.0	3.3
20	1.00	0.66	10.48	8.59	138	5.5	3.7	3.3
20	1.25	0.66	11.78	9.66	162	6.5	4.4	3.3
20	1.50	0.66	13.09	10.73	187	7.6	5.1	3.3
25	0	0.78	6.22	5.10	48	1.7	1.1	3.9
25	0.50	0.78	8.83	7.24	97	3.8	2.5	3.9
25	0.75	0.78	10.13	8.31	121	4.8	3.2	3.9
25	1.00	0.78	11.44	9.38	145	5.8	3.9	3.9
25	1.25	0.78	12.73	10.44	170	6.9	4.6	3.9
25	1.50	0.78	14.04	11.51	194	7.9	5.3	3.9
30	0	0.90	6.70	5.49	55	2.0	1.3	4.5
30	0.50	0.90	9.73	7.98	104	4.1	2.7	4.5

续表

体重/kg	泌乳量/(kg/d)	DMI/(kg/d)	DE/(MJ/d)	ME/(MJ/d)	粗蛋白质/(g/d)	钙/(g/d)	总磷/(g/d)	食用盐/(g/d)
30	0.75	0.90	11.04	9.05	128	5.1	3.4	4.5
30	1.00	0.90	12.34	10.12	152	6.2	4.1	4.5
30	1.25	0.90	13.65	11.19	177	7.2	4.8	4.5
30	1.50	0.90	14.95	12.26	201	8.3	5.5	4.5

注：①泌乳前期指泌乳第1天至第30天。②日粮中添加的食用盐应符合GB 5461中的规定。

表6-9　　泌乳后期母山羊每日营养需要量

LBW/kg	泌乳量/(kg/d)	DMI/(kg/d)	DE/(MJ/d)	ME/(MJ/d)	粗蛋白质/(g/d)	钙/(g/d)	磷/(g/d)	食用盐/(g/d)
10	0	0.39	3.71	3.04	22	0.7	0.4	2.0
10	0.15	0.39	4.67	3.83	48	1.3	0.9	2.0
10	0.25	0.39	5.30	4.35	65	1.7	1.1	2.0
10	0.50	0.39	6.90	5.66	108	2.8	1.8	2.0
10	0.75	0.39	8.50	6.97	151	3.8	2.5	2.0
10	1.00	0.39	10.10	8.28	194	4.8	3.2	2.0
15	0	0.53	5.02	4.12	30	1.0	0.7	2.7
15	0.15	0.53	5.99	4.91	55	1.6	1.1	2.7
15	0.25	0.53	6.62	5.43	73	2.0	1.4	2.7
15	0.50	0.53	8.22	6.74	116	3.1	2.1	2.7
15	0.75	0.53	9.82	8.05	159	4.1	2.8	2.7
15	1.00	0.53	11.41	9.36	201	5.2	3.4	2.7
20	0	0.66	6.24	5.12	37	1.3	0.9	3.3
20	0.15	0.66	7.20	5.90	63	2.0	1.3	3.3
20	0.25	0.66	7.84	6.43	80	2.4	1.6	3.3
20	0.50	0.66	9.44	7.74	123	3.4	2.3	3.3
20	0.75	0.66	11.04	9.05	166	4.5	3.0	3.3
20	1.00	0.66	12.63	10.36	209	5.5	3.7	3.3

续表

LBW/kg	泌乳量/(kg/d)	DMI/(kg/d)	DE/(MJ/d)	ME/(MJ/d)	粗蛋白质/(g/d)	钙/(g/d)	磷/(g/d)	食用盐/(g/d)
25	0	0.78	7.38	6.05	44	1.7	1.1	3.9
25	0.15	0.78	8.34	6.84	69	2.3	1.5	3.9
25	0.25	0.78	8.98	7.36	87	2.7	1.8	3.9
25	0.50	0.78	10.57	8.67	129	3.8	2.5	3.9
25	0.75	0.78	12.17	9.98	172	4.8	3.2	3.9
25	1.00	0.78	13.77	11.29	215	5.8	3.9	3.9
30	0	0.90	8.46	6.94	50	2.0	1.3	4.5
30	0.15	0.90	9.41	7.72	76	2.6	1.8	4.5
30	0.25	0.90	10.06	8.25	93	3.0	2.0	4.5
30	0.50	0.90	11.66	9.56	136	4.1	2.7	4.5
30	0.75	0.90	13.24	10.86	179	5.1	3.4	4.5
30	1.00	0.90	14.85	12.18	222	6.2	4.1	4.5

注：①乳后期指泌乳第31天至第70天。②日粮中添加的食用盐应符合GB 5461中的规定。

表6-10 山羊对常量矿物质元素每日营养需要量参数

常量元素	每千克体重的维持需要/mg	每千克胎儿的妊娠需要/g	每千克产奶的泌乳需要/g	每千克体重的生长需要/g	吸收率/%
钙 Ca	20	11.5	1.25	10.7	30
总磷 P	30	6.6	1.00	6.0	65
镁 Mg	3.5	0.3	0.14	0.4	20
钾 K	50	2.1	2.10	2.4	90
钠 Na	15	1.7	0.40	1.6	80
硫 S	0.16%～0.32%（以进食日粮干物质为基础）				—

注：①表中参数参考自Kessler（1991）和Haenlein（1987）资料信息。②表中"—"表示暂无。

表 6－11　山羊对微量矿物质元素需要量（以进食日粮干物质为基础）单位：mg/kg

微量元素	推荐量
铁 Fe	30～40
铜 Cu	10～20
钴 Co	0.11～0.2
碘 I	0.15～2.0
锰 Mn	60～120
锌 Zn	50～80
硒 Se	0.05

注：表中推荐数值参考自 AFRC（1998），以进食日粮干物质为基础。

美国山羊饲养标准 NRC（2007）修订的山羊饲养标准，具体规定了不同体重所需要的总可消化养分、代谢能、总蛋白质、可消化蛋白质、钙、磷、维生素 A 和维生素 E 的需要量。

表 6－12　奶山羊和肉山羊维持、妊娠和哺乳的营养需要（NRC，2007）

体重 a /kg	初生重或产奶量 b/kg	日增重 c/(g/d)	日粮中能量浓度 d/(kcal/kg)	每日干物质采食量 e		能量需要 f		蛋白需要 g					矿物质需要 h		维生素需要 i	
				/kg	/%BW	TDN/(kg/d)	ME/(Mcal/d)	CP 20% UIP/(g/d)	CP 40% UIP/(g/d)	CP 60% UIP/(g/d)	MP/(g/d)	DIP/(g/d)	Ca/(g/d)	P/(g/d)	维生素 A/(RE/d)	维生素 E/(IU/d)
成熟母山羊仅维持（奶用）																
20			1.91	0.59	2.96	0.31	1.13	40	38	36	27	28	1.3	0.9	628	106
30			1.91	0.80	2.68	0.43	1.54	54	51	49	36	38	1.6	1.2	942	159
40			1.91	1.00	2.49	0.53	1.91	67	64	61	45	48	1.9	1.5	1 256	212
50			1.91	1.18	2.36	0.62	2.25	79	75	72	53	56	2.1	1.7	1 570	265
60			1.91	1.35	2.25	0.72	2.58	90	86	82	61	64	2.4	2.00	1 884	318
70			1.91	1.52	2.17	0.8	2.90	101	97	92	68	72	2.6	2.2	2 198	371
80			1.91	1.68	2.10	0.89	3.20	112	107	102	75	80	1.8	2.4	2 512	424
90			1.91	1.83	2.03	0.97	3.50	122	116	111	82	87	3.00	2.6	2 826	477
成熟母山羊仅维持（非奶用）																
20			1.91	0.50	2.50	0.26	0.96	36	35	33	24	24	1.2	0.8	628	106
30			1.91	0.68	2.26	0.36	1.30	49	47	45	33	32	1.4	1.0	942	159

续表 1

体重 a /kg	初生重或产奶量 b/kg	日增重 c/(g/d)	日粮中能量浓度 d/(kcal/kg)	每日干物质采食量 e		能量需要 f		蛋白需要 g					矿物质需要 h		维生素需要 i	
				/kg	/%BW	TDN/(kg/d)	ME/(Mcal/d)	CP 20% UIP/(g/d)	CP 40% UIP/(g/d)	CP 60% UIP/(g/d)	MP/(g/d)	DIP/(g/d)	Ca/(g/d)	P/(g/d)	维生素 A/(RE/d)	维生素 E/(IU/d)
40			1.91	0.84	2.10	0.45	1.61	61	58	55	41	40	1.7	1.3	1 256	212
50			1.91	0.99	1.99	0.53	1.90	71	68	65	48	47	1.9	1.5	1 570	265
60			1.91	1.14	1.90	0.60	2.18	82	78	75	55	54	2.1	1.7	1 884	318
70			1.91	1.28	1.83	0.68	2.44	92	88	84	62	61	2.3	1.9	2 198	371
80			1.91	1.41	1.77	0.75	2.70	101	97	93	68	67	2.5	2.0	2 512	424
90			1.91	1.54	1.72	0.82	2.95	111	106	101	74	74	2.6	2.2	2 826	477
成熟母山羊繁殖（奶用）																
20			1.91	0.65	3.26	0.35	1.25	44	42	40	29	31	1.4	1.0	628	106
30			1.91	0.88	2.95	0.47	1.69	59	57	54	40	42	1.7	1.3	942	159
40			1.91	1.10	2.74	0.58	2.10	73	70	67	49	52	2.0	1.6	1 256	212
50			1.91	1.30	2.59	0.69	2.48	87	83	79	58	62	2.3	1.9	1 570	265
60			1.91	1.49	2.48	0.79	2.84	99	95	91	67	71	2.6	2.1	1 884	318

续表 2

体重 a /kg	初生重或产奶量 b/kg	日增重 c/(g/d)	日粮中能量浓度 d/(kcal/kg)	每日干物质采食量 e		能量需要 f		蛋白需要 g					矿物质需要 h		维生素需要 i	
				/kg	/%BW	TDN/(kg/d)	ME/(Mcal/d)	CP 20% UIP/(g/d)	CP 40% UIP/(g/d)	CP 60% UIP/(g/d)	MP/(g/d)	DIP/(g/d)	Ca/(g/d)	P/(g/d)	维生素 A/(RE/d)	维生素 E/(IU/d)
70			1.91	1.67	2.38	0.88	3.19	111	106	102	75	80	2.8	2.4	2 198	371
80			1.91	1.84	2.30	0.98	3.53	123	117	112	83	88	3.1	2.6	2 512	424
90			1.91	2.01	2.24	1.07	3.85	134	128	123	90	96	3.3	2.9	2 826	477
成熟母山羊繁殖（非奶用）																
20			1.91	0.55	2.75	0.29	1.05	40	38	36	27	26	1.3	0.9	628	106
30			1.91	0.75	2.48	0.40	1.42	54	51	49	36	36	1.5	1.1	942	159
40			1.91	0.92	2.31	0.49	1.77	67	64	61	45	44	1.8	1.4	1 256	212
50			1.91	1.09	2.19	0.58	2.09	79	75	72	53	52	2.0	1.6	1 570	265
60			1.91	1.25	2.09	0.66	2.40	90	86	82	60	60	2.2	1.8	1 884	318
70			1.91	1.41	2.01	0.75	2.69	101	96	92	68	67	2.5	2.0	2 198	371
80			1.91	1.55	1.94	0.82	2.97	111	106	102	75	74	2.7	2.2	2 512	424
90			1.91	1.70	1.89	0.90	3.25	122	116	111	82	81	2.9	2.4	2 826	477

续表 3

体重 a /kg	初生重或产奶量 b/kg	日增重 c/(g/d)	日粮中能量浓度 d/(kcal/kg)	每日干物质采食量 e		能量需要 f		蛋白需要 g					矿物质需要 h		维生素需要 i	
				/kg	/%BW	TDN/(kg/d)	ME/(Mcal/d)	CP 20% UIP/(g/d)	CP 40% UIP/(g/d)	CP 60% UIP/(g/d)	MP/(g/d)	DIP/(g/d)	Ca/(g/d)	P/(g/d)	维生素 A/(RE/d)	维生素 E/(IU/d)
（奶用）成熟母山羊妊娠前期（单胎；体重 2.3～5.2 kg）																
20	2.3	9	1.91	0.70	3.50	0.37	1.34	62	59	56	41	33	3.4	1.8	628	106
30	2.9	13	1.91	0.94	3.12	0.50	1.79	81	77	74	54	45	3.8	2.1	942	159
40	3.4	16	1.91	1.15	2.88	0.61	2.20	98	94	90	66	55	4.1	2.4	1 256	212
50	3.8	19	1.91	1.35	2.70	0.72	2.58	114	109	104	77	64	4.3	2.7	1 570	265
60	4.2	21	1.91	1.54	2.57	0.82	2.94	129	123	118	87	73	4.6	3.0	1 884	318
70	4.6	24	1.91	1.72	2.46	0.91	3.29	143	137	131	96	82	4.9	3.2	2 198	371
80	4.9	27	1.91	1.89	2.37	1.00	3.62	157	150	143	105	90	5.1	3.4	2 512	424
90	5.2	29	1.91	2.06	2.29	1.09	3.94	170	162	155	114	98	5.3	3.7	2 826	477
（奶用）成熟母山羊妊娠前期（两胎；体重 2.1～4.8 kg）																
20	2.1	16	2.39	0.61	3.03	0.40	1.45	67	64	61	45	36	4.9	2.3	628	106
30	2.6	21	1.91	1.00	3.35	0.53	1.92	94	90	86	63	48	5.4	2.8	942	159

续表 4

体重 a/kg	初生重或产奶量 b/kg	日增重 c/(g/d)	日粮中能量浓度 d/(kcal/kg)	每日干物质采食量 e		能量需要 f		蛋白需要 g					矿物质需要 h		维生素需要 i	
				/kg	/%BW	TDN/(kg/d)	ME/(Mcal/d)	CP 20% UIP/(g/d)	CP 40% UIP/(g/d)	CP 60% UIP/(g/d)	MP/(g/d)	DIP/(g/d)	Ca/(g/d)	P/(g/d)	维生素 A/(RE/d)	维生素 E/(IU/d)
40	3.0	26	1.91	1.23	3.07	0.65	2.35	113	108	103	76	59	5.7	3.1	1 256	212
50	3.4	31	1.91	1.44	2.88	0.76	2.75	131	125	120	88	69	6.0	3.4	1 570	265
60	3.8	36	1.91	1.64	2.73	0.87	3.14	148	142	135	100	78	6.3	3.7	1 884	318
70	4.1	40	1.91	1.83	2.61	0.97	3.49	164	156	150	110	87	6.6	3.9	2 198	371
80	4.5	44	1.91	2.02	2.52	1.07	3.86	180	172	165	121	96	6.8	4.2	2 512	424
90	4.8	49	1.91	2.19	2.44	1.16	4.19	195	186	178	131	105	7.0	4.4	2 826	477
（奶用）成熟母山羊妊娠前期（三胎或三胎以上；体重 1.8～4.1 kg）																
30	2.2	28	1.91	1.04	3.48	0.55	1.99	101	97	93	68	50	6.8	3.4	942	159
40	2.6	34	1.91	1.28	3.20	0.68	2.44	123	117	112	82	61	7.1	3.7	1 256	212
50	2.9	41	1.91	1.49	2.98	0.79	2.85	141	135	129	95	71	7.4	4.0	1 570	265
60	3.2	47	1.91	1.70	2.83	0.90	3.24	159	152	145	107	81	7.7	4.3	1 884	318
70	3.5	52	1.91	1.89	2.70	1.00	3.62	176	168	161	118	90	8.0	4.5	2 198	371

续表 5

体重 a /kg	初生重或产奶量 b/kg	日增重 c/(g/d)	日粮中能量浓度 d/(kcal/kg)	每日干物质采食量 e		能量需要 f		蛋白需要 g					矿物质需要 h		维生素需要 i	
				/kg	/%BW	TDN/(kg/d)	ME/(Mcal/d)	CP 20% UIP/(g/d)	CP 40% UIP/(g/d)	CP 60% UIP/(g/d)	MP/(g/d)	DIP/(g/d)	Ca/(g/d)	P/(g/d)	维生素 A/(RE/d)	维生素 E/(IU/d)
80	3.8	58	1.91	2.08	2.60	1.10	3.98	193	184	176	130	99	8.3	4.8	2 512	424
90	4.1	63	1.91	2.27	2.52	1.20	4.34	209	200	191	141	108	8.5	5.1	2 826	477
（奶用）成熟母山羊妊娠后期（一胎；2.3～5.2 kg）																
20	2.3	38	2.87	0.60	2.99	0.48	1.72	82	78	75	55	43	3.3	1.7	910	112
30	2.9	51	2.39	0.95	3.15	0.63	2.26	112	107	102	75	56	3.8	2.2	1 365	168
40	3.4	63	2.39	1.15	2.88	0.76	2.75	134	128	122	90	69	4.1	2.4	1 820	224
50	3.8	75	1.91	1.67	3.34	0.89	3.19	166	159	152	112	80	4.8	3.1	2 275	280
60	4.2	86	1.91	1.89	3.15	1.00	3.62	187	178	170	125	90	5.1	3.4	2 730	336
70	4.6	97	1.91	2.11	3.01	1.12	4.03	206	197	188	139	101	5.4	3.7	3 185	392
80	4.9	107	1.91	2.31	2.88	1.22	4.41	224	214	204	150	110	5.7	4.0	3 640	448
90	5.2	117	1.91	2.50	2.78	1.32	4.78	241	230	220	162	119	5.9	4.3	4 095	504
（奶用）成熟母山羊妊娠后期（两胎；体重 2.6～4.8 kg）																

续表 6

体重 a/kg	初生重或产奶量 b/kg	日增重 c/(g/d)	日粮中能量浓度 d/(kcal/kg)	每日干物质采食量 e		能量需要 f		蛋白需要 g					矿物质需要 h		维生素需要 i	
				/kg	/%BW	TDN/(kg/d)	ME/(Mcal/d)	CP 20% UIP/(g/d)	CP 40% UIP/(g/d)	CP 60% UIP/(g/d)	MP/(g/d)	DIP/(g/d)	Ca/(g/d)	P/(g/d)	维生素 A/(RE/d)	维生素 E/(IU/d)
20	2.1	66	2.87	0.68	3.41	0.54	1.96	105	100	96	70	49	5.0	2.4	910	112
30	2.6	85	2.87	0.89	2.96	0.71	2.55	133	127	121	89	64	5.2	2.7	1 365	168
40	3.0	106	2.39	1.28	3.21	0.85	3.07	165	157	150	111	77	5.8	3.2	1 820	224
50	3.4	125	2.39	1.49	2.98	0.99	3.57	189	181	173	127	89	6.1	3.5	2 275	280
60	3.8	143	2.39	1.69	2.82	1.12	4.05	213	203	195	143	101	6.4	3.7	2 730	336
70	4.1	161	2.39	1.87	2.68	1.24	4.48	233	222	213	157	112	6.6	4.0	3 185	392
80	4.5	178	2.39	2.06	2.58	1.37	4.93	256	245	234	172	123	6.9	4.3	3 640	448
90	4.8	194	1.91	2.79	3.10	1.48	5.34	298	284	272	200	133	7.9	5.2	4 095	504
（奶用）成熟母山羊妊娠后期（三胎或三胎以上；体重 2.6～4.1 kg）																
30	1.8	79	2.87	0.94	3.14	0.75	2.70	147	141	135	99	67	6.7	3.3	1 365	168
40	2.2	109	2.87	1.14	2.86	0.91	3.28	176	168	161	118	82	7.0	3.5	1 820	224
50	2.6	137	2.87	1.32	2.63	1.05	3.78	200	191	182	134	94	7.2	3.8	2 275	280

续表 7

体重a/kg	初生重或产奶量b/kg	日增重c/(g/d)	日粮中能量浓度d/(kcal/kg)	每日干物质采食量e		能量需要f		蛋白需要g					矿物质需要h		维生素需要i	
				/kg	/%BW	TDN/(kg/d)	ME/(Mcal/d)	CP 20% UIP/(g/d)	CP 40% UIP/(g/d)	CP 60% UIP/(g/d)	MP/(g/d)	DIP/(g/d)	Ca/(g/d)	P/(g/d)	维生素A/(RE/d)	维生素E/(IU/d)
60	2.9	163	2.39	1.78	2.97	1.18	4.26	235	224	214	158	106	7.8	4.4	2 730	336
70	3.2	186	2.39	1.98	2.83	1.31	4.73	259	247	236	174	118	8.1	4.7	3 185	392
80	3.5	209	2.39	2.17	2.72	1.44	5.19	282	269	258	190	130	8.4	4.9	3 640	448
90	3.8	231	2.39	2.36	2.62	1.56	5.64	305	292	279	205	141	8.6	5.2	4 095	504
（非奶用）成熟母山羊妊娠前期（单胎；体重 2.3～5.2 kg）																
20	2.3	9	1.91	0.61	3.04	0.32	1.16	58	55	53	39	29	3.3	1.7	628	106
30	2.9	13	1.91	0.81	2.70	0.43	1.55	76	73	69	51	39	3.6	2.0	942	159
40	3.4	16	1.91	0.99	2.49	0.53	1.90	92	88	84	62	47	3.9	2.2	1 256	212
50	3.8	19	1.91	1.16	2.33	0.62	2.23	107	102	97	72	56	4.1	2.4	1 570	265
60	4.2	21	1.91	1.33	2.21	0.70	2.54	121	115	110	81	63	4.3	2.7	1 884	318
70	4.6	24	1.91	1.48	2.12	0.79	2.84	134	128	122	90	71	4.5	2.9	2 198	371
80	4.9	27	1.91	1.63	2.04	0.87	3.12	146	140	134	98	78	4.7	3.1	2 512	424

续表 8

体重 a/kg	初生重或产奶量 b/kg	日增重 c/(g/d)	日粮中能量浓度 d/(kcal/kg)	每日干物质采食量 e		能量需要 f		蛋白需要 g					矿物质需要 h		维生素需要 i	
				/kg	/%BW	TDN/(kg/d)	ME/(Mcal/d)	CP 20% UIP/(g/d)	CP 40% UIP/(g/d)	CP 60% UIP/(g/d)	MP/(g/d)	DIP/(g/d)	Ca/(g/d)	P/(g/d)	维生素 A/(RE/d)	维生素 E/(IU/d)
90	5.2	29	1.91	1.77	1.97	0.94	3.39	158	151	144	106	85	4.9	3.3	2 826	477
（非奶用）成熟母山羊妊娠前期（两胎；体重 2.1～4.8 kg）																
20	2.1	16	1.91	0.66	3.32	0.35	1.27	69	66	63	46	32	4.9	2.4	628	106
30	2.6	21	1.91	0.88	2.93	0.47	1.68	89	85	81	60	42	5.2	2.7	942	159
40	3.0	26	1.91	1.07	2.68	0.57	2.05	107	102	97	72	51	5.5	2.9	1 256	212
50	3.4	31	1.91	1.25	2.51	0.66	2.40	124	118	113	83	60	5.7	3.2	1 570	265
60	3.8	36	1.91	1.43	2.38	0.76	2.73	140	134	128	94	68	6.0	3.4	1 884	318
70	4.1	40	1.91	1.59	2.27	0.84	3.04	154	147	141	104	76	6.2	3.6	2 198	371
80	4.5	44	1.91	1.75	2.19	0.93	3.35	170	162	155	114	84	6.4	3.8	2 512	424
90	4.8	49	1.91	1.91	2.12	1.01	3.65	184	175	168	123	91	6.7	4.0	2 826	477
（非奶用）成熟母山羊妊娠前期（三胎或三胎以上；体重 1.8～4.1 kg）																
30	2.2	28	1.91	0.92	3.06	0.49	1.75	96	92	88	65	44	6.6	3.2	942	159

续表 9

体重 a /kg	初生重或产奶量 b/ kg	日增重 c/ (g/d)	日粮中能量浓度 d/ (kcal/kg)	每日干物质采食量 e		能量需要 f		蛋白需要 g					矿物质需要 h		维生素需要 i	
				/kg	/%BW	TDN/ (kg/d)	ME/ (Mcal /d)	CP 20% UIP/ (g/d)	CP 40% UIP/ (g/d)	CP 60% UIP/ (g/d)	MP/ (g/d)	DIP/ (g/d)	Ca/ (g/d)	P/ (g/d)	维生素 A/ (RE/d)	维生素 E/ (IU/d)
40	2.6	34	1.91	1.12	2.80	0.59	2.14	116	111	106	78	54	6.9	3.5	1 256	212
50	2.9	41	1.91	1.31	2.61	0.69	2.50	134	128	122	90	62	7.2	3.8	1 570	265
60	3.2	47	1.91	1.48	2.47	0.79	2.84	150	143	137	101	71	7.4	4.0	1 884	318
70	3.5	52	1.91	1.65	2.36	0.88	3.16	167	159	152	112	79	7.7	4.2	2 198	371
80	3.8	58	1.91	1.82	2.28	0.97	3.48	182	174	167	123	87	7.9	4.4	2 512	424
90	4.1	63	1.91	1.98	2.20	1.05	3.79	198	189	181	133	95	8.1	4.7	2 826	477
（非奶用）成熟母山羊妊娠后期（单胎；体重 2.3～5.2 kg）																
20	2.3	38	2.39	0.64	3.22	0.43	1.54	84	80	76	56	38	3.4	1.7	910	112
30	2.9	51	2.39	0.85	2.82	0.56	2.02	108	103	98	72	50	3.7	2.0	1 365	168
40	3.4	63	2.39	1.03	2.56	0.68	2.45	129	123	118	87	61	3.9	2.3	1 820	224
50	3.8	75	1.91	1.49	2.97	0.79	2.84	159	152	145	107	71	4.5	2.9	2 275	280
60	4.2	86	1.91	1.68	2.80	0.89	3.21	178	170	163	120	80	4.8	3.1	2 730	336

续表 10

体重 a /kg	初生重或产奶量 b/kg	日增重 c/(g/d)	日粮中能量浓度 d/(kcal/kg)	每日干物质采食量 e		能量需要 f		蛋白需要 g					矿物质需要 h		维生素需要 i	
				/kg	/%BW	TDN/(kg/d)	ME/(Mcal/d)	CP 20% UIP/(g/d)	CP 40% UIP/(g/d)	CP 60% UIP/(g/d)	MP/(g/d)	DIP/(g/d)	Ca/(g/d)	P/(g/d)	维生素 A/(RE/d)	维生素 E/(IU/d)
70	4.6	97	1.91	1.87	2.67	0.99	3.58	197	188	180	132	89	5.1	3.4	3 185	392
80	4.9	107	1.91	2.04	2.55	1.08	3.91	213	204	195	143	97	5.3	3.6	3 640	448
90	5.2	117	1.91	2.21	2.46	1.17	4.23	229	219	209	154	105	5.5	3.9	4 095	504
（非奶用）成熟母山羊妊娠后期（两胎；体重 2.1～4.8 kg）																
20	2.1	66	2.87	0.62	3.10	0.49	1.78	102	98	93	69	44	4.9	2.3	910	112
30	2.6	85	2.87	0.80	2.68	0.64	2.31	129	123	118	87	58	5.1	2.5	1.365	168
40	3.0	106	2.39	1.16	2.90	0.77	2.77	160	153	146	107	69	5.6	3.0	1 820	224
50	3.4	125	2.39	1.34	2.69	0.89	3.21	183	175	167	123	80	5.9	3.3	2 275	280
60	3.8	143	2.39	1.52	2.54	1.01	3.64	206	197	188	139	91	6.1	3.5	2 730	336
70	4.1	161	2.39	1.68	2.40	1.12	4.02	226	215	206	152	100	6.3	3.7	3 185	392
80	4.5	178	1.91	2.32	2.90	1.23	4.43	266	254	243	179	111	7.2	4.6	3 640	448
90	4.8	194	1.91	2.51	2.79	1.33	4.79	286	273	261	192	120	7.5	4.9	4 095	504

续表 11

体重 a /kg	初生重或产奶量 b/kg	日增重 c/(g/d)	日粮中能量浓度 d/(kcal/kg)	每日干物质采食量 e		能量需要 f		蛋白需要 g					矿物质需要 h		维生素需要 i	
				/kg	/%BW	TDN/(kg/d)	ME/(Mcal/d)	CP 20% UIP/(g/d)	CP 40% UIP/(g/d)	CP 60% UIP/(g/d)	MP/(g/d)	DIP/(g/d)	Ca/(g/d)	P/(g/d)	维生素 A/(RE/d)	维生素 E/(IU/d)
（非奶用）成熟母山羊妊娠后期（三胎或三胎以上；体重 1.8～4.1 kg）																
30	2.2	109	2.87	0.86	2.86	0.68	2.46	144	138	132	97	61	6.6	3.1	1 365	168
40	2.6	137	2.87	1.04	2.60	0.83	2.98	172	164	157	116	74	6.8	3.4	1 820	224
50	2.9	163	2.87	1.19	2.39	0.95	3.42	195	186	178	131	85	7.0	3.6	2 275	280
60	3.2	186	2.39	1.61	2.69	1.07	3.86	228	218	208	153	96	7.6	4.2	2 730	336
70	3.5	209	2.39	1.79	2.56	1.19	4.28	251	240	229	169	107	7.9	4.4	3 185	392
80	3.8	231	2.39	1.96	2.45	1.30	4.69	274	261	250	184	117	8.1	4.6	3 640	448
90	4.1	253	2.39	2.13	2.37	1.41	5.09	296	283	271	199	127	8.3	4.9	4 095	504
（奶用）成熟母山羊哺乳前期（单胎；产奶量 0.88～1.61 kg/d）																
30	0.88	−19	1.91	1.21	4.04	0.64	2.32	138	132	126	93	58	5.3	3.3	1 605	168
40	1.03	−21	1.91	1.48	3.71	0.79	2.84	166	159	152	112	71	5.7	3.7	2 140	224
50	1.16	−23	1.91	1.73	3.47	0.92	3.31	191	182	175	128	83	6.0	4.0	2 675	280

续表 12

体重 a /kg	初生重或产奶量 b/ kg	日增重 c/ (g/d)	日粮中能量浓度 d/ (kcal/kg)	每日干物质采食量 e		能量需要 f		蛋白需要 g					矿物质需要 h		维生素需要 i	
				/kg	/%BW	TDN/ (kg/d)	ME/ (Mcal /d)	CP 20% UIP/ (g/d)	CP 40% UIP/ (g/d)	CP 60% UIP/ (g/d)	MP/ (g/d)	DIP/ (g/d)	Ca/ (g/d)	P/ (g/d)	维生素 A/ (RE/d)	维生素 E/ (IU/d)
60	1.29	−24	1.91	1.98	3.30	1.05	3.79	216	207	198	145	95	6.4	4.3	3 210	336
70	1.40	−25	1.91	2.21	3.16	1.17	4.23	239	228	218	161	106	6.7	4.7	3 745	392
80	1.51	−26	1.91	2.43	3.04	1.29	4.65	261	249	238	175	116	7.0	5.0	4 280	448
90	1.61	−27	1.91	2.65	2.94	1.40	5.06	282	269	257	189	126	7.3	5.3	4 815	504
（奶用）成熟母山羊哺乳前期（两胎；产奶量 2.06～3.22 kg/d）																
40	2.06	−42	1.91	1.97	4.93	1.05	3.77	265	253	242	178	94	9.5	5.9	2 140	224
50	2.33	−45	1.91	2.30	4.61	1.22	4.41	305	292	279	205	110	9.9	6.3	2 675	280
60	2.57	−48	1.91	2.61	4.35	1.38	4.98	342	326	312	230	124	10.3	6.7	3 210	336
70	2.80	−50	1.91	2.91	4.15	1.54	5.56	377	360	344	253	139	10.8	7.1	3 745	392
80	3.01	−52	1.91	3.18	3.98	1.69	6.09	409	391	374	275	152	11.1	7.5	4 280	448
90	3.22	−54	1.91	3.46	3.84	1.83	6.61	442	422	403	297	165	11.5	7.9	4 815	504
（奶用）成熟母山羊哺乳期前期（三胎或三胎以上；产奶量 3.49～4.82 kg/d）																

续表 13

体重 a /kg	初生重或产奶量 b/ kg	日增重 c/ (g/d)	日粮中能量浓度 d/ (kcal/kg)	每日干物质采食量 e		能量需要 f		蛋白需要 g					矿物质需要 h		维生素需要 i	
				/kg	/%BW	TDN/ (kg/d)	ME/ (Mcal /d)	CP 20% UIP/ (g/d)	CP 40% UIP/ (g/d)	CP 60% UIP/ (g/d)	MP/ (g/d)	DIP/ (g/d)	Ca/ (g/d)	P/ (g/d)	维生素 A/ (RE/d)	维生素 E/ (IU/d)
50	3.49	−68	2.39	2.29	4.57	1.52	5.47	395	377	361	266	136	13.0	7.8	2 675	280
60	3.86	−72	2.39	2.59	4.32	1.72	6.19	442	422	404	297	155	13.4	8.2	3 210	336
70	4.20	−75	2.39	2.88	4.11	1.91	6.88	486	464	444	327	172	13.8	8.6	3 745	392
80	4.52	−78	1.91	3.94	4.93	2.09	7.54	559	533	510	375	188	15.3	10.1	4 280	448
90	4.82	−81	1.91	4.27	4.74	2.26	8.16	600	573	548	403	204	15.8	10.5	4 815	504
（奶用）成熟母山羊哺乳前期（单胎；产奶量 4.65～6.43 kg/d）																
50	4.65	−90	2.87	2.28	4.56	1.82	6.55	486	464	443	326	163	16.1	9.4	2 675	280
60	5.14	−95	2.87	2.58	4.30	2.05	7.40	542	518	495	364	185	16.5	9.8	3 210	336
70	5.60	−100	2.39	3.44	4.91	2.28	8.21	618	590	564	415	205	17.7	10.9	3 745	392
80	6.03	−104	2.39	3.76	4.70	2.49	8.99	671	640	612	451	224	18.2	11.4	4 280	448
90	6.43	−108	2.39	4.06	4.52	2.69	9.71	720	687	657	484	242	18.6	11.8	4 815	504
（奶用）成熟母山羊哺乳前期（挤奶；产奶量 5.82～8.04 kg/d）																

续表 14

体重 a /kg	初生重或产奶量 b/ kg	日增重 c/ (g/d)	日粮中能量浓度 d/ (kcal/kg)	每日干物质采食量 e		能量需要 f		蛋白需要 g					矿物质需要 h		维生素需要 i	
				/kg	/%BW	TDN/ (kg/d)	ME/ (Mcal /d)	CP 20% UIP/ (g/d)	CP 40% UIP/ (g/d)	CP 60% UIP/ (g/d)	MP/ (g/d)	DIP/ (g/d)	Ca/ (g/d)	P/ (g/d)	维生素 A/ (RE/d)	维生素 E/ (IU/d)
50	5.82	—113	2.87	2.66	5.31	2.11	7.62	592	565	540	398	190	19.7	11.4	2 675	280
60	6.43	—119	2.87	3.00	5.00	2.39	8.61	660	630	603	444	215	20.2	11.9	3 210	336
70	7.00	—125	2.87	3.33	4.75	2.64	9.54	724	691	661	487	238	20.7	12.3	3 745	392
80	7.53	—130	2.87	3.63	4.54	2.89	10.42	784	748	716	527	260	21.1	12.7	4 280	448
90	8.04	—135	2.87	3.93	4.37	3.13	11.27	842	804	769	566	281	21.5	13.1	4 815	504
（奶用）成熟母山羊哺乳前期（挤奶；产奶量 6.98～9.65 kg/d）																
50	6.98	—135	2.87	3.03	6.07	2.41	8.70	697	666	637	469	217	23.4	13.5	2 675	280
60	7.72	—143	2.87	3.42	5.71	2.72	9.82	778	743	710	523	245	23.9	14.0	3 210	336
70	8.40	—150	2.87	3.79	5.41	3.01	10.87	853	814	778	573	271	24.4	14.5	3745	392
80	9.04	—156	2.87	4.14	5.17	3.29	11.87	923	881	843	621	296	24.9	15.0	4 280	448
90	9.65	—162	2.87	4.47	4.97	3.56	12.83	991	946	905	666	320	25.4	15.4	4 815	504
（奶用）成熟母山羊哺乳中期（单胎；产奶量 0.63～1.15 kg/d）																

续表 15

体重 a /kg	初生重或产奶量 b/kg	日增重 c/(g/d)	日粮中能量浓度 d/(kcal/kg)	每日干物质采食量 e		能量需要 f		蛋白需要 g					矿物质需要 h		维生素需要 i	
				/kg	/%BW	TDN/(kg/d)	ME/(Mcal/d)	CP 20% UIP/(g/d)	CP 40% UIP/(g/d)	CP 60% UIP/(g/d)	MP/(g/d)	DIP/(g/d)	Ca/(g/d)	P/(g/d)	维生素 A/(RE/d)	维生素 E/(IU/d)
30	0.63	0	1.91	1.21	4.03	0.64	2.32	125	119	114	84	58	5.3	3.3	1 605	168
40	0.74	0	1.91	1.48	3.70	0.78	2.83	150	143	137	101	71	5.7	3.7	2 140	224
50	0.83	0	1.91	1.72	3.44	0.91	3.29	172	164	157	116	82	6.0	4.0	2 675	280
60	0.92	0	1.91	1.95	3.25	1.04	3.73	194	185	177	130	93	6.3	4.3	3 210	336
70	1.00	0	1.91	2.17	3.10	1.15	4.15	213	204	195	143	104	6.6	4.6	3 745	392
80	1.08	0	1.91	2.38	2.98	1.26	4.56	233	222	213	157	114	6.9	4.9	4 280	448
90	1.15	0	1.91	2.58	2.87	1.37	4.94	251	240	229	169	123	7.2	5.2	4 815	504
（奶用）成熟母山羊哺乳中期（两胎；产奶量 1.47～2.30 kg/d）																
40	1.47	0	1.91	1.96	4.89	1.04	3.74	232	221	212	156	93	9.4	5.9	2 140	224
50	1.66	0	1.91	2.26	4.53	1.20	4.33	265	253	242	178	108	9.9	6.3	2 675	280
60	1.84	0	1.91	2.55	4.26	1.35	4.88	297	283	271	199	122	10.3	6.7	3 210	336
70	2.00	0	1.91	2.82	4.03	1.50	5.40	326	311	297	219	135	10.6	7.0	3 745	392

续表 16

体重a/kg	初生重或产奶量b/kg	日增重c/(g/d)	日粮中能量浓度d/(kcal/kg)	每日干物质采食量e		能量需要f		蛋白需要g					矿物质需要h		维生素需要i	
				/kg	/%BW	TDN/(kg/d)	ME/(Mcal/d)	CP 20% UIP/(g/d)	CP 40% UIP/(g/d)	CP 60% UIP/(g/d)	MP/(g/d)	DIP/(g/d)	Ca/(g/d)	P/(g/d)	维生素A/(RE/d)	维生素E/(IU/d)
80	2.15	0	1.91	3.08	3.85	1.63	5.89	353	337	322	237	147	11.0	7.4	4 280	448
90	2.30	0	1.91	3.33	3.71	1.77	6.38	380	363	347	256	159	11.3	7.7	4 815	504
（奶用）成熟母山羊哺乳中期（三胎或三胎以上；产奶量 2.49～3.44 kg/d）																
50	2.49	0	1.91	2.81	5.61	1.49	5.36	358	342	327	241	134	13.7	8.5	2 675	280
60	2.76	0	1.91	3.15	5.25	1.67	6.03	400	382	365	269	151	14.2	9.0	3 210	336
70	3.00	0	1.91	3.48	4.97	1.84	6.65	438	418	400	294	166	14.7	9.4	3 745	392
80	3.23	0	1.91	3.79	4.73	2.01	7.24	474	453	433	319	181	15.1	9.9	4 280	448
90	3.44	0	1.91	4.08	4.53	2.16	7.80	508	485	464	342	195	15.5	10.3	4 815	504
（奶用）成熟母山羊哺乳中期（挤奶；产奶量 3.32～4.59 kg/d）																
50	3.32	0	2.39	2.68	5.36	1.78	6.40	425	406	388	286	160	16.7	9.9	2 675	280
60	3.67	0	2.39	3.00	5.00	1.99	7.17	472	451	431	318	179	17.1	10.3	3 210	336
70	4.00	0	1.91	4.13	5.90	2.19	7.90	550	525	502	370	197	18.7	11.9	3 745	392

续表 17

体重 a /kg	初生重或产奶量 b/kg	日增重 c/(g/d)	日粮中能量浓度 d/(kcal/kg)	每日干物质采食量 e		能量需要 f		蛋白需要 g					矿物质需要 h		维生素需要 i	
				/kg	/%BW	TDN/(kg/d)	ME/(Mcal/d)	CP 20% UIP/(g/d)	CP 40% UIP/(g/d)	CP 60% UIP/(g/d)	MP/(g/d)	DIP/(g/d)	Ca/(g/d)	P/(g/d)	维生素 A/(RE/d)	维生素 E/(IU/d)
80	4.30	0	1.91	4.49	5.61	2.38	8.58	595	568	543	400	214	19.2	12.4	4 280	448
90	4.59	0	1.91	4.83	5.37	2.56	9.24	637	608	582	428	231	19.6	12.8	4 815	504
（奶用）成熟母山羊哺乳中期（挤奶；产奶量 4.16～5.74 kg/d）																
50	4.16	0	2.87	2.60	5.20	2.07	7.45	494	472	451	332	186	19.7	11.3	2 675	280
60	4.59	0	2.39	3.48	5.80	2.31	8.32	571	545	521	384	208	20.9	12.5	3 210	336
70	5.00	0	2.39	3.83	5.47	2.54	9.15	625	596	570	420	228	21.4	13.0	3 745	392
80	5.38	0	2.39	4.15	5.19	2.75	9.93	675	644	616	453	248	21.8	13.4	4 280	448
90	5.74	0	2.39	4.47	4.96	2.96	10.67	722	689	659	485	266	22.2	13.9	4 815	504
（奶用）成熟母山羊哺乳中期（挤奶；产奶量 4.99～6.89 kg/d）																
50	4.99	0	2.87	2.96	5.92	2.35	8.49	580	554	530	390	212	23.3	13.4	2 675	280
60	5.51	0	2.87	3.30	5.50	2.63	9.47	643	614	587	432	236	23.7	13.8	3 210	336
70	6.00	0	2.87	3.63	5.18	2.88	10.40	703	671	642	472	260	24.2	14.3	3 745	392

续表 18

体重a/kg	初生重或产奶量b/kg	日增重c/(g/d)	日粮中能量浓度d/(kcal/kg)	每日干物质采食量e		能量需要f		蛋白需要g					矿物质需要h		维生素需要i	
				/kg	/%BW	TDN/(kg/d)	ME/(Mcal/d)	CP 20% UIP/(g/d)	CP 40% UIP/(g/d)	CP 60% UIP/(g/d)	MP/(g/d)	DIP/(g/d)	Ca/(g/d)	P/(g/d)	维生素A/(RE/d)	维生素E/(IU/d)
80	6.46	0	2.39	4.72	5.90	3.13	11.28	790	754	721	531	281	25.7	15.7	4 280	448
90	6.89	0	2.39	5.07	5.63	3.36	12.11	845	807	772	568	302	26.2	16.2	4 815	504
(奶用) 成熟母山羊哺乳后期 (单胎；产奶量 0.38～0.69 kg/d)																
30	0.38	13	1.91	1.10	3.68	0.59	2.11	103	99	94	69	53	5.1	3.2	1 605	168
40	0.44	15	1.91	1.34	3.36	0.71	2.57	124	118	113	83	64	5.5	3.5	2 140	224
50	0.50	17	1.91	1.57	3.15	0.83	3.01	144	137	131	97	75	5.8	3.8	2 675	280
60	0.55	18	1.91	1.78	2.97	0.94	3.41	161	154	147	108	85	6.1	4.1	3 210	336
70	0.60	20	1.91	1.99	2.84	1.05	3.80	179	171	163	120	95	6.4	4.4	3745	392
80	0.65	22	1.91	2.19	2.74	1.16	4.18	196	187	179	132	104	6.6	4.6	4 280	448
90	0.69	23	1.91	2.37	2.64	1.26	4.54	211	202	193	142	113	6.9	4.9	4 815	504
(奶用) 成熟母山羊哺乳后期 (两胎；产奶量 0.88～1.38 kg/d)																
40	0.88	29	1.91	1.69	4.22	0.89	3.23	181	172	165	121	81	9.1	5.5	2 140	224

续表 19

体重 a /kg	初生重或产奶量 b/kg	日增重 c/(g/d)	日粮中能量浓度 d/(kcal/kg)	每日干物质采食量 e		能量需要 f		蛋白需要 g					矿物质需要 h		维生素需要 i	
				/kg	/%BW	TDN/(kg/d)	ME/(Mcal/d)	CP 20% UIP/(g/d)	CP 40% UIP/(g/d)	CP 60% UIP/(g/d)	MP/(g/d)	DIP/(g/d)	Ca/(g/d)	P/(g/d)	维生素 A/(RE/d)	维生素 E/(IU/d)
50	1.00	33	1.91	1.96	3.93	1.04	3.75	208	199	190	140	94	9.4	5.9	2 675	280
60	1.10	37	1.91	2.22	3.70	1.18	4.24	233	222	213	157	106	9.8	6.2	3 210	336
70	1.20	40	1.91	2.46	3.51	1.30	4.70	257	245	234	172	117	10.1	6.5	3 745	392
80	1.29	43	1.91	2.69	3.38	1.43	5.14	279	266	255	187	128	10.5	6.8	4 280	448
90	1.38	46	1.91	2.92	3.24	1.55	5.58	301	287	275	202	139	10.8	7.2	4 815	504
（奶用）成熟母山羊哺乳后期（三胎或三胎以上；产奶量 1.50～2.07 kg/d）																
50	1.50	50	1.91	2.36	4.72	1.25	4.51	273	261	249	184	113	13.1	7.9	2 675	280
60	1.65	55	1.91	2.65	4.41	1.40	5.06	304	290	278	204	126	13.5	8.3	3 210	336
70	1.80	60	1.91	2.93	4.19	1.55	5.61	334	319	305	225	140	13.9	8.7	3 745	392
80	1.94	65	1.91	3.20	4.00	1.70	6.12	363	347	332	244	153	14.3	9.1	4 280	448
90	2.07	69	1.91	3.46	3.84	1.83	6.61	390	373	356	262	165	14.6	9.4	4815	504
（非奶用）成熟母山羊哺乳中期（单胎；产奶量 0.37～0.84 kg/d）																

续表 20

体重 a /kg	初生重或产奶量 b/kg	日增重 c/(g/d)	日粮中能量浓度 d/(kcal/kg)	每日干物质采食量 e		能量需要 f		蛋白需要 g					矿物质需要 h		维生素需要 i	
				/kg	/%BW	TDN/(kg/d)	ME/(Mcal/d)	CP 20% UIP/(g/d)	CP 40% UIP/(g/d)	CP 60% UIP/(g/d)	MP/(g/d)	DIP/(g/d)	Ca/(g/d)	P/(g/d)	维生素 A/(RE/d)	维生素 E/(IU/d)
20	0.37	0	1.91	0.74	3.71	0.39	1.42	78	74	71	52	35	4.6	2.7	1 070	112
30	0.37	0	1.91	0.92	3.06	0.49	1.76	90	86	83	61	44	4.9	2.9	1 605	168
40	0.54	0	1.91	1.19	2.98	0.63	2.28	121	116	111	81	57	5.3	3.3	2 140	224
50	0.61	0	1.91	1.39	2.78	0.74	2.66	140	134	128	94	66	5.5	3.5	2 675	280
60	0.67	0	1.91	1.58	2.63	0.84	3.02	157	150	143	106	75	5.8	3.8	3 210	336
70	0.73	0	1.91	1.76	2.51	0.93	3.36	174	166	159	117	84	6.0	4.0	3 745	392
80	0.78	0	1.91	1.92	2.40	1.02	3.68	189	180	172	127	92	6.3	4.3	4 280	448
90	0.84	0	1.91	2.09	2.33	1.11	4.00	205	196	187	138	100	6.5	4.5	4 815	504
（非奶用）成熟母山羊哺乳中期（两胎；产奶量 0.61～1.40 kg/d）																
20	0.61	0	1.91	0.90	4.49	0.48	1.72	105	100	96	70	43	8.0	4.4	1 070	112
30	0.76	0	1.91	1.17	3.91	0.62	2.25	134	128	123	90	56	8.4	4.8	1 605	168
40	0.89	0	1.91	1.42	3.56	0.75	2.72	160	153	146	108	68	8.7	5.1	2 140	224

续表 21

体重 a /kg	初生重或产奶量 b/kg	日增重 c/(g/d)	日粮中能量浓度 d/(kcal/kg)	每日干物质采食量 e		能量需要 f		蛋白需要 g					矿物质需要 h		维生素需要 i	
				/kg	/%BW	TDN/(kg/d)	ME/(Mcal/d)	CP 20% UIP/(g/d)	CP 40% UIP/(g/d)	CP 60% UIP/(g/d)	MP/(g/d)	DIP/(g/d)	Ca/(g/d)	P/(g/d)	维生素 A/(RE/d)	维生素 E/(IU/d)
50	1.01	0	1.91	1.65	3.31	0.88	3.16	185	176	169	124	79	9.0	5.4	2 675	280
60	1.12	0	1.91	1.87	3.12	0.99	3.58	208	198	190	139	89	9.3	5.7	3 210	336
70	1.22	0	1.91	2.08	2.97	1.10	3.97	229	218	209	154	99	9.6	6.0	3 745	392
80	1.31	0	1.91	2.27	2.84	1.20	4.34	248	237	227	167	108	9.9	6.3	4 280	448
90	1.40	0	1.91	2.46	2.73	1.30	4.70	268	256	245	180	117	10.1	6.5	4 815	504
（非奶用）成熟母山羊哺乳中期（三胎或三胎以上；产奶量 0.79～1.81 kg/d）																
30	0.99	0	1.91	1.32	4.41	0.70	2.53	160	153	146	108	63	11.7	6.5	1 605	168
40	1.16	0	1.91	1.60	4.00	0.85	3.06	191	182	174	128	76	12.1	6.9	2 140	224
50	1.31	0	1.91	1.85	3.70	0.98	3.54	219	209	200	147	88	12.1	7.2	2 675	280
60	1.45	0	1.91	2.09	3.48	1.11	3.99	245	233	223	164	100	12.7	7.6	3 210	336
70	1.58	0	1.91	2.31	3.30	1.23	4.42	269	257	246	181	110	13.0	7.9	3 745	392
80	1.70	0	1.91	2.52	3.16	1.34	4.83	292	279	267	196	120	13.3	8.2	4 280	448

续表 22

体重 a/kg	初生重或产奶量 b/kg	日增重 c/(g/d)	日粮中能量浓度 d/(kcal/kg)	每日干物质采食量 e		能量需要 f		蛋白需要 g					矿物质需要 h		维生素需要 i	
				/kg	/%BW	TDN/(kg/d)	ME/(Mcal/d)	CP 20% UIP/(g/d)	CP 40% UIP/(g/d)	CP 60% UIP/(g/d)	MP/(g/d)	DIP/(g/d)	Ca/(g/d)	P/(g/d)	维生素 A/(RE/d)	维生素 E/(IU/d)
90	1.81	0	1.91	2.73	3.03	1.45	5.21	314	300	287	211	130	13.6	8.4	4 815	504
(非奶用)成熟母山羊哺乳后期(单胎;产奶量 0.18～0.41 kg/d)																
20	0.18	12	1.91	0.67	3.33	0.35	1.27	63	60	57	42	32	4.5	2.6	1 070	112
30	0.23	15	1.91	0.89	2.96	0.47	1.70	82	79	75	55	42	4.8	2.9	1 605	168
40	0.26	18	1.91	1.08	2.71	0.57	2.07	99	95	90	67	52	5.1	3.1	2 140	224
50	0.30	20	1.91	1.27	2.54	0.67	2.43	116	110	105	78	61	5.4	3.4	2 675	280
60	0.33	22	1.91	1.44	2.40	0.76	2.76	130	124	119	88	69	5.6	3.6	3 210	336
70	0.36	24	1.91	1.61	2.30	0.85	3.08	145	138	132	97	77	5.8	3.8	3 745	392
80	0.39	26	1.91	1.77	2.21	0.94	3.39	159	151	145	107	85	6.1	4.1	4 280	448
90	0.41	28	1.91	1.92	2.14	1.02	3.68	171	163	156	115	92	6.3	4.3	4 815	504
(非奶用)成熟母山羊哺乳后期(两胎;产奶量 0.30～0.69 kg/d)																
20	0.30	24	1.91	0.79	3.96	0.42	1.51	82	79	75	55	38	7.8	4.3	1 070	112

续表 23

体重 a /kg	初生重或产奶量 b/kg	日增重 c/(g/d)	日粮中能量浓度 d/(kcal/kg)	每日干物质采食量 e		能量需要 f		蛋白需要 g					矿物质需要 h		维生素需要 i	
				/kg	/%BW	TDN/(kg/d)	ME/(Mcal/d)	CP 20% UIP/(g/d)	CP 40% UIP/(g/d)	CP 60% UIP/(g/d)	MP/(g/d)	DIP/(g/d)	Ca/(g/d)	P/(g/d)	维生素 A/(RE/d)	维生素 E/(IU/d)
30	0.38	30	1.91	1.05	3.48	0.55	2.00	107	102	98	72	50	8.2	4.6	1 605	168
40	0.44	35	1.91	1.27	3.17	0.67	2.42	128	122	117	86	60	8.5	4.9	2 140	224
50	0.50	40	1.91	1.48	2.96	0.78	2.83	148	142	135	100	71	8.8	5.2	2 675	280
60	0.55	44	1.91	1.67	2.79	0.89	3.20	166	159	152	112	80	9.0	5.5	3 210	336
70	0.60	48	1.91	1.86	2.66	0.99	3.56	184	176	168	124	89	9.3	5.7	3 745	392
80	0.64	52	1.91	2.04	2.55	1.08	3.90	200	191	183	135	97	9.6	6.0	4 280	448
90	0.69	55	1.91	2.21	2.46	1.17	4.23	217	207	198	146	106	9.8	6.2	4 815	504
（非奶用）成熟母山羊哺乳后期（三胎或三胎以上；产奶量 0.39～0.89 kg/d）																
30	0.49	45	1.91	1.18	3.92	0.62	2.25	127	121	116	86	56	11.5	6.3	1 605	168
40	0.57	53	1.91	1.42	3.56	0.76	2.72	152	145	139	102	68	11.8	6.7	2 140	224
50	0.65	60	1.91	1.66	3.31	0.88	3.17	176	168	160	118	79	12.1	7.0	2 675	280
60	0.71	66	1.91	1.87	3.11	0.99	3.57	196	187	179	132	89	12.4	7.3	3 210	336

续表 24

体重 a /kg	初生重或产奶量 b/kg	日增重 c/(g/d)	日粮中能量浓度 d/(kcal/kg)	每日干物质采食量 e		能量需要 f		蛋白需要 g					矿物质需要 h		维生素需要 i	
				/kg	/%BW	TDN/(kg/d)	ME/(Mcal/d)	CP 20% UIP/(g/d)	CP 40% UIP/(g/d)	CP 60% UIP/(g/d)	MP/(g/d)	DIP/(g/d)	Ca/(g/d)	P/(g/d)	维生素 A/(RE/d)	维生素 E/(IU/d)
70	0.78	72	1.91	2.08	2.96	1.10	3.97	217	207	198	146	99	12.7	7.6	3 745	392
80	0.84	78	1.91	1.21	2.48	1.21	4.35	236	225	216	159	108	13.0	7.8	4 280	448
90	0.89	83	1.91	2.46	2.73	1.30	4.70	254	242	232	170	117	13.2	8.1	4 815	504
成熟公山羊（奶用）																
维持 50			1.91	1.36	2.71	0.72	2.59	86	82	78	58	65	2.4	2.0	1 570	265
维持 75			1.91	1.84	2.45	0.97	3.51	116	111	106	78	88	3.0	2.6	2 355	398
维持 100			1.91	2.28	2.28	1.21	4.36	144	137	131	97	109	3.7	3.2	3 140	530
维持 125			1.91	2.69	2.16	1.43	5.15	170	162	155	114	129	4.2	3.8	3 925	663
维持 150			1.91	3.09	2.06	1.64	5.91	195	186	178	131	147	4.8	4.3	4 710	795
配种前 50			1.91	1.49	2.98	0.79	2.85	94	90	86	63	71	2.6	2.1	2 275	280
配种前 75			1.91	2.02	2.69	1.07	3.86	128	122	117	86	96	3.3	2.9	3 413	420
配种前 100			1.91	2.51	2.51	1.33	4.79	158	151	144	106	120	4.0	3.5	4 550	560
配种前 125			1.91	2.96	2.37	1.57	5.67	187	178	171	126	141	4.6	4.1	5 688	700
配种前 150			1.91	3.40	2.27	1.80	6.50	214	204	195	144	162	5.2	4.7	6 825	840

续表 25

体重 a /kg	初生重或产奶量 b/kg	日增重 c/(g/d)	日粮中能量浓度 d/(kcal/kg)	每日干物质采食量 e		能量需要 f		蛋白需要 g					矿物质需要 h		维生素需要 i	
				/kg	/%BW	TDN/(kg/d)	ME/(Mcal/d)	CP 20% UIP/(g/d)	CP 40% UIP/(g/d)	CP 60% UIP/(g/d)	MP/(g/d)	DIP/(g/d)	Ca/(g/d)	P/(g/d)	维生素 A/(RE/d)	维生素 E/(IU/d)
成熟公山羊（非奶用）																
维持 50			1.91	1.14	2.29	0.61	2.18	77	74	71	52	55	2.1	1.7	1 570	265
维持 75			1.91	1.55	2.06	0.82	2.96	105	100	96	70	74	2.7	2.2	2 355	398
维持 100			1.91	1.92	1.92	1.02	3.67	130	124	118	87	92	3.2	2.7	3 140	530
维持 125			1.91	2.27	1.82	1.20	4.34	153	146	140	103	108	3.7	3.2	3 925	663
维持 150			1.91	2.60	1.74	1.38	4.98	175	167	160	118	124	4.1	3.7	4 710	795
配种前 50			1.91	1.26	2.51	0.67	2.40	85	81	78	57	60	2.2	1.8	2 275	280
配种前 75			1.91	1.70	2.27	0.90	3.26	115	110	105	77	81	2.9	2.4	3 413	420
配种前 100			1.91	2.11	2.11	1.12	4.04	143	136	130	96	101	3.4	3.0	4 550	560
配种前 125			1.91	2.50	2.00	1.32	4.78	168	161	154	113	119	4.0	3.5	5 688	700
配种前 150			1.91	2.86	1.91	1.52	5.48	193	184	176	130	137	4.5	4.0	6 825	840

注：a—用于计算营养需要的体重是营养适用阶段动物确切的或估计的平均体重（kg）；b—单个羊羔初生重和多个羊羔平均初生重，或产奶量（kg/d）；c—24 h 内体重变化；d—在计算采食和能量需要时使用三种能量浓度依次增加的日粮（1.91 kcal/kg、2.34 kcal/kg 和 2.87 kcal/kg）。每行中所列出的能量浓度近似等于动物在适宜采食量时要满足其能量需要时所需的能量浓度；e—

每日干物质采食量，用千克（kg）或体重百分比表示，日粮在指定的能量浓度下应满足动物的能量需要。表中给出的能量浓度仅作举例参考，许多实际情况下，应该更高或更低才更合适；f—能量需要用总可消化养分 TDN（kg/d）和代谢能 ME（Mcal/d）表示；g—蛋白质需要量用粗蛋白（CP），可代谢蛋白质（MP）和可降解的蛋白质摄入量（DIP）表示。由于最低可降解蛋白摄入量的需要，粗蛋白的需要量因不可降解蛋白的比例的不同而不同；h—两种常量矿物元素钙和磷，在平衡日粮中经常要加以考虑，另外要注意二者间的比例；i—脂溶性维生素 A 和维生素 E，往往在动物饲料中缺乏，用视黄醇当量（RE）和国际单位（IU）表示维生素 A 和维生素 E，RE 等于 1.0 μg 反式视黄醇、5.0 μg β 胡萝卜素、7.6 μg 其他类胡萝卜素。

第三节　山羊日粮的配合

日粮是山羊一昼夜所采食的饲草饲料总量。日粮配合就是根据山羊的饲养标准和饲料营养特性，选择若干饲料原料按一定比例搭配使日粮能满足山羊的营养需要的过程。因此日粮配合实质上是使饲养标准具体化。在生产上，对具有同一生产用途的羊群，按日粮中各种饲料的百分化，配合而成的大量的、再按日分餐喂给羊只的混合饲料，称为饲粮。

科学配制日粮是养羊生产的一个重要环节。不同山羊有不同的生理特点，对饲料中营养含量的需求不同，同一种山羊不同生长阶段对营养的需求也有所差别，因此山羊日粮配制要具体情况具体分析，运用科学方法，根据山羊的营养需要、饲料的营养价值、原料的现状及价格等条件合理地确定各种饲料原料的配合比例，以满足山羊在一定条件（生长阶段、生理状况、生产水平等）下对各种营养物质的需要。

一、日粮配合的原则

（一）营养全面原则

日粮要符合饲养标准，即保证供给羊只所需要各种营养物质。在配制日粮时，必须以山羊的营养需要标准为基础，结合生产实践经验，对标准进行适当的调整，以保证日粮的全价性。同时，注意饲料的多样化，做到多种饲料合理搭配，以充分发挥各种饲料的营养互补作用，提高日粮中营养物质的利用效率。

（二）适口饱饲原则

饲料的适口性直接影响山羊的采食量。山羊对异味的饲料极为敏感，如氨化秸秆的适口性较差，羊不喜欢吃带有叶毛和蜡质的植物等。山羊的日粮应选择适口性好、无异味的饲料，以青饲料、干粗饲料、青贮饲料、精料及各种补充饲料等加以搭配使用，同时要考虑到日粮体积与羊消化道相适应，既要使配合的日粮有一定的体积，羊吃后具有饱腹感，又要保证日粮有适宜的养分浓度，使羊每天采食的饲料能满足所需的营养。

（三）经济实惠原则

经济实惠性即考虑合理的经济效益。饲料费用在山羊生产成本中占很大比重（约70%），在追求高质量的同时，往往会增加成本。喂给高效饲料时，得考虑畜禽的生产成本是否为最低或收益是否为最大。而山羊是反刍动物，在所有的家畜中，能利用的饲料资源最为丰富，对日粮中蛋白质的品质要求也不高，可大量使用青粗饲料，尤其是能利用农作物秸秆、杂草等粗饲料，以及尿素等非蛋白氮。因此，配制日粮时，应以青粗饲料为主，再补充精料等其他饲料，尽量做到因地制宜，选用当地来源广泛、营养丰富、价格低廉的饲料配制日粮，以降低生产成本，实现优质、高产、高效的目标。

（四）安全无毒原则

消费者对肉类食品的要求越来越高，希望能购买到安全的肉食品。因此，配合日粮时不能使用发霉变质的饲料原料、禁用药物和瘦肉精等对人体健康有毒有害的物质，不添加抗生素类药物性添加剂，必须保证饲料的安全、无毒、可靠。

二、日粮配合的步骤

（1）要确定饲喂羊群的相应标准所规定的营养需要量。

（2）先应满足粗料的喂量，即先选用一种主要的粗饲料，如青干草或青贮料。

（3）确定补充饲料的种类和数量，一般是用混合精料来满足能量和蛋白质需要量的不足部分；最后，用矿物质补充饲料来平衡日粮中的钙、磷等矿物质元素的需要量。

三、日粮配制注意事项

（一）注意灵活应用饲养标准

根据山羊不同的品种、生产阶段、性别、季节、饲养方式（如是否放牧、放牧时间长短）选用不同的营养水平，科学确定日粮配方的营养标准。

（二）在选用精料原料时要注意营养含量

日粮配方设计时一定要注意原料的养分含量的取值，尽量让原料的营养含量取值相对合理或接近，使配制的日粮既能满足山羊的生理需要，又能符合山羊产品质量标准，同时也不浪费饲料原料。

（三）注意日粮组成体积应与山羊消化道大小相适应

日粮组成的体积过大，不仅使消化道负担过重，而且影响饲料的消化吸收；体积过小，即使营养物质已满足需要，但山羊仍感饥饿，而处于不安状态，均不利于正常生长、生产。山羊每天饲喂量，由于其品种、年龄、体重、生产情况的不同差异很大，应分别掌握，做到营养平衡、消化率与体积适中，使所配日粮能达到预期效果。

（四）注意控制粗纤维的含量

山羊是反刍动物，在利用粗纤维上存在差别，根据山羊不同的生长阶段和不同生理需求，科学控制粗纤维在饲料中的含量。

（五）注意原料的适口性

山羊采食量的多少，主要受山羊的体重、性别、健康状态、环境温度和饲料品质与养分浓度等因素的影响。而对于健康羊群，饲料的适口性则是决定山羊采食量多少的主因。因此，在考虑饲料的营养价值、消化率、价格因素的基础上，要尽量选用适口性好的日粮原料，以保证所配日粮能使山羊足量采食。

（六）注意原料营养成分之间适宜配比

营养物质之间的相互关系，可以归纳为协同作用和拮抗作用两个方面。具有协同作用就能使饲料营养的利用率提高，改善饲料报酬，降低饲养成本。不合理的配比如果具有拮抗作用，就会降低使用效果，甚至产生副作用。

（七）注意原料的可利用性

日粮配制应从经济、实用的原则出发，尽可能选择当地常用的原料品种，利用当地便于采购的原料，实现有限资源的最佳分配和多种物质的互补作用。

（八）注意日粮的安全性和合法性

饲料安全问题不仅是一个经济问题，更是一个严肃的政治问题，是影响一个地区和国家经济发展、人民健康和社会稳定的大事。因此，在设计日粮配制时必须遵循相关法规，如《饲料和饲料添加剂管理条例》《兽药管理条例》《禁止在饲料和动物饮用水中使用的药物品种目录》等，决不违禁违规使用药物添加剂，不超量使用微量元素和有毒有害原料，正确使用允许使用的饲料原料和添加剂，确保饲料产品的安全性和合法性。

第四节　山羊日粮配方实例

具体配制方法举例如下。

例 1：为平均体重 25 kg 的黑山羊育肥羔羊（日增重 200 g）设计一

饲料配方。采用放牧与舍饲补料相结合的饲养方法，精料采用当地玉米、大豆粕等原料进行饲养。

第一步：确定营养需要量。

由于山羊品种繁多，生产性能各异，加上环境条件、饲养方式的不同，因此在选择饲养标准时不应照搬，而是在参考标准的同时，根据当地的实际情况，进行必要的调整，确定所需配制日粮的营养需要量。黑山羊每天营养需要标准见表 6－13。

表 6－13　黑山羊每天营养需要标准

体重/kg	日增重/kg	干物质采食量/kg	消化能/MJ	粗蛋白质/g	钙/g	总磷/g	食用盐/g
20	0.2	0.76	8.29	87	8.5	5.6	3.8

第二步：选择饲料原料。

根据本地的实际情况，就地取材，选用当地来源广泛、营养丰富、价格低廉的饲料原料，并确定其养分含量和动物的利用率（表 6－14）。

表 6－14　所选原料营养成分

中国饲料号	饲料名称	干物质/%	羊每千克干物质消化能/MJ	粗蛋白/%	钙/%	磷/%
1－05－0 644	草	92	9.56	7.3	0.22	0.14
4－07－0 280	玉米	86	14.14	7.8	0.02	0.27
5－10－0 102	大豆粕	89	14.31	47.9	0.34	0.65
6－14－0 006	石粉	—	—	—	35.84	0.01
6－14－0 003	磷酸氢钙	—	—	—	23.29	18

第三步：确定粗饲料的投喂量。

配制日粮时，首先要根据当地的粗饲料和山羊不同的生长阶段，假设粗饲料的每天投喂量，计算出粗饲料提供的营养量。一般成年羊粗饲料干物质采食量占体重的 1.5%～2.0%，精料与粗料比以 50∶50 为佳，生长羔羊精料与粗料比可增加到 85∶15。

假设每只黑山羊饲喂草 0.76 kg，则计算出草的消化能：0.76×9.56＝7.265 6 MJ，与山羊需要量 8.29 MJ 相比，尚缺 8.29－7.265 6＝

1.024 4 MJ，不足部分用玉米等原料来补充。

第四步：计算精料补充料的配方。

粗饲料不能满足的营养成分要由精料补充。在计算精料补充料的配方时，根据消化能先查看能量，再查看粗蛋白质，最后查看钙、磷需求量。

玉米与羊草能量对比相差部分为：14.14－9.56＝4.58 MJ/kg。

玉米需要量：1.024 4 MJ÷4.58 MJ/kg＝0.223 7 kg。

则羊草用量为：0.76－0.223 7＝0.536 3 kg。

羊草和玉米能提供的粗蛋白质与山羊需要量对比相差部分为：0.087 kg－（0.536 3 kg×7.3%＋0.223 7 kg×7.8%）＝0.030 4 kg。蛋白质不足部分由大豆粕补充，大豆粕与玉米粗蛋白质含量相差：47.9%－7.8%＝40.1%。

日粮中大豆粕的需要量为：0.030 4 kg÷40.1%＝0.075 8 kg。已知在满足能量需要的前提下，日粮中精饲料的干物质量为0.223 7 kg，那么在同时满足能量与蛋白质需要量的前提下，玉米的需要量为：0.223 7－0.075 8 ＝0.147 9 kg。

通过以上得知，日粮中应含羊草0.536 3 kg、玉米0.147 9 kg、大豆粕0.075 8 kg。

3种饲料可提供的磷为：0.536 3 kg×0.14%＋0.147 9 kg×0.27%＋0.075 8 kg×0.65%＝0.001 643 kg＝1.643 g。

与山羊需求量相比，尚缺磷为：5.6 g－1.643 g＝3.957 g。

磷不足部分由磷酸氢钙补充：3.957 g÷18%＝21.98 g。

4种饲料可提供的钙为：0.536 3 kg×0.22%＋0.147 9 kg×0.02%＋0.075 8 kg×0.34%＋0.021 98 kg×23.29%＝0.006 59 kg＝6.59 g。

与山羊需求量相比，尚缺钙为：8.5 g－6.59 g＝1.91 g。

钙不足部分由石粉补充：1.91 g÷35.84%＝5.33 g。

根据饲养标准，饲料干物质换算成实际用的风干饲料量。

羊草：0.536 3 kg÷92%＝0.582 9 kg。

玉米：0.147 9 kg÷86%＝0.172 0 kg。

大豆粕：0.075 8 kg÷89%＝0.085 2 kg。

根据以上能量、粗蛋白质、矿物质等的需求量计算，初步拟定日粮中各饲料原料的配合比（表6－15）。

表 6－15 初步拟定日粮配合比

日粮组成	日粮配比/%	日粮组成	日粮配比/%
羊草	66.58	磷酸氢钙	2.51
玉米	19.64	食用盐	0.44
大豆粕	9.73	预混料	0.50
石粉	0.60		

第五步：日粮配方检查、调整与质量评定。

对配制的精料进行取样化验，将分析结果和预期值进行对比、评定、调整，如实际营养提供量与营养需要量之比在 95%～105%，说明达到饲料配制的目的。另根据实践应用，检验日粮配方效果，再作全面推广使用。日粮配方与每天营养需要标准对比见表 6－16。

表 6－16 日粮配方与每天营养需要标准对比

营养指标	标准值	营养水平	与标准的差值
消化能/MJ	8.29	8.3	0.01
粗蛋白质/g	87	86.99	－0.01
钙/g	8.5	8.5	0
总磷/g	5.6	5.6	0
食用盐/g	3.8	3.8	0

例 2：现以体重 50 kg、日产奶量 2.0 kg（乳脂率 4.0%）、活动量中等的泌乳中期成年奶山羊设计全价日粮为例，说明手工计算法设计配方的过程。具体步骤如下：

第一步，查奶山羊饲养标准，确定奶山羊每日营养需要量，计算结果如表 6－17 所示。

表 6－17 奶山羊营养需要量

项目	代谢能/MJ	粗蛋白质/g	钙/g	磷/g
维持需要	11.97	110	4	2.8
产奶需要	2.0×5.23	2×72	2.0×3	2.0×2.1

续表

项目	代谢能/MJ	粗蛋白质/g	钙/g	磷/g
总需要量	22.43	254	10	7

第二步，确定青粗饲料组成及用量。本例中设干物质需要量为奶山羊体重的 4.5%，则其每日的干物质需要量为 50×4.5%=2.25 kg；设日粮精粗比为 50∶50，则由青粗饲料和精饲料补充料提供的干物质量均为 1.125 kg（2.25×50%=1.125）。若青粗饲料由玉米青贮饲料、苜蓿干草和羊草干草按 50∶10∶40 的比例组成，则它们提供的干物质量分别为 0.563 kg（1.125×50%）、0.113 kg（1.125×10%）和 0.45 kg（1.125×40%）。查饲料成分及营养价值表（表 6-18）可知，玉米青贮饲料、苜蓿干草和羊草干草的干物质含量分别为 22.7%、90.0%和 88.3%，则它们每日的饲喂量分别为 2.48 kg（0.563÷22.7%）、0.13 kg（0.113÷90.0%）和 0.51 kg（0.45÷88.3%）。

第三步，确定精饲料补充料应提供的营养物质量。首先查各种粗饲料原料的营养物质含量（表 6-18），根据第二步中确定的各粗饲料干物质喂量计算各粗饲料提供的各种营养物质量，合计后从表 6-17 的总需要量中扣除，不足部分则为需要由精饲料补充料提供的营养物质量。计算过程见表 6-19。

表 6-18　粗饲料原料的营养物质含量（干物质基础）

原料	干物质/(kg/d)	代谢能/(MJ/kg)	粗蛋白质/%	钙/%	磷/%
玉米青贮	0.563	7.73	8.10	0.44	0.26
苜蓿干草	0.113	7.19	19.30	1.19	0.36
羊草干草	0.450	6.06	3.60	0.28	0.20

表 6-19　粗饲料和精饲料补充料提供的营养物质量（每只每天）

项目	代谢能/MJ	粗蛋白质/g	钙/g	磷/g
总营养物质需要量	22.43	254.00	10.00	7.00
玉米青贮提供的营养物质	4.35	45.60	2.48	1.46

续表

项目	代谢能/MJ	粗蛋白质/g	钙/g	磷/g
苜蓿干草提供的营养物质	0.81	21.81	1.34	0.41
羊草干草提供的营养物质	2.73	16.20	1.26	0.90
粗饲料提供的总营养物质	7.89	83.61	5.08	2.77
需精饲料补充料提供的营养物质	14.54	170.39	4.92	4.23

已知精饲料补充料每天提供的干物质量应为 1.125 kg，为了方便配方计算，用表 6－19 中需精饲料补充料提供营养物质量（每日提供量）除以精饲料补充料应提供的干物质量，即可将每日需要由精饲料提供的营养物质量转化为精饲料补充料中各营养物质的含量。经计算，该精饲料补充料应含代谢能 12.92 MJ/kg，粗蛋白质 15.15％，钙 0.44％，磷 0.38％。

第四步，选择原料，确定精饲料补充料配方组成。拟以玉米、小麦麸、大豆饼、棉籽饼、菜籽饼、尿素、磷酸氢钙、石粉、氯化钠、添加剂预混合饲料为原料配制该精饲料补充料。首先，查饲料成分及营养价值表，确定上述原料的营养物质含量（表 6－20)。保留 2.5％的空间给添加剂预混料和矿物质饲料，用试差法初拟其他原料用量（表 6－21)，计算其所提供营养物质并与第三步确定的精饲料补充料应提供的营养物质浓度相比较。由比较结果可见，初拟配方所提供的能量略显不足（缺 0.04 MJ/kg)，粗蛋白质超标 2.79％，钙尚缺 0.32％，而磷已超标 0.05％，因此需要降低配方中高蛋白质原料的用量，而增加高能量饲料用量。分析可知，玉米取代大豆饼后粗蛋白质含量会降低，但同时代谢能水平也会略有下降。据此，为降低粗蛋白质水平而不降低代谢能水平，可将尿素用量调至 0.3％，则少提供粗蛋白质 0.534％（267％×0.2％)，此时，粗蛋白质仍超标 2.26％（2.79％－0.534％)；用 1％的玉米代替 1％的大豆饼粗蛋白质含量降低 0.378％［（47.5％－9.7％）×1％]，则降低 2.26％的粗蛋白质需要 5.98％的玉米和豆粕相互替代（2.26％÷0.378％)。此时能量略显不足，可将玉米用量上调至 65.33％。由于磷已满足需要，因此只需补充含钙原料，一般用石粉作为补钙饲料原料，其含钙 36％左右，由此可确定满足钙需要时，石粉的添加量为 0.94％［（0.44％－0.01％－0.04％－0.01％－0.02％－0.02％）÷36％×100％]。给添加剂预混料的用量预留 1％，则剩余 0.41％（100％－

65.33%—20%—2.02%—5%—5%—0.3%—0.94%—1%）的空间用氯化钠补充。调整后的配方见表 6-22，可见该精饲料补充料所提供的营养物质已完全满足其应提供的营养物质。

表 6-20　选用饲料原料的营养物质含量（干物质基础）

项目	干物质/(kg/d)	代谢能/(MJ/kg)	粗蛋白质/%	钙/%	磷/%
玉米	88.4	14.25	9.7	0.02	0.24
小麦麸	88.6	10.24	16.3	0.2	0.88
豆粕	90.6	14.42	47.5	0.35	0.55
棉籽粕	92.2	12.21	36.7	0.34	0.69
菜籽粕	92.2	13.21	39.5	0.4	0.81
尿素	100	0	267	0	0
石粉	99	0	0	36	0
氯化钠	99	0	0	0	0
添加剂预混料	97.1	0	0	0	0

表 6-21　初拟精饲料补充料配方及营养物质含量（干物质基础）

项目	初拟配比/%	营养物质含量			
		代谢能/(MJ/kg)	粗蛋白质/%	钙/%	磷/%
玉米	59	8.41	5.72	0.01	0.14
小麦麸	20	2.05	3.26	0.04	1.18
豆粕	8	1.15	3.80	0.03	0.04
棉籽粕	5	0.61	1.84	0.02	0.03
菜籽粕	5	0.66	1.98	0.02	0.04
尿素	0.5	0.00	1.34	0.00	0.00
合计	97.5	12.88	17.94	0.12	0.43
精料补充料应提供		12.92	15.15	0.44	0.38
与需要量相比		−0.04	+2.79	−0.32	+0.05

表 6－22 调整后的精饲料补充料配方及营养物质含量（干物质基础）

项目	调整配比后/%	营养物质含量			
		代谢能/(MJ/kg)	粗蛋白质/%	钙/%	磷/%
玉米	65.33	9.31	6.34	0.01	0.16
小麦麸	20.00	2.05	3.26	0.04	0.18
豆粕	2.02	0.29	0.96	0.01	0.01
棉籽粕	5.00	0.61	1.84	0.02	0.03
菜籽粕	5.00	0.66	1.98	0.02	0.04
尿素	0.30	0	0.80	0	0
石粉	0.94	0	0	0.34	0
氯化钠	0.41	0	0	0	0
添加剂预混料	1.00	0	0	0	0
合计	100	12.92	15.18	0.44	0.42
精料补充料应提供		12.92	15.15	0.44	0.38
与需要量相比		0	+0.03	0	+0.04

第五步，检查并列出最终配方。所设计配方的检查过程见表 6－23。检查结果表明本例中的配方设计合理，各营养物质需要量的满足程度为 99%～107%，虽然磷略超标，但日粮钙、磷比在（1～2）∶1 的正常范围，可认为日粮钙、磷的供应符合需要。该全价日粮的最终配方组成见表 6－24，表 6－24 中饲喂基础下的饲料喂量＝干物质基础下的饲料喂量÷饲料干物质含量。按该设计，每只山羊应饲喂玉米青贮饲料 2.48 kg，苜蓿干草 0.13 kg，羊草干草 0.51 kg 和按表 6－22 中配方生产的精饲料补充料 1.26 kg。至此，该奶山羊全价日粮配方设计全部完成。

表 6-23　全价日粮配方组成和营养物质提供量（干物质基础，每只每天）

项目	干物质喂量/（kg/d）	提供营养物质			
		代谢能/（MJ/kg）	粗蛋白质/%	钙/%	磷/%
玉米青贮	0.563	4.35	45.60	2.48	1.46
苜蓿干草	0.113	0.81	21.81	1.34	0.41
羊草干草	0.45	2.73	16.20	1.26	0.90
玉米	0.735	10.47	71.30	0.15	1.76
小麦麸	0.225	2.30	36.68	0.45	1.98
豆粕	0.023	0.33	10.93	0.08	0.13
棉籽粕	0.056	0.68	20.55	0.19	0.39
菜籽粕	0.056	0.74	22.12	0.22	0.45
尿素	0.003	0	8.01	0	0
石粉	0.011	0	0	3.96	0
氯化钠	05	0	0	0	0
添加剂预混料	0.011	0	0	3.83	0
合计	2.251	22.41	253.20	10.13	7.48
需要量		22.43	254	10	7
合计/需要量（%）		99.9	99.7	101.3	106.9

表 6-24　全价日粮组成（每只每天）

	原料	干物质基础下的喂量/（kg/d）	饲喂基础下的喂量/（kg/d）	饲喂基础下的精饲料补充料配方/%
粗饲料	玉米青贮	0.563	2.48	0
	苜蓿干草	0.113	0.13	0
	羊草干草	0.45	0.51	0
	合计	1.126	3.12	0

续表

	原料	干物质基础下的喂量/（kg/d）	饲喂基础下的喂量/（kg/d）	饲喂基础下的精饲料补充料配方/%
精饲料补充料	玉米	0.735	0.83	65.85
	小麦麸	0.225	0.25	20.13
	豆粕	0.023	0.03	1.98
	棉籽粕	0.056	0.06	4.83
	菜籽粕	0.056	0.06	4.83
	尿素	0.003	0	0.24
	石粉	0.011	0.01	0.87
	氯化钠	0.005	0.01	0.40
	添加剂预混料	0.011	0.01	0.87
	合计	1.125	1.262	100.00
合计		2.251	4.378	

例 3：在舍饲条件下，绒山羊的日粮要求营养全面，能够满足其不同生理阶段的营养需要。因此，在配制日粮时，除了参照绒山羊饲养标准，注意饲草饲料就地取材、品种多样、质量上乘、优质廉价和以粗饲料为主等原则外，还要掌握日粮的具体配制方法，现举例说明如下：现有野干草、玉米秸粉、玉米粗面、豆饼、麸皮、骨粉、食盐、胡萝卜等几种饲料，配制体重 40 kg 泌乳期母绒山羊日粮。

第一步：查阅饲养标准表。经查阅《绒用和毛用种母山羊饲养标准》得知，体重 40 kg 泌乳期母绒山羊的饲养标准为：干物质 1.6 kg，代谢能 16 MJ，粗蛋白质 255 g，食盐 14 g，钙 8 g，磷 5.5 g，胡萝卜素 19 mg。

第二步：计算日粮中粗饲料的营养量。在粗饲料质量较差的情况下，绒山羊日粮中粗饲料与精饲料的比例为 60%∶40%较适宜，因此，日粮中粗饲料野干草和玉米秸粉的干物质含量为 0.96 kg（1.6 kg×60%），折合成实物为 1.06 kg（干物质含量为 90%）。如果玉米秸和野干草各喂 50%，则每种粗饲料每日喂 0.53 kg。经查阅羊用饲料营养成分表，便可算出野干草和玉米秸的营养量：代谢能 7.23 MJ，粗蛋白质 78.5 g，钙 2.9 g，磷 0.48 g。

第三步：求出日粮中精饲料的营养量。用饲养标准的数值减去日粮粗饲料的营养量，就是日粮精饲料的营养量。经计算，精饲料的营养量为：干物质为 0.64 kg（1.6－0.96 kg），代谢能为 8.77 MJ（16－7.23 MJ），粗蛋白质为 176.5 g（255－78.5 g），钙为 5.1 g（8－2.9 g），磷为 5.02 g（5.5－0.48 g）。

第四步：求出日粮中精饲料各种成分的比例。因日粮精饲料干物质含量为 0.64 kg，折合成实物为 0.71 kg。用试差法计算，设 0.71 kg 精饲料中有玉米粗粉 0.28 kg、豆饼 0.32 kg、麸皮 0.11 kg，经查阅饲料营养价值表，就可计算出三种饲料的营养量合计为：代谢能 8.73 MJ、粗蛋白质 177.5 g、钙 1.33 g、磷 3.05 g。这些数值中，代谢能及粗蛋白质与饲养标准的要求基本相符（如不符则应再调整），钙、磷不足，只要再添加适量的钙、磷和胡萝卜素就可以了。经计算，日粮中再添加 12 g 骨粉和 30 g 胡萝卜就可以达到要求。

第五步：列出日粮饲料配方表。

根据前面计算的结果列出日粮饲料配方表（表 6－25）。

表 6－25　体重 40 kg 母绒山羊日粮配方表

饲料	饲喂量/kg	占日粮比例/%
野干草	0.53	29
玉米秸粉	0.53	29
玉米粗粉	0.28	15.3
豆饼	0.32	17.5
麸皮	0.11	6
骨粉	0.01	0.7
胡萝卜	0.03	1.6

例 4：崇明白山羊保种基地饲料应用实例

崇明白山羊保种场的饲料主要以当地的农作物秸秆如大豆秸秆、青贮玉米为主，在处理加工和饲喂方式上经历从刚开始的粗饲料不经加工直接饲喂，到应用简易设备加工 TMR 饲料，到现在应用智能化设备加工 TMR 饲料的多个发展阶段，据场内以不变价格测算，应用 TMR 饲料后，单在减少饲草料浪费方面就节约成本 14.08%。

考虑到 TMR 饲料设备加工参数的要求和保种基地的生产规模，当前保种基地内羊的日粮分为全价基础精料、全价重胎与哺乳母羊补充料和全价羔羊补充料等精饲料和以大豆秸秆、青贮玉米为主的粗饲料。通过按比例添加全价基础精料、大豆秸秆、青贮玉米和水加工成基础 TMR 饲料，全场饲喂，对于重胎与哺乳母羊和羔羊再另加补充料。对于规模大的养殖场可以按不同生理阶段羊的需求，直接配制应用 TMR 饲料。

各类日粮的配方可根据场内原料贮存情况和生产实际进行适当调整，当前保种基地内的日粮配方见表 6－26、表 6－27、表 6－28 和表 6－29。

表 6－26　崇明白山羊保种场基础精料（2017 年 2 月）

原料	配比/%
玉米粉	58
豆粕	27
麸皮	7
食盐	0.5
磷酸氢钙	1
小苏打	1.5
预混料	5

表 6－27　TMR 饲料配方（2017 年 2 月）

原料	配比/%
大豆秸秆（90%左右干物质）	17.5
青贮玉米（90%左右干物质）	55
基础精料（90%左右干物质）	20
水	7.5

表 6－28　重胎与哺乳母羊补充料（2017 年 2 月）

原料	配比/%
玉米粉	55
豆粕	30

续表

原料	配比/%
麸皮	7
食盐	0.5
磷酸氢钙	1
小苏打	1.5
预混料	5

表 6-29　羔羊补充料（2017 年 2 月）

原料	配比/%
玉米粉	52
豆粕	20
苜蓿草粉	10
奶粉	10
食盐	0.5
磷酸氢钙	1
小苏打	1.5
预混料	5

参考文献

[1] 赵有璋. 羊生产学 [M]. 3 版. 北京：中国农业出版社，2011.
[2] 张英杰. 羊生产学 [M]. 北京：中国农业出版社，2010.
[3] 贾志海. 现代养羊生产 [M]. 北京：中国农业出版社，1999.
[4] 张宏福. 动物营养参数与饲养标准 [M]. 2 版. 北京：中国农业出版社，2010.
[5] 印遇龙. 山羊标准化养殖操作手册 [M]. 长沙：湖南科学技术出版社，2018.
[6] 宋清华. 山羊养殖技术 [M]. 成都：电子科技大学出版社，2010.
[7] 袁希平. 现代山羊生产 [M]. 昆明：云南科学技术出版社，2007.

[8] 罗军. 奶山羊营养原理与饲料加工 [M]. 北京：中国农业出版社，2019.
[9] 辽宁省科学技术协会. 辽宁绒山羊饲养新技术 [M]. 沈阳：辽宁科学技术出版社，2008.
[10] 上海市崇明区动物疫病预防控制中心，上海市崇明畜牧协会. 崇明白山羊 [M]. 上海：上海科学技术出版社，2017.
[11] 王雷，邱玉娥. 山羊对能量和蛋白质营养的需要及饲喂要点 [J]. 饲料博览，2019 (01)：94.
[12] 张科. 山羊需要哪些营养物质 [J]. 植物医生，2017，30 (05)：27.
[13] Lein G F W H，刘太宇. 山羊日粮营养需要 [J]. 郑州牧业工程高等专科学校学报，1993 (01)：22-23.

第七章　山羊饲草资源特性与加工

第一节　山羊的食性、消化功能特点

一、山羊的饲料范围

（一）常规饲料资源

山羊的饲料分为粗饲料、青绿饲料、青贮饲料、能量饲料、蛋白质饲料、矿物质饲料、维生素饲料和动物性饲料等八大类饲料。在生产上又常分为青粗饲料和精饲料两种类型。青粗饲料包括青绿饲料、青干草、多汁饲料和青贮饲料，其特点是干物质体积大，粗纤维含量高于18%。精饲料包括能量饲料、蛋白饲料和添加剂等，其特点是干物质容积小、可消化养分高，粗纤维含量低于18%。

例如：粗饲料包括干草和秸秆，干草粗纤维含量高，粗蛋白含量随牧草种类不同而异，豆科干草粗蛋白较高，禾本科牧草和禾谷科作物干草粗蛋白较低。秸秆粗纤维含量高、粗脂肪含量较少和胡萝卜素含量低，经加工调制后，营养价值和适口性有所提高，是羊补饲的主要饲料。精饲料主要包括玉米、大麦、高粱、青稞、燕麦、豌豆和蚕豆以及糠麸类饲料和油饼类饲料。常用的矿物质补充饲料有食盐、骨粉、石灰石粉、蛋壳粉、贝壳粉和脱氟磷矿粉。放牧山羊在夏、秋季节一般不会出现维生素缺乏症。但在冬、春枯草期，常会出现维生素不足。对配种季节的种公羊、枯草期的妊娠母羊和幼龄羊都需要添加维生素。目前，常用的维生素添加剂有维生素A、维生素D_3、维生素E、维生素K_3、维生素B_1、维生素B_2、维生素B_6、烟酸、氯化胆碱、泛酸钙、叶酸和生物素等。动物性饲料是指来源于动物产品的饲料，如鸡蛋、牛奶、羊奶、脱脂奶、鱼粉和蚕蛹等。动物性饲料的特点是富含蛋白质（骨粉除外），其多用于饲喂种公羊，以提高优秀种公羊的精液品质和配种能力。

块根块茎饲料具有粗纤维含量低、消化率高、适口性好、能刺激食欲、轻泻与调养胃肠功能等特点，山羊特别喜爱采食。块根块茎饲料种类有胡萝卜、大萝卜、甘薯、马铃薯、饲用甜菜、甘蓝、菊苣根茎等。胡萝卜：主要用于冬季饲养时作为多汁饲料和供给胡萝卜素用，在山羊日粮中增加一定数量的胡萝卜，可以改善日粮口味，调养消化功能；对于成年公羊和繁殖母羊效果良好。胡萝卜可以整根投喂或切碎饲喂，饲喂比例可占日粮的30%左右。甘薯与马铃薯：粗纤维含量较低、能量较高，蛋白质含量较低，适口性好。饲喂甘薯与马铃薯应切片饲喂，整喂容易导致羊食管梗塞。有黑斑和腐烂的甘薯和马铃薯不能饲喂。大萝卜：大萝卜含水量大，能促进消化，饲喂时应切片，饲喂比例可占日粮25%左右。饲用甜菜和甘蓝：饲用甜菜和甘蓝山羊比较喜食，可切碎饲喂，饲喂比例占日粮25%左右。菊苣根：菊苣根具有防止腹泻的作用，饲喂时应切成小块，饲喂比例占日粮的15%。块根块茎饲料含水量大，不能单独饲喂，应与其他粗饲料和精饲料配合饲喂，饲喂时要切成小块、小片或者切成丝，防止堵塞食管，造成山羊伤害。此外，山羊所用饲料主要以农作物秸秆为主，饲料营养水平低，影响养殖效率应适当补饲少量精料。

（二）非常规饲料资源

山羊利用的饲料资源非常广泛，可以利用大量的非常规饲料作为食物来源，以下就报道过的非常规饲料进行简单介绍。构树作为富含粗蛋白的乡村木本饲料资源，其抗逆性好，割茬再生能力强，叶片柔软、适口性好。开发构树作为山羊生产的优质粗饲料资源，“以树代粮”降低精饲料中蛋白原料的用量，将是山羊生态养殖、节本增效的新途径。据报道，当构树与青贮玉米的搭配占比为25%～50%时，更有利于促进山羊瘤胃发酵和提高氮利用率，从而提高生产性能和改善羊肉品质。葡萄渣和柿子渣中含有大量的浓缩单宁，其具有改善瘤胃发酵和养分消化的功能。日粮添加1.5%～3%富含浓缩单宁的水果渣可以改善山羊瘤胃发酵性能和氮代谢，其中3%果渣添加水平可以提高山羊有机物和中性洗涤纤维摄入量。

我国的油菜秸秆资源十分丰富，而对于油菜秸秆的利用还处于初级阶段，利用效率低下，未能对油菜秸秆资源做到合理利用。有研究表明，油菜秸秆中含有大量的纤维素（茎部达53%）、半纤维素（18.3%）等结构性碳水化合物，其粗脂肪和粗蛋白质含量明显高于玉米秸秆，营养价值较高，可以作为反刍动物重要的粗饲料来源。利用微生物制剂对秸秆进行发酵可显著提高其粗蛋白质含量，降低中性洗涤纤维和酸性洗涤纤维的含量，提升油菜秸秆的营养价值，改善适口性。用发酵油菜秸秆替代日粮中部分粗料对山羊的采食量无显著影响，但可提高日增重和日粮养分表观消化率，当替代量为10%时，经济效益最佳。汉麻籽富含油脂、蛋白质、碳水化合物、可溶性纤维以及人体所需的一些维生素和矿物质等。榨油之后的汉麻籽粕蛋白含量高，抗营养物质（如植酸）含量非常低，可以替代一些传统的蛋白饲料（如豆粕）应用于动物饲料中。在汉麻籽油和蛋白质加工过程中，籽壳作为加工废弃物丢弃，会造成资源浪费、环境污染。山羊日粮中添加汉麻籽及其副产物对黑山羊生长性能和瘤胃发酵参数无显著影响，山羊日粮中添加汉麻籽及其副产物对黑山羊血清生化指标无显著影响。汉麻籽及其副产物可以应用于动物生产中，汉麻籽壳与汉麻籽粕能够改善肉品质。花生是一种豆科植物，食品工业中生产大量的花生副产品，如花生壳、花生皮及因不符合商业标准而破碎和剔除的全皮花生，利用这些副产品作为动物饲料对开发饲料原料资源具有重要意义。全皮花生和花生皮可以作为反刍动物的高能量和高蛋白饲料原料，花生皮具有作为抗氧化功能饲料原料的潜力。花生秸秆不仅能为草食家畜提供营养物质，还能降低成本，提高饲养效率，同时解决了部分环境污染问题，花生秸秆在一些草食家畜瘤胃中的降解率也比较高，不仅可以作为饲料原料，还可以添加到补饲谷物中。我国玉米秸秆资源丰富，开发利用玉米秸秆具有巨大的经济意义和生态意义。但玉米秸秆本身的营养价值较低，作为饲料时，采取一定的有效预处理方式，可以提高其营养价值和适口性。对玉米秸秆的处理，最为常见的方式为青贮。青贮玉米秸秆不仅易于制作，还能最大限度地保留玉米秸秆的营养成分，微生物发酵提高了其适口性及营养价值。苎麻是主要的韧皮纤维作物，也是粗蛋白含量较高的饲用作物。研究发现各茬次苎麻的粗蛋白质含量呈现先升高后降低的趋势，且蛋白质品质良好；其微量元素含量丰富，含有一定的单宁，可能是主要的抗营养因子。与苜蓿型日粮相比，苎麻型日粮提高了山羊料重比，也不影响瘤胃氨态氮含量和短链脂肪酸组成。苎麻可以作为南方草食家畜的优质牧草，在养殖过程中可根据不同茬次的营养特点科学合理地定制饲料配方，以提高养殖效益。苹果渣是加工苹果产品所产生的副产品，苹果渣含有大量的酚类、鞣质类、糖类、苷类、蒽醌、内酯、香豆素、氨基酸、多肽、挥发油、油脂、生物碱、黄酮以及有机酸等营养物质，是一种潜在的饲料资源。大米草是一种多年生禾本科植物，具有耐盐、耐淹、耐瘠和繁殖力强等特点，主要分布在温带和亚热带地区的海滨滩涂。大米草是天然的畜禽青绿饲料资源，各种营养成分齐全，年鲜草产量 15～30 t/hm^2，且不与农作物、牧草争地，具有特殊的发展前景和利用价值，可作为发展沿海草食畜牧业的主要粗饲料资源。

我国是水稻种植大国，由此产生的水稻秸秆在过去常常被焚烧，不仅降低了资源的利用，同时也会增加环境污染。水稻秸秆在反刍动物上的应用仅有 20%，大力开发水稻秸秆在山羊日粮中的利用具有广阔的空间，研究提高水稻秸秆的营养价值加工工艺意义重大。桑树是桑科桑属的落叶乔木，其抗逆性强，在我国种植历史悠久，分布面积广阔。桑叶的营养价值较高，粗蛋白质含量可达 22.0%～29.8%，氨基酸组成均衡，同时富含植物甾醇、黄酮类等多种生物活性物质，是一种应用前景十分广阔的优质蛋白质饲料资源。但是，桑叶和桑枝中也含有植酸等大量的抗营养因子，不利于其在动物生产中的大规模生产应用。已有研究证实，桑叶经过青贮发酵后，在保留其营养物质和生物活性成分的同时，能够显著降低植酸等抗营养因子含量，这无疑使其饲用价值得到极大提高。

日粮中饲料颗粒大小通过刺激瘤胃壁改变咀嚼活动，从而影响瘤胃运动，而更大的咀嚼活动也可能增加唾液体积，同时增加瘤胃液中碳酸氢盐浓度，从而影响瘤胃发酵和产甲烷。赵海天通过试验评估了黑麦草的切割长度对山羊咀嚼活动、瘤胃发酵和甲烷排放的影响。黑麦草的切割长度（40 mm 和 80 mm）对山羊大部分营养物质消化率、瘤胃 pH 值和挥发性脂肪酸浓度无显著影响，同时提高黑麦草的切割长度增加了山羊的采食、中性洗涤纤维表观消化率和反刍活动。

山羊对各种牧草、灌木枝叶、作物秸秆、农副产品和食品加工的副产品均可采食。在天然放牧场饲草极度匮乏的条件下，山羊主动觅食能力尤其显著。牧草是山羊的主要食物来源，相对于精饲料而言，天然牧草不仅品种多样，且生产成本低。天然牧草的生长受季节的影响明显，特别是冬季天然牧草的生产特性、营养成分和饲用价值直接影响放牧山羊的营养状况。

二、山羊的食性、消化特点

山羊嘴尖，唇薄齿利，比绵羊利用饲料的范围更广泛。山羊喜吃短草、树叶和嫩枝，在不过牧的情况下，山羊比绵羊能更好地利用灌木丛林、短草草地以及荒漠草场。甚至在不适于饲养绵羊的地方，山羊也能很好地生长。

山羊属于反刍动物，具有复胃。复胃分四个室，即瘤胃、网胃、瓣胃和皱胃，山羊胃总容积约为 16 L。前三个胃的黏膜无腺体，统称为前胃。皱胃的壁黏膜有腺体，其功能与单胃动物的胃相似，称为真胃。瘤胃容积最大，其功能是储藏在较短时间采食的未经充分咀嚼而咽下的大量饲草，待休息时反刍。瘤网胃内有大量的能够分解消化食物的微生物，构成一个有多种微生物的厌氧系统。由于瘤胃环境适合微生物的栖息和繁殖，这些微生物主要是细菌和纤毛虫，还有少量的真菌，每毫升瘤胃内容物含有 10^{10}～10^{11}个细菌，10^5～10^6 个纤毛虫，瘤胃微生物对山羊的消化和营养具有重要意义。

羔羊出生时，瘤网胃不具有功能，第四胃相对来说是最大的，此时很类似非反刍动物。瘤网胃的发育过程需要建立微生物区系，这一过程与是否摄入干饲料有关，瘤网胃内微生物区系的建立是通过饲料和个体间的接触产生的。因此，瘤胃只是在羔羊开始吃食干饲料时才逐渐发育，等到完全转为反刍型消化系统，自然哺乳羔羊需要 1.5～2 个月，而早期断奶羔羊，如在人工乳或自然乳阶段实行早期补时，仅需要 4～5 周。

按占身体比例来说，山羊的瘤网胃体积较小，饲料颗粒的存留时间趋向于更短。因此，同绵羊或牛相比，山羊对消化潜力相似的饲粮可能消化得更不充分，这是食糜在山羊瘤网胃中存留时间更短的缘故。这使得饲料颗粒的周转速度更快，消耗量增加。最终结果是采食量较高，消化率较低；但与其他反刍家畜相比，山羊对可消化养分的消耗量更高。有报道，在潮湿的热带和沙漠环境下，山羊比其他家畜品种具有更高的纤维消化能力，这可能是因为它重复利用氮的能力更高。

瓣胃是一小而致密的椭圆形器官，其黏膜呈新月状，对食物起机械压榨作用，瓣胃的作用犹如过滤器，分出液体和食糜颗粒，输送入皱胃。其次，进入瓣胃的水分有 30%～60%被吸收，同时也有相当数量（40%～70%）的挥发性脂肪酸、钠、磷等物质被吸收。这一作用总的效果是显著减少进入皱胃的食糜体积。皱胃黏膜腺体分泌胃液，主要是盐酸和胃蛋白酶，对食物进行化学性消化。正在哺乳的羔羊，乳汁通过食管沟直接进入第四胃被消化、吸收。食管沟是由两片肥厚的肉唇构成的一个半关闭的沟。它起自贲门，经网胃伸展到网胃瓣胃孔。羔羊在吸吮乳汁或饮料时，能反射性地引起食管沟肉唇蜷缩，闭合成管。因而乳汁和饮料不落入前胃内，而直接从食管沟达到网瓣胃孔，经瓣胃管进入皱胃。羊的小肠细长曲折，长约为 25 m，相当于体长的 26～27 倍。胃内容物进入小肠后，经各种消化液（胃液和肠液等）进行化学性消化，分解的营养物质被小肠吸收。未被消化吸收的食物，随小肠的蠕动而进入大肠。大肠的直径比小肠大，长度比小肠短，约为 8.5 m。大肠的主要功能是吸收水分和形成粪便。在小肠未被消化的食物进入大肠，也可在大肠微生物和由小肠带入大肠的各种酶的作用下继续消化吸收，余下部分排出体外。

三、山羊对饲草的一般要求

山羊具有独特的解剖和生理特征，采食性极为宽广，能够利用其他草食动物无法利用的牧草资源，这是一些极端地域仍有山羊分布的重要原因之一。山羊可以选择陡峭悬崖作为栖息地，可采食 140 种植物，包括 26 种灌木和乔木。山羊日粮中对饲料的要求如下。

（一）必须含有一定量的粗纤维

瘤胃内的微生物可以分解纤维素，山羊可利用粗饲料作为主要的能量来源。纤维还可以起到促进反刍、蠕动和填充作用。山羊的日粮中必须有一定比例的粗纤维，否则瘤胃中会出现乳酸发酵抑制纤维、淀粉分解菌的活动，表现为食欲丧失、腹泻、生产性能下降，严重时可能造成死亡，因此山羊的日粮组成离不开粗饲料。

（二）可以利用非蛋白氮

瘤胃微生物可利用饲料中的非蛋白氮合成微生物蛋白质，可利用部分非蛋白氮（尿素、铵盐等）作为补充饲料代替部分植物性蛋白质。尿素是常用来代替日粮中蛋白质的非蛋白含氮物，但因其在脲酶的作用下产氨的速度约为微生物利用速度的 4 倍，故需降低尿素的分解速度并同时供给易消化的糖类以保证获得充分能量，才能提高其利用率和安全性。

（三）瘤胃微生物可合成 B 族维生素和维生素 K

瘤胃微生物能合成某些 B 族维生素（主要包括维生素 B_1、维生素 B_2、维生素 B_6、维生素 B_{12}、泛酸和烟酸等）及维生素 K，供宿主利用。这些维生素合成后，一部分在瘤胃中被吸收、利用。当瘤胃开始发酵后，即使饲料中缺乏这类维生素，一般不会影响健康。饲料中维生素 C 进入瘤胃后，被瘤胃微生物分解失效，羊所需维生素 C 由其自身合成。配制饲粮时一般不考虑瘤胃能合成B族维生素和维生素K以及山羊能合成的维生素C。

（四）维持瘤胃正常环境和满足瘤胃微生物最大生长繁殖的营养

宿主与瘤胃微生物存在互惠互利的共生关系。瘤胃消化是为宿主动物提供能量和养分的主要环节，微生物帮助宿主消化自身不能消化的植物物质，为宿主提供能量和必需养分；宿主为微生物提供生长环境，瘤胃中植物性饲料和代谢物为微生物提供生长所需的能量和各种养分。因此，维持瘤胃正常的环境和充分满足瘤胃微生物最大生长繁殖的营养需要，是发挥山羊生产潜力的前提。生产实践中，为了满足高产山羊的需要，必须供给其富含蛋白质、能量的饲料和富含胡萝卜素的鲜绿多汁饲料。

（五）充分利用廉价饲料并保护高品质饲料

瘤胃微生物产生甲烷和氢，其所含的能量被浪费掉，生长也要消耗掉一部分能量，所以羊的饲料转化率一般低于单胃动物。同时，瘤胃微生物的发酵，将一些高品质的饲料分解为挥发性酸和氨等造成营养上的浪费。因此，一方面，应利用大量廉价饲草饲料以保证微生物最大生长的需要；另一方面，采用一些现代饲养技术将高品质的饲料保护起来，躲过瘤胃微生物分解直接进入真胃和小肠消化吸收，是提高饲草饲料利用率极为有效的方法。

（六）饲料利用方式与牛不同

羊的口唇薄而灵活，虽无上切齿，但下切齿锋利，采食时不像牛那样用舌将牧草卷入口中，而是用口将牧草纳入口中，用上板压住下切齿，头向前抬切断牧草，所以羊能够采食接近地面的短小牧草使牧草留茬较低。羊对饲料及牧草的选择性比牛强，不易食入铁钉等异物。羊能将整粒谷物饲料嚼碎，故有些饲料可不粉碎。绵羊以选择禾本科牧草为主，山羊喜欢采食杂草和灌木枝叶。羊的食性造成其特有的胃结构，采食大容积粗饲料的牛，其瓣胃大于网胃，便于在瓣胃中更进一步研磨、过滤和压榨由网胃进入的草料；而羊的瓣胃小于网胃，瓣胃容积平均为0.9 L，网胃容积约为2.0 L，故对高纤维粗饲料的消化能力较牛差，饲粮粗纤维增加到25%或以上，对消化产生不利的影响。与其他反刍动物相似，羊饲粮中也应含适当数量的易消化碳水化合物，这对提高瘤胃微生物发酵效率，保证山羊健康、提高营养物质的消化率、利用率及生产水平都是十分必要的。

第二节 山羊的饲草料分类及贮备、加工、调制

一、山羊的饲草料分类

山羊的饲草饲料，可大致归为青绿多汁饲料、发酵饲料、干粗饲料、精饲料（含能量饲料和蛋白质补充料）等四类。

（一）青绿多汁饲料

青绿多汁饲料是指天然含水率大于45%的新鲜的天然的或栽培的豆科、禾本科饲草、能被利用的灌木嫩枝叶，各种果树和乔木树叶，种植的玉米、豆科的秸秆，以及秧苗、菜叶等。

1. 青绿多汁饲料的营养特点

青绿多汁饲料所含营养成分丰富而完全，主要特点是水分含量高，一般可达60%～80%，大部分青绿饲料柔嫩多汁，纤维素少，具有良好的适口性和消化率，能增进羊的食欲，促进消化液分泌。按照青绿多汁饲料干物质计算，其中粗蛋白质含量10%～20%，粗脂肪含量达3%～5%，粗纤维含量达18%～30%，蛋白质中各种必需氨基酸含量比较高，品质比较好，蛋白质生物学效价可达80%以上。豆科青绿饲料含蛋白质高，如苜蓿干物质中含粗蛋白质20%左右，相当于玉米所含蛋白质的1.5倍和燕麦所含蛋白质的1倍，是供给羊体蛋白质的主要饲草。除维生素D外，其他维生素含量都很丰富。青绿多汁饲料是羊维生素的重要来源，经常饲喂青绿多汁饲料就不会出现维生素缺乏。青绿多汁饲料还含有丰富的矿物质，钙、磷含量丰富，比例适宜，富含铁、锰、锌、硒、铜等必需的微量元素。

豆科饲草虽然营养价值高，但是由于草中可发酵的碳水化合物在羊瘤胃内产生大量气体，易造成瘤胃膨胀。因此，在改良草场时应将豆科饲草和禾本科、菊科等饲草混播。

青绿多汁饲料的营养价值因其生长阶段不同而有很大差异，一般以抽穗或开花前期的青绿多汁饲料营养价值较高，此时为适宜的收割期；到老熟期时，其营养价值明显下降。饲喂时只需简单切短就可，由干草等粗饲料转换为青绿多汁饲料时应有一定的过渡时间，禁止饲喂堆放过久已经发黄变质的青绿多汁饲料，以防止发生亚硝酸盐中毒。青绿多汁饲料资源丰富，品种繁多，在有条件的地区，可因地制宜，充分开发和

利用本地资源，供给羊青绿多汁饲料，满足羊的营养需要，降低饲料成本。

2. 青绿多汁饲料种类

常见的青绿多汁饲料种类有野生青草和人工栽培的饲料作物，如青饲玉米、高粱、大麦、燕麦等、人工饲草（如苜蓿、黑麦草、三叶草、羊草、沙打旺、紫云英、鲁梅克斯、皇竹草等）、鲜嫩的藤蔓树叶枝叶（如桑叶、槐树叶、花生藤、甘薯蔓等），还有甘蓝、大白菜、青菜、萝卜叶、萝卜、胡萝卜、南瓜、甜菜和马铃薯，以及牛蒡、红薯等加工的下脚料等。

（二）发酵饲料

粗饲料经过微生物发酵而制成的饲料为发酵饲料。发酵饲料是以微生物、复合酶为发酵剂菌种，将饲料原料转化为微生物菌体蛋白、生物活性小肽类氨基酸、微生物、益生菌、复合酶制剂为一体的生物发酵饲料。粗饲料中富含纤维素、半纤维素、果胶物质、木质素等粗纤维，但难以被动物直接消化吸收，动物吃了会增加肠道负担，引起肠道疾病。发酵饲料不但可以弥补常规饲料中容易缺乏的氨基酸，而且能使其他粗饲料原料营养成分迅速转化，达到增强消化吸收利用效果。

1. 发酵饲料的种类

近年来发酵饲料已迅速发展成为当前新型饲料原料的主要类型之一。其制备方法主要有以下四种：第一种是利用微生物的发酵作用来改变饲料原料的理化性状，以延长存储时间、变废为宝、解毒脱毒等。第二种是利用微生物在液态培养基中大量生长繁殖产生菌体和单细胞蛋白，如酵母饲料、细菌饲料以及菌体蛋白如食用菌菌丝、微型海藻等。第三种是利用现代高科技的发酵工程，以积累微生物的一些有用的中间代谢产物或者特殊的代谢产物为目的。第四种就是培养繁殖可以直接饲喂的微生物，制备活菌制剂（微生态制剂、益生素等）。应用最为广泛的是第一种，该方法在制作工艺方面也比较简单。

2. 发酵饲料的特点和使用

从发酵菌种、生产工艺和发酵基质三个方面综合分析，发酵饲料的特点总结如下：①发酵饲料能够选择使用的微生物比传统饲料多。传统饲料在选择微生物的过程当中受到极大限制，能够选择和添加的微生物少之又少。最新的《饲料添加剂品种目录（2013）》显示可以在饲料当中添加的微生物一共有 35 种，这 35 种菌种当中乳酸菌种的占比超过一半，但由于乳酸菌耐性较差，在生产过程当中易失活，因而无法满足传统饲料的需求。同样的，传统饲料中也不能添加双歧杆菌。相比之下，发酵饲料能够选择添加的微生物菌种非常多，因为大多数菌种在发酵饲料的生产过程当中都不易失去活性，尤其是乳酸菌类，当处在发酵饲料的制作环境当中时，其浓度可以增加 100～1000 倍，而且这种状态至多可以维持一年之久，所以使用发酵饲料可以极大地改善动物的肠道健康问题，并且优化它们的生活环境。②发酵饲料使用的制作工艺和传统饲料不一样，所以微生物的生长状态和影响发酵的因素等也都有所不同。

影响发酵饲料发酵过程的因素主要有：①含水量。含水量也就是水分活度，而水分活度又与物料和微生物等有关，所以必须要控制好每一个环节，只有这样才能够保证发酵效果。否则的话，如果水分活度太高，那么对于好氧菌而言它们的代谢就会受到影响，因为在这样的环境下氧气不能够快速地流通，另外生产过程中使用的材料都会粘在一起，最终会影响饲料的使用效果；而水分活度如果太低，就会使得乳酸菌的发酵时间因为好氧菌的作用时间过长而被迫受到推迟，这是因为在低水分活度环境下，发酵过程中使用的材料就不能膨胀起来，水的表面张力会变大，还会存留过量的氧气。②物料的粒度。物料的粒度通过影响细胞的生长而影响发酵过程，不接触物料表面而自行生长的细胞获得的营养要比接触到物料表面的细胞少很多。③碳氮比。发酵饲料加工过程当中，影响其发酵效果的碳氮比指的是具有发酵作用的碳源物质和氮源物质的比值而不是所有碳氮的比值，另外碳氮比的最适值不是固定的，而是动态性的、会发生变化的，主要随着发酵过程中使用的微生物的种类的变化而变化。④温度。发酵环节中通常会有大量热产生，相比传统饲料制作过程当中的液体发酵环节，发酵饲料加工过程中的固体发酵更难控制温度，但只要采取正确的措施就可以成功控制温度。⑤发酵饲料所使用的发酵物料要满足多种条件，比如既要为微生物提供合适的生长环境，又要保证饲养动物能够从饲料中获得足够的营养等。

几种较常见和使用的发酵基质的特性：①以淀粉副产物为主要成分的发酵基质，如小麦胚乳和麸屑、米糠（富含蛋白质）、木薯渣和糖渣等，非常适合微生物生长和繁殖，能够为其提供大量的能量，但是如果使用过多，可能会导致材料黏在一起，还会降低动物的采食量。②以谷类副产物为主要成分的发酵基料，是由玉米和大豆的副产物还有水果渣等组成的，该类发酵基料的 pH 适中，既不呈酸性也不呈碱性，所以使用该种发酵基料的培养基对于很多微生物而言是非常合适的，但是不好包装，而且容易出现毒素超标的情况，因此要适量使用。

(三) 干粗饲料

干粗饲料作为山羊舍饲期或半舍饲期的重要饲料，一般指按绝对干物质计算，粗纤维素含量超过 18%的干草、秸秆、秕壳等。粗饲料来源广、种类多、产量高、价格廉，是饲养肥育羊的主要饲料，也符合我国的具体国情。

干粗饲料包括各种作物秸秆及茎叶，如稻草、麦秸、玉米秸等。还有谷糠、花生秧、甘薯秧、杂草、粗干草等。这类饲料所含营养成分少于青干草，含木质素多，含热能少。另外，还有干制青绿饲料，是为了保存青饲料营养成分，以代替青饲料。青干草和树叶是枯草季节最优质的饲料，主要是指晒干后带有绿颜色的饲草、杂草、作物叶、果树叶及柳、榆、刺槐等乔木、灌木的嫩枝叶。青干草和精料相比，其营养物质的含量比较平衡，尤其是豆科青干草的蛋白质比较完善，含维生素和矿物质较多。

1. 粗饲料的营养特点

①粗蛋白质含量低（3%～4%）。②维生素含量极低。如每千克秸秆中含胡萝卜素只有 2～5 mg。③粗纤维素含量很高，均在 30%～50%。因此，消化率的变化也很大（30%～90%）。④多数粗饲料钙多、磷少，硅酸盐的含量最多，因此降低了消化率。⑤总能含量高，但消化能的含量低。

2. 秸秆

秸秆是农作物脱粒后所剩的茎秆。秸秆的特点：木质化的粗纤维素含量高，硅酸盐沉淀多；粗蛋白质含量低，可消化粗蛋白质含量更低；干物质含量高，但由于消化率低采食量也低；钾含量高而钙、磷、钠、镁含量低；总能高而消化能含量低；维生素含量非常低。各种作物秸秆在营养价值上也有一定差异，按消化能和可消化粗蛋白质两项指标，其营养价值的排序为：玉米秸秆>黑麦、燕麦秸>大麦秸>稻草>小麦秸。

秸秆用作山羊的粗饲料时，要着重解决以下几个问题：①用物理、化学或生物学手段破坏木质化纤维素的结构，提高半纤维素和纤维素的消化率，增加动物的采食量。②用氨化的方法，增加秸秆的含氮量。③补充秸秆中所缺少的维生素、矿物质和微量元素，激活瘤胃微生物的活力，促进其对秸秆类粗饲料的发酵能力。④限量使用秸秆，最好把秸秆和精饲料以及其他粗饲料混合使用。秸秆的最佳使用量为占日粮干物质的20%左右。提高秸秆类粗饲料消化和利用率的方法有：①物理方法。切碎、粉碎、蒸煮、浸泡。②化学方法。碱化（石灰、烧碱）、酸化（稀盐酸、醋酸、甲酸等）、氨化（干氨、氨水和尿素等）。③生物学方法。青贮、黄贮（半干青贮）、微化。

（四）精饲料

精饲料主要是指禾本科作物和豆科作物的籽实，如玉米、大麦、高粱、燕麦等谷类和大豆、豌豆、蚕豆等豆类。此外，还有农产品加工的副产品，如麸皮、米糠以及棉籽饼、豆饼等各种饼粕。可分为能量饲料和蛋白质饲料。精饲料具有可消化营养物质含量高、体积小、水分少、粗纤维含量低和消化率高等特点。精饲料是肉用羊的必需饲料，也是冬春缺草时节必需的饲料。

不同品类的精饲料所含营养成分不同。如玉米含淀粉70%，能量高，但是含蛋白质较少，尤其是色氨酸缺乏。因此若只喂玉米，羊会发育不良。豆类含蛋白质比禾本科作物的籽实高1～2倍，无氮浸出物的含量则低于禾本科籽实。如将两类精饲料配合饲喂则其营养成分能互相补充。

1. 能量饲料

能量饲料指的是在干物质中粗纤维含量低于6%、粗蛋白含量低于20%的谷实类、糠麸类等，一般每千克饲料干物质中含消化能10.45 MJ以上。消化能高于2.54 MJ/kg的饲料称为高能饲料。豆类与油料作物籽实及其加工副产品也具有能量饲料的特性，但由于蛋白质含量高，故列为蛋白质饲料。

玉米籽实是羊的基础饲料之一。玉米产量高，其所含能量浓度很高，但玉米的蛋白质、无机盐、维生素含量较低，特别是缺乏赖氨酸和色氨酸，蛋白质品质较差。因此，饲喂玉米时应补充优质蛋白质、无机盐和维生素。玉米含有丰富的维生素A源（β-胡萝卜素）。所有玉米中维生素D的含量很少，而含硫胺素多。

高粱籽实是一种重要的能量饲料。去壳高粱与玉米一样，主要成分为淀粉，粗纤维少，易消化，营养高。但胡萝卜素及维生素D的含量较少，B族维生素含量与玉米相当，烟酸含量少。高粱中含有鞣酸，有苦味，羊不爱采食。鞣酸主要存在于壳部，色深者含量高。所以，在配合饲料中，色深者配制时宜加到10%，色浅者可加到20%。在羔羊补饲的饲料中加一定量的高粱，可防止羊羔腹泻。高粱用作羊的饲料，一般粉碎后喂给，整喂时消化率低。

大麦是一种重要的能量饲料，其粗蛋白质含量较高，约为12%，赖氨酸含量在0.52%以上，无氮浸出物含量也高，粗脂肪含量不及玉米的一半，在2%以下；钙、磷含量比玉米高，胡萝卜素和维生素D不足，维生素 B_2 少，维生素 B_1 和烟酸含量丰富。山羊可适量饲喂大麦，饲喂时将大麦粉碎即可，粉碎过细影响适口性；整粒饲喂不利于消化，因而易造成浪费。

麦麸包括小麦、大麦等麸皮，是来源广、数量大的一种能量饲料，其饲用价值一般和米糠相似。大麦在能量、蛋白质、粗纤维含量方面都优于小麦麸。麦麸的适口性较好，质地膨松，具有轻泻性，是妊娠母羊后期和哺乳母羊的良好饲料，但饲喂羊羔效果稍差。由于麦麸容积大，质地松散，饲喂时加水搅拌或配合青饲料一起饲喂较好。

2. 蛋白质饲料

蛋白质饲料是指干物质中粗纤维含量低于6%，同时粗蛋白质含量在20%以上的饼粕类饲料、豆科籽实及一些加工副产品。

豆饼和豆粕是养羊生产中最常用的主要植物性蛋白质饲料，营养价值很高，而价格又较豆类低廉。豆饼含粗蛋白质40%以上、粗脂肪5%、粗纤维6%、含磷较多而钙不足，缺乏胡萝卜素和维生素D，富含维生素 B_2 和烟酸。

3. 豆科籽实

豆科籽实是一种优质的蛋白质和能量饲料。豆科籽实蛋白质含量丰富，为20%～40%，而无氮浸出物较谷实类低，只有28%～62%。由于豆科籽实有机物中蛋白质含量较谷物籽实类高，故其消化能较高。特别是大豆，含有很多油脂，故它的能量价值甚至超过谷物籽实中的玉米。无机盐与维生素含量与谷物籽实类大致相似，不过维生素 B_2 与维生素 B_1 的含量有些种类稍高于谷物籽实。含钙量虽然稍高一些，但钙磷比例不适宜，磷多钙少。豆科饲料在植物性蛋白质饲料中应是最好的，尤其是植物蛋白中最缺乏的限制性氨基酸——赖氨酸含量较高。蚕豆、豌豆、大豆饼的赖氨酸含量分别为1.80%、1.76%和3.09%。但是豆类蛋白质中最缺乏的是蛋氨酸，其在蚕豆、豌豆和大豆饼中的含量分别为0.29%、0.34%和0.79%。豆类饲料含有抗胰蛋白酶、致甲状腺肿大物质、皂素和血凝集素等，会影响豆类饲料的适口性、消化率及动物的一些消化生理过程。但这些物质经适当的热处理（加热100 ℃，3 min）后就会失去作用。

二、饲草料加工和调制方法

在实际生产中，干草品质除受收获时期和收获茬次的影响外，也受到各种调制技术的影响。山羊饲草饲料的加工调制可让一些不易于存储的新鲜饲草经过加工后得以保存，在冬季或者早春时节缺乏新鲜饲草的时候及时补充，为羊群提供充足的饲料，并且提供充足的营养。饲草饲料生产调制必须要有科学技术作支撑，才能提高饲草饲料生产水平，在饲草饲料生长中，主要的方法有机械加工法、化学处理法、微生物处理法等几种，需要使用专业的机械设备进行生产，并且要选择质量较好的饲草原料进行加工。

（一）机械处理

机械处理主要是通过机械作用将饲草茎秆压扁或切短，加快饲草茎秆水分的散失速度，缩短饲草的干燥时间。主要针对一些比较长、粗纤维含量较丰富的饲草，包括切短、揉碎、磨碎压扁、晾干等环节。用于机械处理的饲草原料主要是农作物秸秆，随着近年来产业联合发展理念的不断推进，人们对农作物秸秆的利用率不断提高。

在处理饲草前必须要对饲草进行晾晒，保证饲草干燥，防止直接加工湿润的饲草。雨水较少的时节，饲草收获后可找宽敞的地方晾晒，降雨较多时可采用草架晒草的方式，在草架上端安装防雨设备，雨水较多时需要更长的时间才能将饲草晾干。如果条件允许也可使用机械设备对饲草进行干燥处理，如将饲草放入到高温烘干机中进行烘干，快速、方便。饲草干燥时间的长短主要取决于其茎秆干燥所需时间，叶片的干燥速度要比茎秆快得多。

通过压扁或压裂处理，可以破坏饲草茎秆的角质层、维管束和表皮，使茎秆的内部暴露于空气中，有助于消除茎秆角质层和纤维束对水分蒸发的阻碍，加快茎秆中水分蒸发的速度，实现茎秆和叶片的干燥速度尽可能同步，提高饲草整体的干燥速度，进而减少调制过程中的营养物质损失。对饲草进行压裂或压扁处理多见于豆科饲草上。1995 年 Bruhn 在威斯康星州的试验结果表明，紫花苜蓿收获后，无论是在良好天气还是普通天气条件下，压扁苜蓿都比未压扁苜蓿的干燥速度快，且在良好天气条件下，压扁加快干燥的效果更明显。在良好天气条件下，茎秆压扁处理可使紫花苜蓿和白三叶较普通干燥法干物质和碳水化合物少损失 1/3～

1/2，粗蛋白质少损失1/5～1/3；但在阴雨天，茎秆压扁的饲草因雨淋而导致的营养物质损失更多，从而产生不良效果。压裂茎秆干燥苜蓿的时间比不压裂干燥缩短30%～50%，可减少呼吸、光化学和酶的作用时间，从而减少苜蓿营养物质损失。杨志忠等在对苜蓿干草晾晒时间与水分损失的研究中发现，使苜蓿的水分含量降到25%以下，轻微压扁和重压扁晾晒时间要比未经处理的分别少用16 h和20 h。张秀芬发现压扁苜蓿茎秆可以加快其干燥速度，并且压扁苜蓿茎秆后，其茎、叶的干燥速度趋于一致，减少了叶及幼嫩部分的营养损失。高彩霞和王培报道压扁使苜蓿茎叶干燥速度趋于一致，叶片损失少，干燥时间缩短，从而减少饲草的呼吸作用和光化学作用与酶的活动时间，也减少了饲草受到雨淋和露水浸湿的损失，提高了干草质量。而压扁对干燥速度的影响在不同茬次刈割的饲草上却表现出不一致，董志国等报道机械方法压扁茎秆只对初次刈割的苜蓿的干燥速度有较大影响，而对再次刈割的苜蓿的干燥速度影响不大。以上结果总体表明压扁或压裂处理不仅能有效提高饲草的干燥速度，还能减少干草的营养损失，但是压扁处理要有一定的限度，过度的压扁可能导致营养物质损失较多，反而不利于生产优质干草产品。周卫东等报道重度压扁苜蓿干燥时间虽然比轻度压扁缩短20～24 h，但营养损失较多，综合评定认为调制苜蓿干草时以轻度压扁效果较好。

切短也是提高饲草干燥速度的一种处理方式，但这方面的报道不多。周卫东等也发现在水泥地晾晒时切短苜蓿能提高其干燥速度，且切短和压扁同时处理效果更好。虽然压裂茎秆的同时会导致细胞破裂引起细胞液的渗出，可能造成部分营养物质随之流失，但这种损失相对于压扁加速干燥所减少的营养物质损失还是比较小的，因此压扁或压裂处理在干草生产中具有一定的优势，是常用的调制干草的技术措施。将农作物秸秆采集回来后洗干净、切成1～2 cm的小段，再加入适量的干草进行碾碎，混合后可喂养羊群。如果是块根块茎料，多汁，则应将其切成3 cm×2.5 cm的小块、片状、条状，便于羊群咀嚼和吸收。

（二）化学处理

化学处理法指的是利用一些化学制剂对饲料进行处理的方法，如氨化技术是最常见的化学处理方法。氨化法目前在很多地区都有应用，推广范围较广，是粗饲料加工调制的主要方法。经过氨化处理后饲料的含氮量可增加1%左右，蛋白质含量也可增加5%左右，而且便于羊群采食，可有效提高饲料的消化率。小麦秸秆、玉米秸秆等是最常见的饲料，处理这些秸秆的主要方法就是氨化，经过处理后羊群采食的吸收率比直接采食秸秆的吸收率高30%左右。

氨化法也比较简单，将秸秆收获后堆放，在其中添加一定比例的氨源，密封放置，环境的温度保持在20 ℃以上，让秸秆发生氨解反应，经过20 d左右开封，再通风1 d，等到氨味消失后可用于饲喂。经过研究发现，氨化处理后的饲草的营养水平相当于中等品种的青干草，营养水平较高。

（三）生物处理

微生物处理法是目前最常见的饲草处理方法，青贮和微贮是主要的微生物处理法。

1. 青贮法

青贮在早春时节和冬季最常用，通过加入微生物让饲料发酵，处理后的饲料柔软多汁、营养丰富、适口性较好，而且便于存储，是很多动物喜欢的饲料（后文详述）。

2. 微贮法

微贮指的是将微生物活干菌剂溶解后与盐水混合，再喷洒到秸秆上，或者直接在秸秆中放入微生物菌种，放入容器中，在厌氧条件下发酵。经过微贮处理的饲料纤维素可以转化为菌体蛋白，有利于羊群吸收。

（四）总结

上述这些方法和技术都有各自的优点，但也有其局限性，采用其中某单一的方法并不能完全解决秸秆生产存在的诸多问题。比如，物理法处理只能改善秸秆饲料的适口性和采食率问题，并不能提高秸秆饲料的营养价值和消化率；化学法中主要为氨化处理，氨化虽然可以明显提高秸秆饲料的营养价值，却无法解决秸秆中木质素、纤维素难消化的问题，同时存在氨消耗量大和容易产生氨中毒现象；生物处理法中青贮法并不提高秸秆饲料的营养价值和消化率，而且仅比较适用于玉米秸秆；微贮法也面临因秸秆的纤维素、木质素与蜡质紧密结合在一起，抑制和降低了各种酶的活性问题。

第三节　青贮饲料

一、青贮饲料的概念

青贮是指将新鲜的青绿多汁饲料在收获后直接或经适当处理后，切碎、压实、密封于青贮窖、壕或塔内，在厌氧环境下乳酸菌大量繁殖，抑制霉菌和腐败菌的生长，并达到把青绿饲料中的养分长期保存下来的目的。它是解决草食动物常年均衡供应青绿饲料需求的重要技术措施。

青贮包括常规青贮（高水分青贮）、半干青贮（低水分青贮）和添加剂青贮。目前在草食动物生产上常用的青贮饲料有玉米秸秆青贮和全株玉米青贮饲料等。

青贮饲料的营养价值因青贮原料的不同而异。其共同特点是粗蛋白质是由非蛋白氮组成，且酰胺和氨基酸的比例较高，大部分淀粉和糖类分解乳酸，粗纤维质地变软，胡萝卜素含量丰富，酸香可口，具有轻泻作用。

青贮的原理是通过控制高水分饲料的发酵作用，特别是抑制有害微生物的生长繁殖，防止饲料发生腐败变质，以改变饲料性质的调制过程。青贮饲料因种类不同，其调制原理也各不相同，具体分类如下。

（一）常规青贮

常规青贮主要是利用乳酸菌的发酵作用。在青绿饲料作物上所附着的微生物主要是好氧真菌和细菌，随着青贮的进程逐渐被厌氧菌及兼性厌氧菌所取代。乳酸菌是一种兼性厌氧菌，仅少量存在于生长作物的表面，在青贮过程中乳酸菌快速增殖，将青贮原料中的水溶性碳水化合物发酵形成有机酸，主要为乳酸。乳酸可降低原料的pH，当pH值降至3.8～4.0时，各种微生物包括乳酸菌的活动全部停止。此时，青贮饲料可长期保存下去。

（二）半干青贮

将青贮原料风干至水分含量为40％～55％，使腐败菌和酪酸菌及乳酸菌处于生理干燥状态，从而抑制各种有害微生物的生长繁殖。一般青贮法中认为不宜青贮的原料（如豆科牧草）也都可以采用半干青贮法制作青贮。

（三）外加添加剂青贮

当青贮原料中水溶性碳水化合物含量较低时，如豆科植物青贮，可通过外加添加剂的方法来保证青贮饲料的品质。常用的青贮添加剂可分为两类：一类是促进乳酸菌发酵的物质，如糖蜜、乳酸菌制剂等；另一类是抑制微生物生长的物质，如甲酸、甲醛等。通过外加添加剂，可促进乳酸菌的生长和增殖，或使青贮原料的 pH 值迅速降至 3.8～4.0，从而达到调制优质青贮饲料的目的。

（四）谷实青贮

饲用谷物如玉米、大麦、高粱和燕麦等，在籽粒成熟后（含水量 25%～40%），不经干燥即直接储存于密闭的青贮设备中，经乳酸菌发酵即可制成谷实青贮饲料。

二、青贮饲料的意义

青贮饲料作为饲料体系中的重要组成部分，是畜牧业的基础，在畜牧养殖中发挥着重要作用。

（一）有效保存饲草的营养价值

由于青贮过程中饲草暴露时间较短，几乎不受日晒、雨淋等天气条件的影响，氧化分解的程度低，维生素、可溶性糖类等高营养价值的养分损失小。并且，由于不经过翻晒等田间机械作业，减少了由机械作业造成的落叶等损失。青绿饲草饲料在密封厌氧条件下保存，也可减少营养物质的损失。与青贮原料相比，优良的青贮饲料的碳水化合物总量变化不大，糖多转化为乳酸，蛋白质损耗少，胡萝卜素可保持在 90%以上，营养价值只降低 3%～10%。而在青绿饲料晒制干草的过程中，由于植物细胞的呼吸作用、枝叶脱落及机械损失等原因，营养价值降低 30%～50%。

（二）适口性好，消化率高

牧草及饲料作物经过青贮后可以很好地保持青绿饲料的鲜嫩汁液，质地柔软，并且产生大量的乳酸和少部分乙酸，具有酸甜清香味，从而提高了家畜的适口性。

（三）扩大饲料来源，有利于畜牧业发展

青贮原料除饲料作物、牧草及一些新鲜的农副产品外，一些畜禽不喜欢采食或不能直接采食的野草、野菜、树叶等无毒青绿植物，经过发酵，可以变成畜禽喜食的饲料。

（四）调制青贮不受气候等环境条件的影响，可以长期保存利用

在调制青贮饲料的过程中，几乎不受风吹、日晒和雨淋等不利气候因素的影响，贮藏过程也不易于发生火灾等事故，可实现长期安全贮藏。在阴雨季节或天气不好，难以调制干草时，只要按青贮规程的要求进行操作，仍可以制成良好的青贮饲料。

（五）可减少消化系统和寄生虫病的发生，同时减轻杂草危害

很多病虫为害过的牧草与饲料作物原料，进行青贮发酵后，由于青贮容器里缺乏氧气，并且酸度较高，寄生虫及其虫卵或病菌失去活力，因此可减少家畜寄生虫病和消化道疾病的发生。此外，许多杂草的种子，经过青贮后便失去发芽的能力，如将杂草及时青贮，不但给家畜储备了饲草，而且减少了农田杂草的危害。

（六）节省加工调制与饲料贮藏的成本

青贮饲料的调制成本包括青贮容器成本、机械成本、劳动力成本、原料成本等。调制青贮饲料的青贮容器可因地制宜选择，最大能效地发挥其利用潜力，创造最大经济效益。近年来推广采用的地面堆贮、塑料袋青贮、拉伸膜裹包青贮等青贮工艺，可不必建设永久性的青贮措施，降低投资风险和投资压力。

三、青贮饲料的原料

可用作青贮原料的饲用植物种类繁多，理想的青贮原料应具有以下特点：富含乳酸菌可发酵的碳水化合物；有适当的水分，适合乳酸菌繁殖的含水量为65%～75%，豆科牧草的含水量以60%～70%为宜；具有较低的缓冲能；适宜的物理结构，以便青贮时易于压实。实际上，很多饲用植物不完全具备上述条件，调制青贮时，必须采用诸如田间晾晒凋萎或加水、适度切短或使用添加剂等技术措施使其完善。青贮原料根据区域气候特点可以分为冷季型牧草、暖季型牧草和饲料作物，饲料作物主要以玉米为主进行青贮。

（一）冷季型牧草

冷季型牧草生长在比较冷凉的地带，在温度为5 ℃开始生长，最适宜生长温度为15 ℃～25 ℃。一般的冷季型牧草茎秆比暖季型柔软，家畜利用率高，蛋白质含量低，缓冲能力低。

1. 禾本科牧草

（1）多花黑麦草。多花黑麦草草质好，柔嫩多汁，适口性好，各种家畜均喜食，也是养草鱼的好饲料。利用方式以刈割青饲、制干草或青贮料为主。多花黑麦草因水分含量高，所以直接青贮难度较大。但适当凋萎，降低青草含水量后则可达到满意的青贮效果。

（2）鸭茅。鸭茅是一种优质牧草，其营养丰富，草质柔软，适口性良好，各种家畜极喜食，既可以作青饲、干草，也可放牧利用。

（3）羊草。羊草茎秆细嫩，叶量丰富，为各种家畜喜食，夏秋能抓膘催肥，冬春能补饲营养。尤其用羊草调制的干草，颜色浓绿，气味芳香，是上等优质饲草。

（4）燕麦。燕麦是一种优良的草料兼用作物，叶多，茎秆柔软，叶片肥厚，细嫩多汁，适口性好，蛋白质可消化率高，营养丰富，可鲜喂，但主要供调制青贮饲料或干草。

2. 豆科牧草

（1）紫花苜蓿。紫花苜蓿是各种家畜的上等饲草。无论青饲、放牧，还是调制干草、青贮，适口性均好。

（2）白三叶。白三叶茎叶柔软细嫩，适口性好，营养丰富，是猪、鸡、鸭、鹅、兔、鱼的优良青绿多汁饲料，也是牛、羊、马的优质饲草。

（3）白花草木樨。白花草木樨营养价值较高、含有丰富的粗蛋白和氨基酸，是家畜的优良饲草。可青饲、放牧利用，也可以调制成干草或青贮后饲喂。

3. 其他牧草

除了上述牧草外，适于作青贮原料的冷季型牧草还有多年生黑麦草、无芒雀麦、赖草、披碱草、蒙古冰草、红三叶、沙打旺、紫云英、红豆草、小冠花和百脉根等。

（二）暖季型牧草

暖季型牧草生长在热带、亚热带地区，该类牧草最适生长温度为27 ℃～32 ℃，耐高温，但耐低温能力差。

1. 禾本科牧草

（1）象草。象草不但产量高，而且营养价值也较高。适时收割的象草，柔嫩多汁，适口性好，牛、羊、马均很喜食，也可养鱼。一般多用青饲，也可青贮，晒制干草和粉碎成干草粉。

（2）苏丹草。苏丹草株高茎细，再生性强，产量高，适于调制干草，也可供夏季放牧使用。其茎叶产量高，含糖丰富，尤其是与高粱的杂交种，最适于调制青贮饲料。在旱作区栽培，其价值超过玉米青贮饲料。

苏丹草营养丰富，且消化率高。营养期粗脂肪和无氮浸出物含量较高，抽穗期粗蛋白含量较高，粗蛋白中各类氨基酸含量也很丰富。另外，苏丹草还含有丰富的胡萝卜素。

（3）狗牙根。狗牙根植株低矮，耐践踏，适于放牧利用。如气候适宜，水肥充足，植株较高，也可刈割晒制干草和青贮。狗牙根草质柔软，味淡，其茎微甜，叶量丰富。黄牛、水牛、马、山羊及兔等牲畜均喜食，幼嫩时也为猪及家禽所采食。狗牙根的粗蛋白、无氮浸出物及粗灰分等的含量较高，特别是幼嫩时期，其粗蛋白含量占干物质的17.58%。

2. 豆科牧草

（1）圭亚那柱花草。粗糙型的圭亚那柱花草生长早期适口性比较差，到后期逐渐为牛喜食。细茎型圭亚那柱花草适口性好，整个生长时期均为牛、羊、兔等家畜喜食，叶量较丰富，除放牧、青刈外，调制干草也为家畜喜食。

（2）银合欢。银合欢茎叶和种子中营养物质含量丰富，适口性好，牛、马、羊、兔均喜采食。其叶片含大量叶黄素和胡萝卜素，可沉积于鸡皮肤和蛋黄，使之变成消费者喜好的深橘色。茎可以喂牛，叶粉是猪、鸡、兔的优质补充饲料。

（3）绿叶山蚂蟥。绿叶山蚂蟥产草量高，播种后可刈割2～3次，每公顷产鲜草60 t左右。绿叶山蚂蟥叶质柔软，适口性好，猪、兔、鱼均喜食。茎叶营养价值高，可放牧利用，也可调制干草。其人工干燥的叶片可作为苜蓿粉替代品，用于饲喂牛、羊。

3. 其他牧草

除了上述牧草外，适于作青贮原料的暖季型牧草还有结缕草、狗尾草、狼尾草和黑籽雀稗等。

（三）饲料作物

我国对饲料作物的青贮以玉米为主。玉米是世界上分布最广的作物之一，是我国的第二大粮食作物。玉米又称为饲料之王，不仅在于其籽粒可作为饲料，其茎叶也是草食动物的优质饲草。

根据玉米的饲用用途，可将玉米的品种类型分为青贮玉米、粮饲兼用玉米和粮用玉米。青贮玉米是指在玉米乳熟期至蜡熟期，收获包括果穗在内的整株玉米，经切碎加工贮藏发酵，调制成饲料，饲喂以牛、羊为主的草食家畜。青贮玉米营养丰富，非结构性碳水化合物含量高，收获时具有较高的干物质产量，与其他青贮饲料相比具有较高的能量和良好的利用率。粮饲兼用玉米有两种用途：一是果穗成熟时茎叶仍保持鲜绿，果穗收获后，秸秆可作青贮用；二是指品种既有较高的籽粒产量，又有较高的全株生物产量，可根据玉米市场价格情况，决定整株青贮或采收籽粒。粮用玉米则以收获玉米籽粒为主，秸秆可作为青贮的原料。

玉米作为青贮原料具有诸多优点。首先，玉米的单位面积生物产量高，且营养物质含量丰富。玉米具有植物高大、茎叶繁茂等特点，生物产量很高，一般每公顷的产量可达 45～60 t。保持青绿状态的玉米秸秆，碳水化合物含量丰富，纤维含量较低，能量含量高，具有良好的消化性，饲料价值高。青贮玉米专用品种，在育种目标中强调提高淀粉和蛋白质含量，提高纤维性物质的利用率。如果采取全株青贮利用方式，营养价值更佳，是优质的动物饲料。其次，玉米含有较高的可溶性碳水化合物，易于调制成优质的青贮饲料。玉米茎秆中含有大量的可溶性碳水化合物，经过切碎等加工处理，可为乳酸菌发酵提供充足的发酵底物，青贮易于调制成功。最后，玉米收获和青贮调制可采用机械化作业，节约劳动力。目前，采用玉米青贮联合收获机可实现玉米直接切碎装载到运输车辆上，运回青贮基地后可及时装填、压实。新型的切碎裹包体系可在固定场所或田间对切碎的玉米打捆成形并实施密封，全部采用机械化处理，大大减少劳动力的消耗。

此外，灌木、树叶及食品加工业副产品等均可作为青贮原料，通过单一青贮和混合青贮等技术措施调制成青贮饲料。

（四）青贮饲料的特点

1. 青贮过程中的营养耗损

青绿饲料在青贮过程中其营养物质和能量有一定的损耗，其中发酵损耗和氧化损耗可达 5%～6%，而田间损耗和汁液损耗则随青贮设备和技术不同而异。青贮过程中的营养物质总耗能一般为 8%～27%，其中半干青贮的营养损耗较低，为 8%～16%。

2. 青贮饲料的主要营养特性

优质青贮饲料的品质与其青贮原料接近，主要表现为青贮饲料酸香可口，适口性好，具有轻泻作用。大部分淀粉和糖类分解为乳酸，粗纤维质地变软，胡萝卜素含量丰富。粗蛋白质主要是由非蛋白氮组成，且酰胺和氨基酸的比例较高，青贮饲料的氮利用率常低于青贮原料或同类干草。青贮饲料是草食动物的基础饲料，其饲喂量不超过日粮的 30%～50%为宜。

（五）青贮饲料的容器

调制青草饲料的关键是密封良好的青贮容器，生产中可根据需要选择不同的容器类型。

1. 青贮容器的类型

青贮过程中用于保存青贮饲料的容器称为青贮容器。青贮容器种类较多，但大体上可分为实验室青贮容器和生产用青贮容器两大类。

（1）实验室青贮容器。目前实验室青贮最常使用的是聚乙烯袋和塑料罐。实验室青贮用聚乙烯袋的厚度一般为 8～10 mm，具有良好的机械强度和气密性。聚乙烯袋的规格一般为 20 cm×40 cm 或 40 cm×80 cm，也可根据实际需要用聚乙烯薄膜自行制作。青贮袋装入适量青贮原料后用抽真空机抽净袋内空气密封保存即可。实验室青贮塑料罐的容积一般为 100 mL、250 mL、500 mL 或 1 L，将青贮原料装罐后压实，排出空气，盖紧内、外瓶盖，用绝缘胶带密封罐口保存。

（2）生产用青贮容器。生产用青贮容器主要有堆积式青贮、青贮塔、青贮窖、青贮壕、拉伸膜裹包青贮和塑料青贮等几种类型。

2. 青贮容器的选择

制作青贮饲料时，无论青贮容器的类型和形式如何，都必须达到下列要求。

（1）选址。一般要在地势较高、地下水位较低、土质坚实、离畜舍较近、制作和取用青贮饲料方便的地方。

（2）容器的形状与大小。永久性青贮容器的形状一般为长方形，可建成地下式、地上式或半地下式；青贮容器的深浅、大小可根据所养家畜的头数、饲喂期的长短和需要贮存的饲草的数量进行设计。青贮容器的宽度或直径一般应小于深度，宽与深之比为 1∶1.5 或 1∶2，以利于青贮饲料借助本身重力而压得紧实，减少空气，保证青贮饲料质量。

（3）密封青贮容器。要能够便于密封，并能防止空气的进入，四壁要平直光滑，以防止空气的积聚，并有利于牧草饲料的装填压实。

（4）青贮容器底部。青贮容器底部从一端到另一端须形成一定的斜坡，或一端建成锅底形，以便使过多的汁液能够排出。

（5）能防冻地上式青贮容器。必须能很好地防止青贮饲料冻结。

3. 青贮容器的容量及容量估测

青贮容器的容量大小与青贮原料的种类、水分含量、切碎压实程度及青贮容器的种类等有关。

（1）圆形窖和圆形青贮塔容量计算公式如下：

容量＝（π×青贮塔（窖）半径的平方×青贮塔（窖）的深度×单位体积内的容重，π值取3.14。

（2）长形青贮窖的容量计算公式如下：

容量＝窖长×窖深×窖宽×单位体积内的容重

（六）青贮饲料的调制

1. 一般青贮（普通青贮）的操作技术

（1）收割。掌握好各种青贮原料的收割时间，及时收割。一般密植青刈玉米在乳熟期，豆科植物在开花初期，禾本科及牧草在抽穗期，甘薯藤在霜前收割。这时原料的营养成分和产量都高，并含有适宜的水分，可随割随贮。

（2）运输。收割后的青贮原料若放在田间时间过长，会因水分蒸发、细胞呼吸作用和掉叶等，造成养分的损失。故青贮原料要割、运、贮连续进行。

（3）切碎。将青贮原料切碎。根据饲喂对象和原料的不同，切成2～5 cm长短。切碎的青饲料容易踩实、压紧，利于空气的排出，沉降均匀，养分损失少。同时，切碎的植物组织伴有大量汁液渗出，有利于乳酸菌的生长，加速青贮过程。

（4）装窖、踩实。青贮原料的含水量是调制青贮的主要条件。水分不足，青贮时难以压实，原料积聚空气过多，杂菌活动旺盛，氧化作用加强，营养损失多；水分含量过多，青贮料酸浓度不足，厌氧的酪酸菌就容易生长，使青贮腐败变霉发臭。因此，制作青贮饲料时，应根据原料含水量的不同，进行适当的处理。一般适宜的含水量为65%～75%。随装随踩，每装30 cm左右踩实1次，尤其要踩实边缘，踩得越实越好。如不能1次装满全窖，可以装填一部分后立即在原料上面盖上一层塑料薄膜，窖面盖上木板，翌日继续装填。

（5）封窖：装窖几天之后青贮料会发生下沉，故装填应高于窖的边缘30 cm，周围先用木板围好，待下沉后（2～3 d），将木围板除去，盖上一层切短（5～10 cm）的青草，厚度约20 cm，然后盖土踩实。土质干燥的，可洒上一些清水。盖土厚度约60 cm，堆成馒头形状。拍平表面，并在窖的周围挖排水沟，最初几天应注意检查，如发现盖土裂缝，需及时修好，保证窖内呈无空气状态。

掌握好上述调制青贮饲料的方法和原则，一般就能调制出优质的青贮饲料，但需要特别注意防止酪酸菌发酵。酪酸菌是以普通芽孢休眠状态存在于土壤中的，如遇温度高的厌氧条件和适当的营养条件，便可旺盛繁殖。它不仅分解糖和淀粉，而且还能分解乳酸、蛋白质和其他含氮化合物。在青贮窖内，一旦有酪酸菌开始活动生成氨，氨和酸中和就会造成乳酸减少，pH 值上升，同时产生二氧化碳气体，使厌氧条件增高，这样就更加助长酪酸菌的繁殖，其结果必然造成养分大量损失和青贮饲料品质恶化。为了阻止酪酸菌发酵，首先要避免泥土、粪便和腐败物混入青贮原料中；其次要尽快使 pH 值降低到 4.2 以下。多数乳酸菌属于半厌氧细菌，不管氧气存在与否都能繁殖。而酪酸菌是属于绝对厌氧性细菌。因此，在青贮的初期由于窖内有残留的氧气，酪酸菌不能繁殖，但乳酸菌能旺盛增殖。由于乳酸菌的活动，生成大量乳酸，pH 值迅速下降，不利于酪酸菌的活动，使它不能繁殖。

2. 半干青贮饲料的调制方法

禾本科牧草在孕穗期至抽穗期，豆科牧草在现蕾期至开花期，即可收割，随即集成草垄，每个草垄茎叶以不超过 4～5 kg 为宜。

（1）半干青贮的一般调制方法。收割的青饲料，一般晾晒 24～36 h，使含水量降到 45%～55%，即可铡碎作半干青贮。

禾本科牧草（如象草）晾晒后外观已失去鲜绿色，叶片卷成筒状，但茎叶保持新鲜，用手挤压，能挤出水分，此时铡碎入窖，测定其茎叶含水量为 62%（象草茎秆表面有蜡质，水分较难以散失）。豆科牧草（如苜蓿）晾晒至叶片卷成筒状，叶柄易折断，压迫茎时能挤出水分，此时铡碎入窖，测定其茎叶内含水量为 50%左右。

饲料可用铡草机，铡成 1.7～3.3 cm 的碎段入窖，分层装压，每立方米容积可装入 400～450 kg 饲料。装窖技术和封窖方法与调制一般青贮饲料相同。

良好的半干贮饲料为暗绿色，具有水果香味，味淡不酸，pH 值为 5.2 左右，不含酪酸。主要用作饲喂乳牛、肉牛和幼牛，亦可作为猪饲料。

半干青贮饲料的调制关键是确保原料的含水量为 45%～55%，要铡成碎段，入窖压实封严，使其密闭性能良好。调制半干青贮饲料，必须密封 40 d 以上，才能开窖取用。一般在夏天调制保存，冬季饲用。

（2）用塑料袋调制半干青贮饲料。

1）选用合适的塑料袋。调制半干贮发酵饲料用的塑料袋可以是聚乙烯塑料薄膜袋。双幅宽 80～100 cm，长 220～300 cm，膜厚 0.08～0.10 mm。每个塑料袋可贮切碎青饲料 300～400 kg。

2）选择和加工原料。塑料袋发酵饲料，同样可用于一般青贮与半干贮饲料。各种农副产品或野生饲料，如甘薯藤、玉米芯、菜秆、菜壳、豆秆、蚕豆秆、苕子秆、瓜藤、苜蓿草以及其他牧草等，均可作为塑料袋半干贮饲料的原料。

（七）青贮饲料的利用

青贮饲料在乳牛饲养中效果非常明显，此外在肉牛、羊、马和猪的饲养中，甚至在养鸡生产中也广泛运用。青贮饲料的适口性强，家畜采食量高。但第一次饲喂青贮饲料，有些家畜可能不习惯，可将少量青贮饲料放在食槽底部，上面覆盖一些精饲料，等家畜慢慢习惯后，逐渐增加饲喂量。妊娠家畜应适当减少青贮饲料喂量，妊娠后期停喂，以防引起流产。冰冻的青贮饲料，要在解冻后再用。实践中，应根据青贮饲料的饲料品质和发酵品质来确定适宜的日喂量。

青贮饲料是良好的饲料，由于原料不同，其营养价值也不同。因此，青贮饲料必须与精料和其他饲料按畜禽营养需要合理搭配饲用。青贮饲料装窖密封一个半月后，便可开窖饲喂。如暂时无饲喂需求，可保持密封，随用随取。在利用青贮饲料时应注意以下几个方面的问题。①喂青贮饲料之前应检查质量：优质青贮饲料应当是色、香、味和质地俱佳，即颜色黄绿，柔软多汁，气味酸香，适口性好。如果是玉米秸秆青贮，有很浓的酒香。②防止二次发酵和发霉变质：饲喂时，青贮窖只能打开一头，要分段开窖取用，取后要盖好，防止日晒、雨淋和二次发酵，避免养分流失、质量下降或发霉变质。③掌握饲喂量：青贮饲料的用量，应视畜禽的品种、年龄、用途和青贮饲料的质量而定，一般情况可以作为唯一的粗饲料使用。值得注意的是，鲜草和菜叶青贮后仍含有大量的泻药物质，过量饲喂往往会引起腹泻，影响消化吸收。开始饲喂青贮料时，要由少到多，逐渐增加；停止饲喂时，也应由多到少逐步减少。使羊有一个适应过程，防止暴食和食欲突然下降。通常喂量，羊喂青贮料时，喂量由少到多，先与其他饲料混喂，使其逐渐适应。羊每只每天可喂 1.5～2.5 kg，每只羔羊每天 400～600 g。

青贮窖、青贮池都是针对相当数量的羊等草食家畜而设计的青贮设施，用它们给十几只、二三十只羊制作青贮饲料，明显浪费。就连最为方便的青贮袋，也是很少有小型养殖户采用。青贮饲料不太适合农村散养户这种模式，规模养殖场才是它的“用武之地”。

(八) 青贮饲料的品质鉴定

国内外已经制定了各种青贮饲料质量的评定标准，一般包括感官评定和化学评定两部分，前者主要用于生产现场，后者需要在实验室内评定。通过品质鉴定，可以检查青贮技术是否正确，判断青贮料营养价值的高低。

1. 感官评定

青贮饲料的感官品质根据色、香、味、质地进行鉴定。青贮饲料的感官品质鉴定标准见表 7-1。青贮饲料颜色越接近原料颜色，品质越好。感官品质鉴定为下等的青贮饲料不能用于饲喂，中等的要减少饲喂量。

表 7-1　　青贮饲料的感官品质鉴定标准

等级	颜色	气味	质地	pH 值
上	绿色、黄绿色	芳香酸味	松散与柔软	3.4～4.2
中	黄褐、暗绿色	芳香味淡、酸味浓	柔软、稍干或水分多	4.3～4.8
下	黄色、褐色	腐败与霉味	干燥松散或黏结成块	5.0 以上

2. 化学分析鉴定

用化学分析测定包括青贮料的 pH、各种有机酸含量、微生物种类和数量、营养物质含量变化及青贮料可消化性及营养价值等，其中以测定 pH 及各种有机酸含量较普遍采用。

(1) pH 值。pH 值是衡量青贮饲料品质好坏的重要指标之一。实验室测定 pH 值，可用精密雷磁酸度计测定，生产现场可用精密石蕊试纸测定。优良青贮饲料 pH 值在 4.2 以下，超过 4.2（低水分青贮除外）说明青贮发酵过程中，腐败菌、酪酸菌等活动较为强烈。劣质青贮饲料 pH 值为 5.5～6.0，中等青贮饲料的 pH 值介于优良与劣等之间。

(2) 氨态氮。氨态氮与总氮的比值是反映青贮饲料中蛋白质及氨基酸分解的程度，比值越大，说明蛋白质分解越多，青贮质量不佳。

(3) 有机酸含量。有机酸总量及其构成可以反映青贮发酵过程的好坏，其中最重要的是乳酸、乙酸和酪酸，乳酸所占比例越大越好。优良的青贮饲料，含有较多的乳酸和少量乙酸，而不含酪酸。品质差的青贮饲料，含酪酸多而乳酸少。

第四节 种草养殖山羊规模调查与案例

一、我国南方高效牧草种植系统

（一）粮草轮作系统

粮草轮作系统是指在传统农作物栽培基础上将牧草引入种植系统，进行合理的时空配置。通过对土地等资源的有效利用，在保持传统粮食作物稳产的前提下，生产一季牧草青饲料，以满足畜牧业生产需要所形成的种植系统。水稻-黑麦草轮作系统是指在传统的水稻种植区，利用冬闲田增种一季多花黑麦草，形成粮草轮作种植系统。在此系统中，一季多花黑麦草在5个月的冬闲田内可刈割4～5次，鲜草产量达62.25～96.00 t/hm^2，牧草干物质产量9.96～15.36 t/hm^2，牧草干物质中粗蛋白含量20%，粗纤维含量25.0%。冬种多花黑麦草对后作水稻具有增产作用，早稻增产14%，晚稻增产7%；土壤理化性状和土壤肥力也得到一定程度改善。凉山州利用玉米收获后冬闲地种植耐寒、耐旱的光叶紫花苕，形成“玉米＋光叶紫花苕”种植系统。凉山光叶紫花苕产草量较高，鲜草产量为30～37.5 t/hm^2，营养期、现蕾期和盛花期加工的光叶紫花苕草粉干物质中粗蛋白含量分别为29.31%、26.67%和23.25%。种植光叶紫花苕可提高土壤肥力，具有促进后作增产、保持水土和改善环境的作用。郑洪明等研究表明，在四川昭觉羊场用光叶紫花苕盛花期风干草粉分别代替20%、40%和60%精料补饲绵羊，冬春季饲养148 d后，光叶紫花苕代替20%精料组补饲效果较好，活体重增加17.84 kg，较补饲混合精料的对照组高1.16 kg，羊毛产量略有提高；代替40%精料组绵羊活体重增加和羊毛生产性能与对照组相近；代替60%精料组羊毛生产性能略优于对照组。光叶紫花苕代替部分精料用作冬春季补饲牧草，能满足牲畜生长营养需求。2011年，凉山州光叶紫花苕推广种植面积达13.5万hm^2，有效解决了当地冬春季节牲畜补饲缺草的问题，满足畜牧业发展需要。

（二）高大禾本科牧草种植系统

象草、高丹草、坚尼草、王草、狼尾草等高大禾本科牧草属植物，植株高大、根系发达、分蘖能力强、耐热、喜肥水，适宜在水肥条件好的区域种植。在我国广东、广西、福建、江苏、海南、四川、重庆等南方多省（市）区，高大禾草产量高、生产成本低、便于贮存，可作为饲喂奶牛、肉牛的粗饲料。刘小飞等在典型红黄壤低山丘陵区对象草的研究表明，6 月 5 日开始刈割，共刈割 4 次，每次刈后施碳酸铵 821.4 kg/hm^2，获得鲜草产量、干草产量和蛋白质含量分别为 293.84 t/hm^2、40.52 t/hm^2 和 7.3%。于卓等研究表明，高丹草以株高 150～170 cm 刈割为宜，全年刈割 3 次，可产鲜草 132 t/hm^2 左右，干物质中粗蛋白含量在拔节期和开花期分别为 11.7%～13.7%和 9.32%～11.12%。韦家少和何华玄的研究表明，在不施肥条件下，热研 8 号坚尼草生长 75～90 d 刈割一次，全年刈割 5 次，可产鲜草 70.1 t/hm^2、干草 20.9 t/hm^2，干物质中粗蛋白含量 7.35%。刘国道等在海南省儋州市进行热研 4 号王草的研究表明，在无灌溉、中等肥力条件下种植，全年可刈割 5 次，干物质产量为 56.97 t/hm^2，干物质中粗蛋白含量为 7.76%。陈勇等研究表明，在施尿素 800 kg/hm^2 条件下，株高 220 cm 进行一次性刈割，王草鲜草产量可达 211.4 t/hm^2，干物质产量 30.01 t/hm^2，粗蛋白含量 7.84%。林洁荣等在福建漳州对狼尾草属牧草品种的研究表明，杂交狼尾草全年刈割 5 次，平均鲜草产量为 283.33 t/hm^2，干草产量达 38.35 t/hm^2，粗蛋白含量为 10.55%。

（三）多年生混播牧草种植系统

云贵高原及相邻区域是我国南方主要的天然草地分布区，但季节性供需不平衡的矛盾十分突出。任继周在贵州高原试验站威宁灼圃示范场进行的草地草畜研究表明，在补播和施肥条件下，混播栽培草地鲜草产量达 37.52 t/hm^2（折合干草 9.375 t/hm^2），高产草地鲜草产量可达 66 t/hm^2（折合干草 16.50 t/hm^2），每公顷草地平均载畜量达 7.5 只羊，栽培混播草地优势牧草比例为 96.0%，不可食牧草和毒草比例为 3.5%，栽培草地产草量为天然草地的 10 倍，粗蛋白产量为天然草地的 13 倍以上。对绵羊放牧越冬的研究表明，在不补饲精料的情况下，绵羊在白三叶＋紫羊茅/多花黑麦草混播草地进行纯放牧饲养可安全越冬，其毛质不受影响，体重变化不明显，绵羊繁殖成活率为 89.08%。蒋文兰等在贵州威宁进行引种优良牧草竞争性研究表明，引种牧草种植 9 年之后仍保持较高牧草干物质产量水平，禾本科牧草鸭茅和紫羊茅干物质产量分别为 9 088 kg/hm^2 和 7 750 kg/hm^2，豆科牧草白三叶干物质产量保持在 5 000 kg/hm^{2}左右，占地上总生物量的 56%，均表现出较强的竞争力。优良混播牧草组合鸭茅＋白三叶或绒毛草＋白三叶草地经施肥管理，牧草年干物质产量达 11 t/hm^2，基本无杂草侵占，土壤肥力提高。王元素等研究表明，长期（20 年）适度放牧利用下，红三叶＋鸭茅混播草地表现出群落地上生物量高产和长期稳定，植被盖度达 97%，对杂草入侵抵抗力较强；红三叶＋多年生黑麦草混播草地前 10 年间草地净生产力平均达 4 498 kg/hm^2，之后开始降低。白三叶＋多年生黑麦草混播草地不仅无性分蘖能力强，而且因适应草食性畜采食而具有超补偿效应，表现出很强的侵占力，混播群落在中等放牧强度下（70%利用率）表现出较好的稳定性。中澳国际合作于 1979—1981 年建成设施配套的南山示范牧场，建植以禾本科多年生黑麦草和豆科三叶草等牧草为主的多年生混播草地，该草地枯黄晚且返青早，鲜草产量为 37 500～45 000 kg/hm^2，11 月干物质粗蛋白含量为 23%。

（四）饲用玉米-黑麦草系统

我国南方农区人多地少，传统种养业受规模化生产限制，农民增收困难，改变传统种植业和养殖业、发展高效草地畜牧业，可实现农业和畜牧业生产结构调整和农民增收。20 世纪 90 年代末，张新跃等提出饲用玉米-黑麦草种植系统（CIS 系统）。CIS 系统是指在保留南方坡耕地种植玉米的基础之上，改玉米籽实利用为全株利用，并利用冬春季土地和水热资源等条件种植多花黑麦草，形成饲用玉米和多花黑麦草种植模式，并通过饲养肉牛、奶牛进行高效转化，以实现高效的第一性生产向第二性生产的转化。CIS 系统在四川农区牧草种植系统中具有较高的牧草干物质产量，其中饲用玉米干物质产量为 27.14 t/hm^2，多花黑麦草干物质产量为 11.82 t/hm^2，系统可利用干物质总产量达 38.96 t/hm^2，是传统水稻-小麦种植系统可利用干物质总产量的 3～4 倍。该系统不仅牧草产量高，而且营养价值较好，多花黑麦草粗蛋白含量超过 20%，饲用玉米蜡熟期刈割粗蛋白含量达 7.0%～8.6%。将两种饲草加工青贮，进行科学搭配饲喂奶牛、肉牛，可平衡日粮中能量和蛋白质需要，节约生产成本，提高养畜效益。

CIS 系统提出以来，为优化系统结构、实现系统高效率转化，在牧草品种选育、丰产栽培技术、畜禽转化利用及时空配置等方面做了相关研究，并逐步推广应用于生产。

1. 牧草品种选育技术

我国多花黑麦草选育工作始于 20 世纪 30 年代。20 世纪 80 年代以来，逐步开始了较为系统的多花黑麦草品种选育工作，先后从德国、荷兰、瑞士、美国、丹麦等国家引进数百个黑麦草属牧草品种或原始材料，在我国南方进行引种筛选、品种选育、丰产栽培等研究。选育并审定登记的引进多花黑麦草品种有阿伯德（1988 年）、勒普（1991 年）、特高德（2001 年）、杰威（2004 年）等十多个品种。育成有赖选 1 号（1994 年）、长江 2 号（2004 年）、南农 1 号（1998 年）等 5 个多花黑麦草或杂交黑麦草品种。对 11 个多花黑麦草品种材料在四川的研究表明，多花黑麦草冬春季节可刈割 5～6 次，不同多花黑麦草品种干物质产量不同，其中勃发为 15 089 kg/hm^2、特高为 15 068 kg/hm^2、阿伯德为 13 825 kg/hm^2、恩风为 13 287 kg/hm^2、赣选 1 号为 13 812 kg/hm^2，生产性能均表现较好，杰威、恩风、勒普等四倍体多花黑麦草品种的牧草产量差异不显著。对特高、杰威、蓝天堂等 8 个黑麦草品种在四川广元的研究表明，特高多花黑麦草干物质产量达 19 397 kg/hm^2，蓝天堂多花黑麦草为18 242 kg/hm^2。张瑞珍等在四川 5 个试验点进行了杰威多花黑麦草的研究表明，杰威多花黑麦草平均鲜草产量和干物质产量分别达95 145 kg/hm^{2}和 11 766 kg/hm^2，比对照品种阿伯德产草量分别高 15.9%和 17.0%。我国自 20 世纪 60 年代开始进行饲用玉米品种选育工作，全国各相关单位相继育成登记了京多 1 号、辽原 1 号、科多 4 号、龙牧 1 号、吉单 185、吉饲 8、吉饲 9、吉单 29、吉饲 10 等数十个饲用玉米新品种，对我国饲用玉米生产和畜牧业发展起到了推动作用。近年来，我国在高产饲用型、优质饲用型、粮饲兼用型等玉米品种选育方面都取得了进展。四川有育成的雅玉 8 号青贮玉米和玉草 1 号两个饲用玉米品种。四川农区目前种植的主要是北方饲用玉米品种。南方山区的籽用玉米品种，因其植株高大、适应性强、叶量大常被用作饲用玉米，专属饲用玉米品种较少。张新跃等在四川对 10 个不同饲用玉米品种进行生产性能比较，种植密度每公顷 10 万株条件下，饲用玉米生长 119～129 d，不同饲用玉米品种干物质产量为19 558～27 144 kg/hm^2，粗蛋白含量为 7.0%～8.6%。其中，表现较好的 3 个品种为中原单 32（129 d），干物质产量达 27 144 kg/hm^2，郑单-14 达 20 824 kg/hm^2，雅玉 8 号达20 660 kg/hm^2。张瑞珍等在四川洪雅、达州、德阳 3 个试验点对不同饲用玉米新品种进行筛选，种植密度每公顷 78 430 株（85 cm×15 cm），蜡熟期刈割，奥玉 5102 平均干物质产量达 21 419.61 kg/hm^2，临奥 1 号为 20 078.41 kg/hm^2，资玉 1 号为 16 358.82 kg/hm^2。杨成勇等在川北对不同饲用玉米品种的筛选表明，饲用玉米在种植密度每公顷 78 430 株（85 cm×15 cm），蜡熟期刈割，鄂玉 10 号全株干物质产量为 21 060.75 kg/hm²，燎原 2 号为 20 933.4 kg/hm²。

2. 丰产栽培技术

多花黑麦草牧草产量和品质受播种量、刈割高度、刈割次数及播种时间等影响。四倍体多花黑麦草播种量为 22.5 kg/hm² 时，单株分蘖数达每株 16.9 个、叶片数为每株 44.2 片、单株鲜质量 51.45 g、株高 107.5 cm、茎叶比（鲜）为 1∶3，均表现较好；拔节期日均生长速度 1.67 cm/d，鲜草产量达 169.17 t/hm²，均表现为最好。刈割高度对多花黑麦草产草量、品质和生长特性具有较大影响，随刈割高度的增加，年产草量增加、再生速度减缓、粗蛋白含量下降。75 cm 时刈割多花黑麦草，鲜草和干物质产量分别为 70 451.9 kg/hm² 和 9 634.8 kg/hm²，比 30 cm 高度时刈割平均增产 40.97%和 58.9%；75 cm 刈割后多花黑麦草生长速度最慢，但生长强度最大，干物质积累快，平均达到 43.54 kg/（hm²·d）。随刈割高度增加，多花黑麦草干物质中粗蛋白含量由 25.2%下降到 15.8%，而单位面积粗蛋白产量变化不明显，约为1 547.1 kg/hm²。姜华等分析不同生育期刈割对多花黑麦草生产性能、蛋白质含量及光合效率的影响表明，在拔节期、孕穗期、开花期进行刈割，全年刈割次数减少；随刈割次数的减少，刈割时株高、净光合速率、蛋白质含量均增加，而植株分蘖数呈降低趋势，当达一定数量后分蘖数基本保持不变；开花期对多花黑麦草进行刈割，获得干物质产量和总蛋白质产量最高，而孕穗期鲜草产量最高，孕穗期总蛋白质产量与开花期相差较大。饲用玉米种植密度、播种时间和收获时期均是提高玉米全株鲜质量和干质量的有效措施，但品种间存在差异。张新跃等在四川研究了不同种植密度对青贮饲用玉米（燎原 2 号）生产效果的影响，结果表明，不同栽培密度对饲用玉米的产量和品质均有影响。在蜡熟期刈割，以种植密度为 78 450 株/hm²（85 cm×15 cm）处理的饲用玉米全株干物质产量和蛋白质产量最高，分别为 20 457.51 kg/hm² 和 1 693.88 kg/hm²，比种植密度为 61 530 株/hm²（65 cm×25 cm）分别增产 8.28%和 9.37%。种植密度 51 270 株/hm²（65 cm×30 cm）处理的干物质产量仅为 11 246.26 kg/hm²，为 78 450 株/hm² 的 54.97%。种植密度为 100 005 株/hm²（50 cm×20 cm）处理的干物质中粗蛋白含量为 6.42%，蛋白质产量为 798.37 kg/hm²。张新跃等对兼用型玉米品种和青刈型玉米品种的比较研究表明，兼用型奥玉 5 102 品种干物质产量达 21 138.11 kg/hm²，是青刈型玉草 1 号的 3.15 倍，青刈型玉米品种的粗蛋白产量为 967.81 kg/hm²，仅为兼用型奥玉 5 102 的 54.04%。对饲用玉米播期研究表明，最佳种植密度栽培条件下，科饲 1 号品种 4 月 20 日育苗移栽，生长 90 d，地上干物质产量为 23 340 kg/hm^2；而 7 月 20 日育苗移栽，生长 100 d，地上干物质产量达 7 935 kg/hm^2。兼用型达玉1号品种在5月13日、6月20日和6月30日播种，到蜡熟期刈割，生长期分别为 119 d、97 d 和 112 d，地上干物质产量分别为 22 410 kg/ hm^2、14 745 kg/ hm^{2}和 10 845 kg/hm^2。燎原 2 号品种在 2 月 20 日、3 月 2 日、3 月 12 日播种，至蜡熟期刈割，生长期分别为 134 d、124 d、114 d，地上干物质产量分别为 22 170 kg/hm^2、22 170 kg/hm^2 和 23 850 kg/hm^2。

二、种草养殖山羊规模

湖南省新晃侗族自治县位于湘西中低山丘陵西部，西南北三面与贵州省相邻，交通便利，草场丰富，十分适合山羊养殖。近年来由于人们生活质量的普遍提高，对生态养殖的山羊肉需求量逐年增加，从 2010 年开始，新晃侗族自治县养羊行业发展迅猛，各地纷纷开办山羊养殖场，全县山羊存栏数迅速增多。新晃侗族自治县自然村寨相对分散，坡地草场形成条块分割，载畜量受到限制，没有北方草场的面积优势。每户山羊饲养的群体数量在 20～50 只、50～70 只、70～100 只，仍然停留在依靠放牧采食，种草养羊没有引起足够重视，造成冬季饲草短缺，山羊掉膘现象多见。因此，必须做好牧草种植、青贮及其他加工，每户应根据养殖数量种植一定面积牧草，并做好青饲料青贮工作，弥补冬季饲料不足，防止山羊冬季掉膘，其牧草品种有小黑麦、多年生黑麦草、多花黑麦草、杂交狼尾草、墨西哥类玉米等。

对四川省山羊主产区自贡市、资阳市的 8 个县（市/区）的肉羊养殖规模情况专题调研结果表明：肉羊规模养殖比重逐渐提高。出栏 100 只以上的场（户）比重由 2011 年的 6.55%提高到 2015 年 11.16%。按不同规模出栏量统计，2015 年出栏 1～29 只的养殖场（户）占 69.19%，30～99 只占 19.65%，100～299 只占 7.08%，300～499 只占 2.22%，500～999 只占 0.93%，1 000 只以上占 0.93%。目前肉羊养殖以家庭散养为主，规模化养殖水平低。按户均出栏量统计，2015 年 1～29 只规模的户均出栏 7 只，30～99 只规模的户均出栏 64.50 只，100～299 只规模的户均出栏 232.43 只，300～499 只规模的户均出栏 414.19 只，500～999 只规模的户均出栏 785.53 只，1 000 只以上规模的户均出栏 2 106.83 只。按规模养殖统计，2011—2015 年 100～299 只户平出栏达 234.78 只，300～

499 只户平出栏达 414.23 只，500～999 只户平出栏达 690.78 只。抽样调查 171 户养羊场（户）不同养殖规模生产水平与效益，从出栏数量分析，2015 年 30～99 只、100～299 只、300～499 只、500～999 只、1 000 只以上养羊场（户）户平出栏分别为 57.07 只、157.71 只、362.35 只、631.20 只、2 562.33 只。从养羊效益分析，30～99 只、100～299 只、300～499 只、500～999 只、1 000 只以上养羊场（户）户平纯收入分别为 19 346.73 元、56 775.60 元、129 721.30 元、197 565.60 元、1 101 801.90 元。根据调查的规模养羊效益测算，平均每只羊纯收入 360 元，如每户平均养羊纯收入达 10 万元以上，则每户平均出栏规模为 278 只。随着饲养规模增加、标准化程度提高，养羊规模效益逐渐提高。不同养羊规模收入从占家庭总收入比重分析表明，30～99 只、100～299 只、300～499 只、500～999 只、1 000 只以上规模养羊收入占家庭总收入比重分别为 45.25%、64.43%、71.89%、68.89%、63.43%。按照肉羊生产专业户规模养殖收入应占家庭总收入 70%以上计，肉羊出栏规模应达 300 只以上，家庭年收入可达 10 万元以上。劳动力投入分析表明，30～99 只、100～299 只、300～499 只、500～999 只、1 000 只以上规模养羊场（户）平均劳动力投入分别为 2.18 人、2.69 人、3.25 人、5.95 人、9.83 人。每户除劳动力投入外人均养羊纯收益为：100～299 只规模达 21 106.17 元、300～499 只规模达 39 914.25 元、500～999 只规模达 33 204.30 元。不同养羊规模土地消纳面积和粪污处理利用分析表明，30～99 只、100～299 只、300～499 只、500～999 只、1 000 只以上的场（户）土地消纳面积户均分别为 11.37 亩（1 亩≈667 m^2，下同）、31.52 亩、95.35 亩、89.15 亩、316.67 亩；干粪棚面积分别为 10.93 m^2、30.85 m^2、38.20 m^2、116.10 m^2、458.00 m^2；沼气池容积分别为 21.55 m^3、52.73 m^3、32.40 m^3、105.00 m^3、327.50 m^3。从本次调查可见，由于养羊业基础设施条件较差，粪污处理设施尚不完善。目前，羊粪处理主要采取干稀分离的方式进行，对环境影响有限。羊粪和尿液主要用于人工种草、农作物栽培和还田等。

综上所述，按养殖收入算，年出栏肉羊的养殖效益与同时外出务工收入基本相当。如按照调查县区外出务工年收入 3 万元以上，目前肉羊养殖效益以每只羊平均收入 360 元计，年出栏 300 只左右即可达到外出务工收入水平。按占家庭收入比重算，年出栏肉羊 100～299 只属于适度规模养羊户，养羊收入占家庭总收入的比重达 64.43%，人平均养羊纯收益达 21 106.17 元；年出栏肉羊 300～499 只属于养羊专业户，其他收入来源较少，养羊收入占家庭总收入的比重达 71.89%，人平均养羊纯收益达 39 914.25 元。按粪污处理及设施设备投入估算，年出栏 300 只以上规模的养羊场（户），具有对粪污处理设施设备进行投入建设的能力。调查显示，出栏 300 只以上的养羊户（场）土地消纳面积、干粪棚及沼气池面积，基本达到粪污处理的要求。具有一定规模的养羊场（户），在羊舍修建、配套设施设备投入方面具备一定资金的实力，有利于提高肉羊生产的标准化水平。综合考虑养羊场（户）的规模、养殖效益、粪污处理能力、资金筹措能力、国家扶持政策、肉羊产业转型升级要求和全省农村经济发展现状等方面的因素，建议四川省农区及山区大面积发展肉用山羊适度规模养殖，目前以户平年出栏 100 只以上为宜；发展肉用山羊生产专业户以户平年出栏 300 只以上为宜。

三、种草养殖山羊规模案例

每只羊大约需要消耗饲草 2 600 kg/年，每亩牧草可饲养 3～8 只，饲草产量按照 10 t/亩计算，则每亩可养殖 3.85 只羊。高产牧草产量为 20 t/亩，则每亩可养殖 7.69 只羊。

（一）种草养殖 100 头母山羊

养殖 100 头母山羊，成年母羊年产羔在 300 只左右，初生母羊产羔在 200 只左右。山羊出栏周期基本在 10～12 个月，优良山羊品种如波尔山羊生产性能更高，可适当提前出栏，基本可保持 10 个月内出栏。南方适宜养殖山羊，北方适宜养殖绵羊，北方也可以养殖山羊，但山羊的产羔率及产肉率要低于绵羊品种。一般种植一亩牧草可养殖羊 20 只左右，还需搭配一定放牧时间，养殖 100 只成年母羊加上所产羊羔，需要 20 亩牧草，养殖绵羊需要 30 亩牧草。养殖山羊年出栏量在 280 只左右，按每只 1 000～1 300 元的价格，年收入在 30 万左右，减去种草的地租、牧草种子、添加的精料、养羊食盐、电费、药品等约 8 万元，利润在 22 万左右（人工成本不计），养殖优良绵羊品种的话利润在 28 万左右。

（二）300 头安化本地小山羊

安化县本地小山羊，在 5 kg 左右的按每头 300 元算，超过 7.5 kg 的按 50 元/kg 算。所以 300 头小山羊成本按 300 元/头算需要 9 万元。圈养 300 只山羊一个人可以饲养，月工资 3 000 元，一年的人工成本在 3.6 万元。根据本地山羊成年后长到 30 kg 以上计算，羊圈内羊的密度控制在

1.5 m^2/只，300 头羊的羊圈面积 450 m^2。按最低造价 50 元/m^2，需要建设成本 1.8 万元。使用年限 5 年，每年羊圈成本 0.45 万元。山羊采食青干草的量是羊体重的 3%～4%，平均每天每只羊需要干草 1 kg，300 只山羊每天的干草使用量在 300 kg。小山羊购买回来 6 个月后可以出栏计算，需要草料 54 t。好的草料 1 500 多元一吨，一般的草料 600 多元一吨，按 1 000 元/t 计算，需要草料成本 5.4 万元。育肥山羊的精饲料是不可以缺少的，不然在相应的时间内很难出栏，精饲料的投喂量每天每只在山羊体重 0.5%～1%，每天每只羊投喂 0.25 kg 左右，6 个月共需要 13.5 t。按玉米 2 000 元/t，需要投入精饲料成本 2.7 万元。药物费用（包含盐砖）平均每只羊 10 元，共需要 0.3 万元。圈养 300 只山羊的总成本共 21 万元左右。出栏 300 只，每只体重 32.5 kg，本地山羊的价格 40 元/kg，每头山羊售价在 1 300 元，300 头总售价 39 万元，总收入在 39 万以上，圈养 300 只山羊的纯收入为 18 万元左右，如按 5%的死亡率计算，纯收入相应减少 2 万元即可，还未加上母羊产羊羔收入。

第八章　山羊疫病诊断与预防

第一节　病羊的识别与常规检查

目前，我国的养羊业正由分散模式向规模化、集约化的饲养模式转变。为了确保羊只的健康生长，避免疾病的侵袭，及时对病羊进行诊断治疗十分重要。由于羊对疾病的耐受力较强，在患病的初期不易被发现，所以掌握羊只的正常生理知识和基本病理变化及临床表现有助于养殖从业者及早发现病畜，及时进行疾病的防治。

一、病羊的识别

（一）采食和放牧观察

在饲喂时，通常健康羊争先恐后快速采食，食欲旺盛；春夏放牧时，挑吃鲜嫩牧草，行动敏捷。而病羊在舍饲喂料时，经常不参加采食，食欲不佳，离群呆立，依靠围栏、墙边或卧地不起。放牧时低头不食或很少采食，跟在羊群后面，严重时不采食或久卧不起。如果羊表现出舔食泥土，提示可能营养不良。食欲减退或废止，表明羊只患病。如果羊想采食而不敢咀嚼，则预示羊的口腔和牙齿可能有病变。

（二）神态与反刍观察

健康羊通常行动敏捷，精神饱满，对周围环境敏感。病羊多表现为精神迟钝，喜欢垂头，躺卧不起。健康羊休息时先用前蹄刨土，然后屈膝而卧，躺卧时多为右侧腹部着地，成斜卧姿势，将蹄自然伸展。当受到惊吓时立即惊起，有人走近时立即远避，不容易被捕捉。羊群休息时分布均匀，有正常反刍行为。病羊常不加选择地随地躺卧，常在阴湿的角落卧地不起，挤成一团，有时羊向躯体某个部位弯曲，呼吸急促。受惊吓时无力逃跑。有些病羊表现出特殊姿势，如破伤风表现四肢僵硬，行走不便、不灵活。

健康羊在采食后休息期间反刍和咀嚼持续而有力，每分钟咀嚼40～60次，反刍2～4次。病羊的咀嚼和反刍次数明显减少且表现无力，严重时停止。用手按压羊左侧肷部，触诊瘤胃，正常羊软而有弹性，病羊则发硬或膨胀。

（三）头部状况观察

羊头部的状态能反映出羊只是否健康。健康羊眼神明亮、耳朵灵活。反之，若羊只目光呆滞、流泪、眼鼻分泌物增多，头部被毛粗乱，则为病态表现。羊患有某些疾病时，可导致头部肿大。

（四）被毛观察

健康羊被毛整洁、紧密、不脱落、有油汗、表面有光泽。触摸羊头部时，羊只知觉灵敏。羊只患病时被毛粗乱、焦黄枯干、无光泽、易脱落，有时毛有黏结，常带有污物。健康羊的皮肤红润有弹性。病羊皮肤苍白、干燥、增厚、弹性降低或消失，有痂皮、龟裂或肿块等，甚至流脓。若羊患螨病时，常表现为结痂、皮肤增厚及蹭痒擦伤等现象。除此以外，还应注意观察羊只有无炎症肿胀和外伤等。

（五）排粪观察

健康羊排便顺畅，粪便呈椭圆形，两头尖，有时粪球连接在一起，较软。粪便颜色黑亮，有时稍浅，采食青草时排出的粪便呈墨绿色。病羊排便时常出现拱腰努责现象，粪便干结无光泽或者粪便稀臭，混有黏液、脓血、虫卵等，肛门周围、臀部及尾部常被粪尿污染而不洁。当由冬春枯草期放牧改为夏季青草期放牧时，羊只有暂时性腹泻症状，此为正常现象。

（六）尿液观察

健康羊每天排尿3～4次，尿液清亮、无色或稍黄。羊排尿次数过多或过少和尿量过多或过少，尿液的色泽发生变化以及排尿时痛苦、失禁或尿闭，均为羊患病的表现。

二、常规检查

在日常饲养或临床巡查发现羊群有可疑病羊时，应立即隔离观察，并进行详细检查和治疗。尤其是发现体温升高、同时发病时，应引起高度重视。

（一）眼结膜和鼻的检查

用右手拇指与食指拨开上下眼睑观察结膜颜色，健康羊结膜为淡红色、湿润。病羊的结膜呈苍白、发黄或赤紫色。健康羊的鼻腔黏膜潮湿红润，鼻孔周围干净，鼻孔内无污物。病羊鼻孔周围有大量鼻汁和脓液，常打喷嚏，有时有虫体喷出。用手触摸鼻孔，能感到温度偏高。

（二）口腔检查

用食指和中指从羊嘴角处伸进口腔将舌头拉出，检查舌面。用拇指和其余四指从两侧向两嘴角用力挤压，羊嘴会自然张开，即可进行口腔检查。健康羊的口舌湿润平滑，舌面红润，口腔干净无异味。病羊口舌干燥粗糙，口内有黏液和异味，舌面有苔，呈黄、黑赤、白色或有溃烂、脓肿现象。

（三）体温检查

将兽用体温计润湿，缓慢插进羊的肛门进行测定，健康山羊体温为38 ℃～40 ℃，低于或高于这一范围都属于非健康状态。另外还可以用手触摸羊的耳根、躯干或后肢内侧，通过皮肤的温度来检查羊只是否发热。当体温变化超过 2 ℃以上时要进行严格的检查诊断，并予以治疗。

（四）消化道检查及腹部的听诊

若羊有吞咽障碍并有饲料或水从鼻孔反流时，应对咽与食管进行检查，以确定是否存在咽部炎症或食管阻塞现象。如动物反刍异常，应注意腹围的变化与特点。左侧腹围膨大，除采食大量饲料等正常生理情况外，可见于瘤胃积食和臌气。右侧腹围膨大，除母羊妊娠后期外，多见于真胃积食及瓣胃阻塞。下腹部膨大，常见于腹水。腹围容积缩小，主要见于长期饲喂不足、食欲紊乱、顽固性下痢、慢性消耗性疾病等。

羊腹部的听诊，主要是听取胃肠蠕动的声音，在健康羊的左侧肷窝处可听到瘤胃蠕动音，其声音由远及近、由小到大呈“噼啪”“沙沙”声，当蠕动高峰时，声音由近而远、由大到小，直到停止蠕动，这两个过程为一次收缩运动，经过一段休止后再开始下一次的收缩运动，平均每分钟 4～6 次。当羊发生前胃迟缓或患发热性疾病时，瘤胃蠕动音减弱或消失。在健康羊的右侧腹部可听到短而稀少的流水音或漱口音，即为肠蠕动音。当肠炎初期，肠音亢进，呈持续高昂的流水声。发生便秘时肠音减弱或消失。

（五）体表淋巴结的检查

通常检查的淋巴结为颈浅淋巴结和髂下淋巴结，主要检查淋巴结的大小、形状、硬度等。羊患有泰勒焦虫病时，常表现出肩前及髂下淋巴结肿胀。

三、病理剖检诊断技术

病理剖检是对羊病进行现场诊断的一种方法。羊发生传染病、寄生虫病以及中毒性疾病时，器官和组织常呈现出特征性病理变化，通过剖检可辅助诊断。

（一）尸体剖检注意事项

剖检所用器械要预先用高压灭菌器或开水煮沸进行消毒。剖检前应对病羊或病变部位进行仔细检查，如怀疑为炭疽病时，不得解剖。剖检时间愈早愈好，一般应不超过 24 h，特别是在夏季，尸体腐败后影响观察和诊断。剖检时应保持环境清洁，注意消毒，尽量减少对周围环境和衣物的污染，并做好个人防护。剖检后将尸体和污染物做深埋处理。在尸体上撒上生石灰或10％石灰乳、4％氢氧化钠溶液、5％～20％漂白粉溶液等消毒剂。污染的表层土壤铲除后投入坑内，埋好后对埋尸地面要再次进行消毒。

（二）剖检方法与程序

为了全面系统地观察尸体内各组织、器官所呈现的病理变化，尸体剖检必须按照一定的方法和程序进行，尸检程序如下。

1. 外部检查

外部检查主要包括毛色、营养状态、皮肤和可视黏膜等一般检查，和口、眼、鼻、耳、肛门及外生殖器等天然孔检查，重点并注意可视黏膜的变化。

2. 剖皮

将尸体仰卧固定，自下颌部起沿腹部正中线切开皮肤，至脐部后把切线分为两条，绕开生殖器或乳房，最后于尾根部会合。再沿四肢内侧的正中线切开皮肤，作一环形切线，然后剥下全身皮肤。传染病尸体，一般不剥皮。

3. 腹腔脏器的采出

先将母畜乳房或公畜外生殖器从腹壁切除，然后从肷窝沿肋弓切开腹壁至剑状软骨，再从肷窝沿髂骨体切开腹壁至耻骨前缘。剖开腹腔后，在剑状软骨部可见到网胃，右侧肋骨后缘部为肝脏、胆囊和皱胃，右肷部可见盲肠，其余脏器均被网膜覆盖。摘取腹腔器官时，先切开网膜，依次取出小肠、大肠、胃、十二指肠、脾、胰、肝、肾和肾上腺等器官。

4. 胸腔脏器的采出

将膈的左半部从季肋部切下，把左侧肋骨的上下两端锯断，只留第一肋骨，即可将左胸腔全部暴露。锯开胸腔后，应依次采出心脏、肺脏等器官。

5. 骨盆腔脏器的采出

先锯断髂骨体、耻骨和坐骨的髋臼支，再除去锯断的骨体，暴露盆腔。母羊应切离子宫、卵巢、膀胱颈、阴道及生殖腺等。

6. 口腔及颈部器官的采出

先切断咬肌、左侧下颌支、下颌支内面的肌肉、后缘的腮腺、下颌关节的韧带及冠状突周围的肌肉，将左侧下颌支取下，然后切断舌骨支及其周围组织，再将喉、气管和食管的周围组织切离，直至胸腔入口处，即可采出口腔及颈部器官。

7. 颅腔的打开与脑的采出

沿寰枕关节切断颈部，分离头部，然后沿两眼的后缘横行锯断，再沿两角外缘与第一锯相接锯开，并于两角的中间纵锯一正中线，使颅顶骨分成左右两半，这样脑即取出。

上述各体腔的打开和内脏的采出是系统剖检的程序。在实际工作中，可根据临床表现，进行重点剖检，适当地改变或取舍某些剖检程序。

（三）组织器官检查要点

1. 皮下

在剥皮过程中进行，要注意检查皮下有无出血、水肿、脱水、炎症和脓肿，并观察皮下脂肪组织的多少、颜色、性状及病理变化性质等。

2. 淋巴结

要特别注意颌下淋巴结、颈浅淋巴结、髂下淋巴结、肠系膜淋巴结、肺门淋巴结等的检查。注意检查其大小、颜色、硬度、与其周围组织的关系及横切面的变化。

3. 肺脏

首先注意其大小、色泽、重量、质度、弹性、有无病灶及表面附着物等。然后用剪刀将支气管剪开，注意检查支气管黏膜的色泽、表面附着物的数量、黏稠度。最后将整个肺脏纵横切割数刀，观察切面有无病变，切面流出物的数量、色泽变化等。

4. 心脏

先检查心脏纵沟、冠状沟的脂肪量和性状，有无出血。然后检查心脏的外形、大小、色泽及心外膜的性状。最后切开心脏检查心腔。沿左侧纵沟切开右心室及肺动脉，同样再切开左心室及主动脉。检查心腔内血液的性状，心内膜、心瓣膜是否光滑、有无变形、增厚，心肌的色泽、质度，心壁的厚薄等。

5. 脾脏

脾脏摘除后，注意其形态、大小、质度，然后纵行切开，检查脾小梁、脾髓的颜色，红、白髓的比例，脾髓是否容易刮脱。

6. 肝脏

先检查肝门部的动脉、静脉、胆管和淋巴结。然后检查肝脏的形态、大小、色泽、包膜性状、有无出血、结节、坏死等。最后切开肝组织，观察切面的色泽、质度和含血量等情况。注意切面是否隆突，肝小叶结构是否清晰，有无脓肿、寄生虫性结节和坏死等。

7. 肾脏

先检查肾脏的形态、大小、色泽和质度，然后由肾的外侧面向肾门部将肾脏纵切为相等的两半，检查包膜是否容易剥离，肾表面是否光滑，皮质和髓质的颜色、质度、比例、结构，肾盂黏膜及肾盂内有无结石等。

8. 胃

检查胃的大小、质度，浆膜的色泽，有无粘连，胃壁有无破裂和穿孔等。特别要注意网胃有无创伤，是否与膈粘连。如果没有粘连，可将瘤胃、网胃、瓣胃、皱胃之间的联系分离，使四个胃展开。然后沿皱胃小弯与瓣胃、网胃的大弯剪开；瘤胃则沿背缘和腹缘剪开，检查胃内容物及黏膜的情况。

9. 肠管

从十二指肠、空肠、回肠、大肠、直肠分段进行检查。在检查时，先检查肠管浆膜面的情况。然后沿肠系膜附着处剪开肠腔，检查肠内容物及黏膜情况。

10. 骨盆腔器官

公羊生殖系统的检查，从腹侧剪开膀胱、尿管、阴茎，检查输尿管开口、膀胱及尿道黏膜，尿道中有无结石，包皮、龟头有无异常分泌物，切开睾丸及副性腺检查有无异常。

母羊生殖系统的检查，沿腹侧剪开膀胱，沿背侧剪开子宫及阴道，检查黏膜、内腔有无异常，检查卵巢形状，卵泡、黄体的发育情况，输卵管是否扩张等。

11. 脑

打开颅腔之后，先检查硬脑膜有无充血、出血和淤血。然后切开大脑，检查脉络丛的性状和脑室有无积水。最后横切脑组织，检查有无出血及溶解性坏死等变化。

四、常见症状的快速诊断

根据南方羊群常见疾病，收集整理了常见羊病症状的主要病因，便于养殖户对疾病快速诊断。

（一）流产死胎

根据流产胎儿的体长和体表发育情况，可以大致判断母羊流产时的妊娠期。妊娠 30 d 左右胎儿体长 1～4 cm，可以看到鳃裂，体壁已经合拢，各部器官均已形成。妊娠 60 d 左右胎儿体长 5～8 cm，硬腭裂已封闭，四肢骨内开始沉积盐类。妊娠 90 d 左右胎儿体长 15～16 cm，唇部及眉部出现细毛，可区分胎儿性别，角痕出现。妊娠 120 d 左右胎儿体长 25～27 cm，唇及眉部出现细毛。妊娠 130～140 d 时胎儿眼睛睁开。妊娠 145 d 时胎儿体长为 43 cm 左右。妊娠 150 d 时胎儿体长为 30～50 cm，全身密布卷曲细毛，乳门齿及前臼齿均已出现，有乳门齿 4～6 颗。引起胎儿流产死亡的病因很多，常见的传染病有布鲁菌、衣原体、沙门菌、李氏杆菌、口蹄疫、弓形虫、住肉孢子虫等病原体感染，维生素 A 缺乏，还有部分中毒性疾病也可以引起妊娠母羊流产。

（二）急性死亡

羔羊死亡多见于弱羔，或伴有腹泻、营养不良，或因伤口处理不当继发感染导致。成年羊多见于感染炭疽、链球菌、魏氏梭菌、李氏杆菌引发败血症而导致死亡。严重的寄生虫感染，或因放牧不当，发生植物中毒或胀气，也可引发急性死亡。

（三）下痢

常见于梭菌感染后引起的肠毒血症，羔羊下痢时间很短，会突然死亡。成年羊病程较长，尸体剖检可见肾脏软化，心包积液，肠壁脆弱。沙门菌感染后病羊发生胃肠炎、下痢。尸体剖检可见肝脏充血，肺脏充血水肿，心冠脂肪有针尖大小出血点或心肌斑点状出血。1～6 月龄的小羊感染球虫后，也会出现下痢带血，剖检尸体时可见肠壁上有黄色大头针样结节，小肠有绒毛乳头瘤。羊误食砷、磷以及有刺激性毒物和某些植物性毒物后，会出现中毒性下痢。此外，羊只长期吃干草之后突然给予多汁饲料，或大量饲喂饼渣或不适当的干饲料后，也会发生下痢。

（四）流鼻液和咳嗽

多提示呼吸道有疾病。羊出现流鼻液常见于肺丝虫、鼻蝇虫、放线杆菌感染，鼻腔可见大量鼻液，羊感染小反刍兽疫后也出现流脓性鼻涕的症状，同时还伴有高热、腹泻。病羊发生肺炎时，可见流鼻涕、咳嗽、气喘、体温升高等症状。由于圈舍内灰尘过大，可引起羊只鼻阻塞，粪尿清理不及时，氨气过浓也会刺激，引发咳嗽。

（五）惊厥

常见于病羊农药、杀虫剂、重金属及药物等的中毒，或病原体感染高热不下，引起神经系统紊乱。患酮血症的羊只也常发生惊厥，酮试验为阳性。羊只剪耳号、去势、手术后消毒不严，感染破伤风后，病羊会出现步态蹒跚、肌肉痉挛、全身僵直、角弓反张等症状。

（六）肿胀

头部肿胀，常见于放线杆菌病，病羊头面部有多处肿块，或者下颌或面部的骨头肿大。羊口疮主要感染羔羊，鼻镜和面部有黄色或黑色结痂。病羊发生干酪样淋巴结炎时，受害的病羊淋巴结肿大，切开时可见黄绿色豆渣样脓块。羊只被蝇蛆侵袭引起蜂窝织炎，局部皮下肿胀，体温升高、机体衰竭、病灶周围的羊毛被分泌物所浸润。因外伤局部感染后，病羊可发生局部脓肿。

（七）跛行

当羊只患有腐蹄病时，蹄壳脱落，跛行。羔羊患蹄叶炎时呈急性跛行，大多数严重病例蹄壳脱落。当羊只跌伤、损伤及骨折后或由于外伤引起关节炎，行走困难。

第二节　常用治疗技术

一、给药方法

在防治羊病的过程中，给药方法有很多种，这需要根据病情、药物的性质、羊的大小，选择适当的给药方法。最常用的有以下几种：

（一）口服给药

口服给药是使药物通过口服进入消化道并在消化道内发挥作用，或经消化道吸收进入血液循环进而发挥全身治疗作用。这种给药方法操作简单，适合治疗全身性或消化道内疾病，也适用于驱除体内寄生虫药物的使用。其缺点是药物受胃肠内容物和胃酸、胃酶的影响较大，吸收程度不一，显效较慢，剂量较难准确掌握。口服给药可分为如下几种。

1. 自食法

此方法多用于羊群的预防性治疗或驱虫，将药物按一定比例拌入饲料或饮水中，任羊群自行采食或饮用。羊群用药前，建议最好先做小群羊的毒性和药效试验。自食法根据混药方式细分为以下两种：

(1) 混饲给药。将药物均匀混入饲料中，让羊吃料时能同时吃进药物，适用于不溶于水或适口性差的药物。需要注意的是药物与饲料必须混合均匀，并应准确掌握饲料中药物的浓度。

(2) 混水给药。将药物溶解于水中，让羊自由饮用。此法适用于因病不能吃食，但还能饮水的羊。采用此法须注意根据羊可能饮水的量，来计算药量与药液浓度，限制时间饮用药液，以防止药物失效或增加毒性等情况。

2. 喂服法

当羊不能自行采食时，将少量的水剂药物或将粉剂和粉碎的片剂、丸剂加适量的水，制成混悬液，装入橡皮瓶、长颈玻璃瓶或一般的长颈酒瓶中，抬高羊的嘴巴，给药者右手拿药瓶，左手用食指、中指从羊右口角伸入口中，轻轻压迫舌头，羊口即张开。然后，右手将药瓶口从左侧口角伸入羊口中，并将左手抽出，待瓶口伸到舌头中段，即抬高瓶底将药送入，对于易呛的药可一口一口地灌，咽下后再灌。羊如鸣叫或呛咳时，应暂停灌服，待羊群或羊只安静时再灌服。对于羔羊，可用10 mL注射器（不要针头）将水剂药物直接注入口咽部，使羊吞咽内服。

当口服使用的药物不是液体而是舔剂时，则可用药板给药法。药板表面须光滑没有棱角，长约30 cm、宽3 cm、厚约3 cm。给药者站在羊的右侧，左手将开口器放入羊口中，右手持药板，用药板前部抹取药剂，从羊右口角伸入口内到达舌根部，将药板翻转，轻轻按压，将药物抹在舌根部，等羊将药物下咽后，再抹第二次，如此反复操作直至把药喂完。

3. 胃灌服法

胃灌服法适用于体形较大、用药较多的羊只或一些易呛的药物，如醋、中药冲剂等药物的灌服。方法：在胃管前端涂抹少量润滑液，插入鼻孔，沿着下鼻道慢慢送入，到达咽部时，有阻挡感觉，待羊进行吞咽动作时趁机送入食管；如不吞咽，可轻轻来回抽动胃管，诱发吞咽。胃管通过咽部后，如进入食管，继续深送感到稍有阻力，这时要向胃管内用力吹气，或用橡皮球打气，如果见到左侧颈沟有起伏，表示胃管已经进入食管。如果胃管误入气管，多数羊会表现不安，咳嗽，继续深送毫无阻力，向胃管内吹气，左侧颈沟看不见波动，用手在左侧颈沟胸腔入口摸不到胃管，同时，胃管末端有与呼吸相一致的气流出现。在确定胶管已插入食管前不可把胶管放入液体内，否则易导致异物性肺炎。此法适用于羊瘤胃臌气时放气。若胃管已经进入食管，继续深送，即可到达胃内，此时从胃管内排出酸臭气体，将胃管放低时则流出胃内容物。

（二）灌药法

1. 灌肠注药法

灌肠注药是向直肠内注入药液，常应用于直肠炎、大肠炎或便秘时。方法是将羊站立保定，在橡皮管前端涂上凡士林，插入直肠内，把橡皮管的盛药部分提高到超过羊的背部，使药液注入肠腔内。药液注完后，拔出橡皮管，用手压住肛门或拍打尾根部，以防药液流出。注液量一般在100～200 mL，灌肠药液温度应与体温一致。也可采用人工授精保定法注入药液，即由助手将羊头夹在两腿中间，提举羊的两后肢，使其头部朝下，然后进行直肠注药，数分钟后再放下后肢，任其自由排出灌肠液体。

2. 瘤胃穿刺注药法

瘤胃穿刺注入药液，常用于瘤胃臌气放气后，为了防止胃内容物继续发酵产气，可以注入止酵剂及治疗药液。有些药液（如四氯化碳、驱虫剂）的刺激性较强，经口进入消化道反应强烈，可以采用瘤胃穿刺法。穿刺部位是在左肷窝中央臌气最高的部位。穿刺时先将周围的毛发剪光，用碘酒涂抹消毒，将皮肤上移，将普通针头垂直或者朝右侧肘头方向刺入皮肤及瘤胃内，气体瞬间即可排出。如果胃部膨胀严重，应间断放气，气体放完后再注入相应的药物。如果为泡沫性气体，应先注入适量消沫剂才能放出气体，然后，用左手指压紧皮肤，右手迅速拔出针头，穿刺孔用碘酒涂擦消毒。

（三）注射法

注射法是指将灭过菌的液体药物用无菌注射器注入羊的体内。药物不经吸收而直接进入血液循环，生物利用度高，药效迅速且作用可靠。注射前要将注射器和针头用洁水洗净，煮沸 15 min 以上再用。常用的注射法有以下几种：

1. 皮内注射法

皮内注射的部位一般在尾巴内面或股内侧。方法如下：若在尾下，用左手向上拉紧尾部，使注射部位皮肤绷紧，右手用注射器（1 mL 的针管，5～6 号针头），在确定保定条件下，将针头刺入真皮内，然后把药液注入，使局部形成豌豆大的水疱样隆起，拔出针头即可。

2. 皮下注射法

皮下注射的部位是在颈部或股内侧皮肤松弛处。注射时，先把注射部位的毛剪净，涂上碘酒，用左手拇指、中指捏起注射部位的皮肤，食指在前端压一小凹，右手持注射器用针头沿左手食指前沿刺进皮肤下面，如针头能左右自由活动，回抽无血，即可注入药液。注完拔出针头，在注射点上涂擦碘酒。如药液较多可分点注射。凡易于溶解的、无刺激性的药物及疫苗等，均可进行皮下注射。

3. 肌内注射法

羊的肌内注射部位一般是在颈部。注射方法基本上与皮下注射相同，不同之处是：注射时以左手拇指、食指呈“八”字形压住所要注射部位的肌肉，右手持注射器针头，向肌肉组织内垂直刺入，对于较为瘦小的羊，应斜向刺入，以防伤到骨骼，回抽无血，即可注药。一般刺激性小，吸收缓慢的药液，如青霉素、链霉素等均可采用肌内注射。

4. 静脉注射

羊的注射部位是颈静脉的上三分之一与中三分之一的交界处。其注射方法是：先将注射部位剪毛消毒后，用左手按压静脉靠近心脏的一端，使其努张，右手持注射器，将针头向上刺入静脉内，如有血液回流，则表示已插入静脉内，然后用右手推动活塞，将药液注入。药液注射完毕后，左手按住刺入孔，右手拔针，按压一会儿，在注射处涂擦碘酒即可。输液（如生理盐水、葡萄糖溶液等）以及药物刺激性较大，不宜皮下或肌内注射的药物（如氯化钙等）多采用静脉注射。

（四）体表给药法

体表给药主要用于体表皮肤或黏膜的清洗、消毒和杀虫，以防治局部感染性疾病和体外寄生虫感染。在给羊使用去除体表寄生虫药物时，因这类药物大多毒性较大，使用时应注意药物温度、浓度、用量和作用时间等，防止发生吸收中毒现象。体表用药主要有以下 3 种。

1. 冲洗

清洗是将药物配制成适当浓度的溶液，用以清洗眼、鼻腔、口腔、阴道等处的黏膜及其他被污染或感染的创面等。操作时用注射器或吸耳球吸取药液冲洗局部，或用棉球或棉签蘸取药液擦洗局部。

2. 涂搽

涂搽是将某种药膏或溶液均匀涂抹于患部皮肤、黏膜或其创面上。主要用于治疗皮肤或黏膜的各种损伤、局部感染或疥癣等。

3. 药浴

药浴主要用于预防和治疗羊的体外寄生虫病，如蜱、疥螨、羊虱等。药浴用的药物最好是水溶性的，药浴应注意掌握好药液浓度、温度和浸洗的时间。根据药浴的方式可以分为池浴、淋浴和盆浴三种形式。

（1）池浴法。药浴时应由专人负责将羊只赶入或牵拉入药浴池，另有人手持浴叉负责在池边照护，将背部、头部尚未被浸湿的羊只压入药液内使其浸透。当有拥挤互压现象时，应及时处理，以防药液呛入羊肺或淹死现象。羊只在池中待 2～3 min 即可出池，使其在广场停留 5 min 后再放出。

（2）淋浴法。淋浴前应先清理好淋浴场并进行试淋，待机械运转正常后，即可按规定浓度配制药液。淋浴时应先将羊群赶入淋场，开动水泵进行喷淋。经 2～3 min 淋透全身后即可关闭水泵，将淋浴完的羊只赶入围栏中，经 3～5 min 即可放出。

（3）盆浴法。适当的盆、缸中配好药液后，通过人工将羊只逐个进行洗浴的方法。

在进行药浴时要注意以下基本原则：一是防止感冒。药浴应选在晴朗、温暖、无风的天气，于日出后的上午进行，以便药浴后羊毛快速干燥。药浴后羊在阴凉处休息 1～2 h 即可放牧，如遇风雨应及早赶回羊舍，以防感冒。二是防止中毒。羊在药浴前 8 h 停止饲喂，入浴前 2～3 h 饮足水，防止羊因口渴而误饮药液造成中毒。大规模进行药浴前，应选择体质较差的 3～5 只羊进行试浴，无中毒现象发生时，方可按计划组织药浴。妊娠 2 个月以上的母羊或有外伤的羊暂时不药浴。药液应浸满全身，尤其是头部。药浴结束后 2 h 内不得母子合群，防止羔羊吸奶时发生中毒。药浴结束后，药液不能任意倾倒，应清除后深埋地下，以防动物误食而中毒。

二、治疗方法

根据病羊发病原因，选择合适的治疗方法和措施，不仅可以抑制病情发展、防止病原扩散，还可以促进病羊康复。常见的治疗措施包括：病原治疗、对症治疗、一般治疗、支持康复疗法等。

（一）病原治疗

本方法主要是针对病原体用药，及时清除病原体或消除病因，从而达到根治和控制传染源的目的。常用药物有抗生素、化学治疗药物、血清免疫抑制剂等。现有药物主要对细菌性传染病和寄生虫病有较好疗效，而针对病毒的药物种类少且疗效不理想。

1. 抗生素疗法

抗生素疗法主要针对细菌性传染病。选用抗生素时，一是要严格掌握其适应证；二是要参考药敏试验；三是要注意观察防止药物过敏。使用抗生素时，须注意用量适当，疗程充分，密切观察不良反应。

2. 化学药物疗法

化学药物疗法主要用于细菌性感染的治疗，常用的药物有氟喹诺酮类及磺胺类药物。

3. 血清免疫制剂疗法

血清免疫制剂包括破伤风抗毒素、干扰素、干扰素诱导剂等，缺点是易引起过敏反应。

（二）对症治疗

对症治疗可减轻疫病对机体的损害，在有生命威胁时和无有效病原治疗措施时尤其重要。高热时采取各种降温措施，脑水肿时采取脱水疗法，抽搐时采用镇静措施，心力衰竭时采取强心措施，休克时采取改善微循环的措施，严重毒血症状可配合使用肾上腺皮质激素疗法等。

（三）一般治疗

一般治疗包括隔离、护理等治疗。根据传染病的传播途径和病原体排出方式和时间，对病羊采取相应的隔离与消毒措施。良好的护理、密切观察病情变化、正确执行各项诊断与治疗措施等，可促进病羊康复。

（四）支持康复疗法

支持康复疗法有助于病羊的康复，多通过静脉注射的方式，为机体提供合理的营养、补充维生素、维持水与电解质的平衡等。

第三节 羊病的预防措施

在养羊生产中，常常会发生各种羊病，因此在发展养羊生产的同时，首先须做好羊疫病的预防工作。羊病的防治，必须认真贯彻“预防为主，防重于治”的方针，只有这样，才能减少羊病的发生，保证羊只正常的生长发育。

一、加强饲养管理，提高动物抵抗力

（一）精心饲养

饲草料是保证羊只健康生产、发育、繁殖和生产的物质基础，要根据羊群不同品种、年龄、用途喂给全价配合饲草料，特别是蛋白质、维生素、微量元素等要满足动物生长、发育、繁殖等需要，避免发生营养代谢疾病。羊的饲料主要以青饲料和干饲料为主，可加入一些秸秆类的植物，这样不仅可以废物再利用，也可以减少焚烧秸秆造成的环境污染。对饲草料应切碎，干净、无残留农药及杂质，严禁饲喂有毒、霉变的饲草料，防止饲草料和饲喂用具被病原体污染。为防止营养元素缺乏，因转栏、合群、长途运输、高温等因素导致羊群应激，须用饮水或拌料等方式对羊群投放药物以进行群体性疾病的预防和控制。

（二）加强管理

羊只应按品种、性别、年龄分群、分阶段精细化饲养，冬天注意保暖，夏季注意防暑。初生仔畜，应尽早让其吃到初乳。母羊还应分空怀、妊娠、泌乳三阶段分别实施饲养管理，实现羊群的差异化喂养。在喂养模式上，可采用荒山草地半放牧、半圈养的饲养方式，适当饲喂饲料、自产农作物和秸秆，既保证了羊只的活动空间和时间，提高了抵抗力，又降低了生产管理成本，还保证了山羊肉品质量。

（三）有计划地定期驱虫

羊寄生虫往往是混合感染，驱虫时一般采用高效低毒广谱的药物，如美曲磷酯、左旋咪唑、丙硫苯咪唑等。为降低抗药性，可以通过交叉用药、减少用药次数、合理用药等方式解决。如对阿维菌素有了抗药性，可以换用伊维菌素取得高效的驱杀作用。在驱虫的时机上，除了采用每年春秋两季驱虫的传统模式外，有条件的羊场可以开展寄生虫季节流行动态调查，确定用药最佳时机。在虫体寄生达到高峰前进行驱虫，减少虫体对羊只的危害和虫卵对小区羊群的污染，也可在育肥抓秋膘前驱虫，以获得更显著的经济效益。对外引进羊只必须先隔离，进行寄生虫检查和选择相应的药物进行驱虫，证实驱净后方可混群饲养。

二、改善饲养环境，切断疫病传播途径

（一）搞好场地卫生

加强栏舍、饲料、饮水、饲养用具的卫生管理，定期对羊圈的粪便、羊毛、泥土等进行清理，食槽与用具要经常清洗，栏舍要经常打扫，保持羊场干燥卫生，清洁干净，通风透光。避免因环境潮湿滋生细菌或寄生虫，而导致羊群患病。

（二）加强消毒工作

要科学制定消毒制度，严格落实消毒措施，规范消毒程序，门卫消毒要多重设置、严格把关，栏舍、食槽、用具等要用苯扎溴铵、强力消毒灵、抗毒威等定期消毒。羊舍坚持每天清扫，保持清洁卫生，每月定期用0.2%过氧乙酸、0.5%强力消毒灵、1%菌毒敌等消毒药喷洒1～2次，如有疫情则增加消毒次数。对产房消毒要更严格，确保消毒效果，母羊在进入产房前要进行体表消毒，产前用0.1%高锰酸钾溶液擦洗外阴部，哺乳期间经常用0.1%高锰酸钾溶液擦洗乳房。

（三）维护饲养环境

要做好灭鼠、灭虫工作，饲养区内禁止养犬、进犬，防止犬咬伤家畜和犬粪污染饲草、饮水，同时对垫草、粪尿堆积发酵，病死动物尸体要进行深埋或烧毁，做到无害化。污水收集后要加入漂白粉消毒再排放。

三、加强调种管理，严防疫病传入

（一）坚持自繁自养

原则上提倡以“自繁自养”为主，防止从外引进动物而带进疫病。为预防和控制羊疫病，应实行羊场或栋舍“全出全进”的饲养管理方式，以消除连续感染、交叉感染，切断疫病传播途径。

（二）严格检疫隔离

如确需从外地引种，必须先调查了解产地羊传染性疫病流行情况以及免疫状况，只能从非疫区的健康羊群中购买，起运前经当地动物卫生监督机构检疫合格后，方可引进。羊只调入后，应向当地动物卫生监督机构进行报告，隔离观察30 d，确认健康无病后方可混群饲养，隔离期间应做好驱虫、补注疫苗等工作。羊场采用的饲料和用具，也要从安全地区购入，以防疫病传入。

四、定期疫病监测，防止疫病发生和传播

运用实验室的检测手段定期对养殖场内羊群进行疫病监测和流行病学调查，及时掌握羊群的免疫抗体水平状况和疫情动态，针对性采取防治措施，可以有效防止疫病的发生和传播。

（一）定期检疫

定期对布鲁菌病开展检疫监测，可以及早发现临床症状不明显的慢性、隐性病畜，及时进行淘汰处理，不仅可以减少对羊群的经济损失，还可以大大降低对公共卫生的潜在危害。对于种羊和乳用山羊应加强检疫，每年至少要进行一次监测。

（二）免疫抗体监测

对口蹄疫、小反刍兽疫等疫病进行免疫抗体水平监测，根据监测结果及时进行补免和调整免疫程序，确保免疫质量和效果，降低疫病发生风险。

五、实施预防接种，做好重点病防治

当前危害羊的主要疫病有小反刍兽疫、口蹄疫、羊痘、羊传染性胸膜肺炎、羊梭菌性疾病、羊口疮、羊链球菌病等。对于这些疫病的防治，要坚持预防为主，按计划做好免疫注射和预防驱虫，提高动物的特异性抵抗力。

（1）小反刍兽疫疫苗用于预防小反刍兽疫。肌内注射，30 日龄羔羊 1 头份，免疫保护期 3 年以上。

（2）口蹄疫疫苗用于预防口蹄疫。肌内注射，每年春秋两季免疫 1 头份，疫情高发地区应增加免疫次数。免疫保护期 3～4 个月。

（3）羔羊大肠埃希菌疫苗用于预防羔羊大肠埃希菌病。皮下注射，3 月龄以下的羔羊每只 1 mL，3 月龄以上的羔羊每只 2 mL。注射疫苗后 14 d 产生免疫力，免疫期 6 个月。

（4）羊传染性胸膜肺炎氢氧化铝菌苗。皮下或肌内注射，6 月龄以下每只 3 mL，6 月龄以上每只 5 mL，免疫期 1 年。

（5）羔羊痢疾氢氧化铝菌苗。用于怀孕母羊，在怀孕母羊分娩前 20～30 d 和 10～20 d 时各注射 1 次，注射部位皆在两后腿内侧皮下。疫苗用量分别为每只 2 mL 和 3 mL。注射后 10 d 产生免疫力。羔羊通过吃奶获得被动免疫，免疫期 5 个月。

（6）羊四联苗或羊五联苗。

四联苗即羊快疫、猝疽、肠毒血症、羔羊痢疾苗。

五联苗即羊快疫、猝疽、肠毒血症、羔羊痢疾、黑疫苗。

于每年3月初和9月下旬分别接种。按说明书稀释后每只皮下或肌内注射1头份。一般在注射疫苗后14 d产生免疫力。

（7）羊痘鸡胚化弱毒疫苗。用于预防羊痘。每年3—4月份接种，免疫期1年。接种时不论羊只大小，每只皮下注射疫苗0.5 mL。

（8）破伤风类毒素用于预防羊破伤风。免疫时间在怀孕母羊产前1个月、羔羊育肥阉割前1个月或羊只受伤时，一般在每只羊颈部中间1/3处皮下注射0.5 mL，1个月后产生免疫力，免疫期1年。

（9）Ⅱ号炭疽菌苗用于预防羊炭疽病。每年9月中旬注射1次，不论羊只大小，每只皮下注射1 mL，14 d后产生免疫力。

（10）羊链球菌氢氧化铝菌苗用于预防羊链球菌病。一般在每年的3月、9月各接种1次，接种部位为背部皮下。6月龄以下的羊接种量为每只3 mL，6月龄以上的每只5 mL，免疫期半年。

（11）口疮弱毒细胞冻干苗用于预防羊口疮。一般在每年3月、9月各注射1次，不论羊只大小，每只口腔黏膜内注射0.2 mL。

（12）羊流产衣原体油佐剂卵黄灭活苗用于预防羊衣原体性流产。在羊怀孕前或怀孕后1个月内皮下注射，每只3 mL，免疫期1年。

为确保免疫预防的效果，免疫接种前要根据当地羊场疫病发生种类和疫苗特点，合理制定羊场免疫程序；免疫接种时要选择合适的疫苗，按疫苗说明书的要求，正确使用疫苗（接种途径、剂量等）；免疫接种前后一周，不要使用抗菌药、抗病毒药、肾上腺素等药物，以免影响免疫效果。免疫后还要注意观察副反应情况，对反应严重或发生过敏反应的要及时抢救。

第四节　传染病的控制与扑灭

在日常饲养中细心观察羊群，注意羊群的变化，当羊群出现病羊时，要迅速将病羊和健康羊只进行隔离，并在隔离条件下对病羊采取常规检查，初步了解症状后，对疾病进行判断，使用针对性药物进行治疗。同时要密切关注羊群的健康状况，如短期内病羊数量迅速增加、群体性出现相同病情或病羊病情急剧恶化，要高度怀疑传染病，须立即采取控制措施，严防疫病扩散传播，根据情况及时采取控制扑灭措施，尽可能减少损失。

一、隔离管理

当羊群规模出现病羊，疑似发生传染病时，为了防止病羊散播病原，要迅速把已经发病的病羊和健康羊进行隔离，将羊场羊群分为病羊、可疑病羊和假定健康羊三类，以便分别对待，并派专人管理。

（1）病羊。有典型症状或类似症状的羊都进行隔离，当患病动物较多时，可隔离在原动物舍内。对羊舍进行严密消毒，明确专业技术人员看管，并对染病动物及时治疗，闲杂人员和其他动物禁止靠近和出入隔离场所。患病动物舍内的用具、用水、用料和动物粪便等要彻底消毒处理。

（2）可疑病羊。临床无症状，但有与病羊及其污染物、环境的接触史，如同群、同槽、同牧、使用共同的水源、用具等，应将其隔离看管，限制其活动，详细观察，出现症状按病羊处理。对这些动物应进行隔离，隔离时间依该种传染病潜伏期确定。

（3）假定健康羊。无症状也没有与病羊接触的羊群可划分为假定健康羊，应与上述两类羊严格隔离饲养，加强消毒和相应的保护措施。

当怀疑发生口蹄疫、小反刍兽疫、羊痘等烈性传染病时，除采取封锁、隔离等临时性措施外，禁止易感动物及其产品、饲料及垫料、废弃物、运载工具、有关设施设备等移动，并对其内外环境进行严格消毒。

二、紧急消毒

对病羊的粪便要收集堆积发酵或喷洒消毒药后进行填埋，被污染的垫料、饲料等要集中收集进行销毁，被污染的环境、用具要对其进行彻底清扫、冲洗干净，再选用0.5％过氧乙酸、聚维酮碘、戊二醛等消毒剂对羊舍墙壁、地面、屋顶设备、用具等位置喷洒消毒液，交替使用。若羊舍地面为泥土时，应将地面10 cm的表层泥土挖起，按1份漂白粉加5份泥土混合后深埋2 m以下。对饲养人员进出场进行严格消毒，对可能被污染的衣物、手套、靴子等用含氯消毒剂浸泡消毒或用过氧乙酸熏蒸消毒。

三、无害化处理

对已经死亡的病羊不随便剖检，在确保生物安全的前提下，采集样品进行诊断。病羊的皮、肉、内脏等不许食用，采取深埋、焚烧等方式进行无害化处理。

（一）深埋法

深埋法是指通过用掩埋的方法将病死羊及其产品等相关物品进行处理，利用土壤的自净作用使其无害化。深埋法比较简单、费用低，且不易产生气味，但需做好防渗工作，避免污染土壤或地下水。另外，本法不适用于烈性传染病动物及产品、组织的处理。在发生疫情时，为迅速控制与扑灭疫情，防止疫情传播扩散，或一次性处理病死动物数量较大，可采用深埋的方法。

（二）焚烧法

焚烧法指将病死的畜禽堆放在足够的燃料物上或放在焚烧炉中，确保获得最大的燃烧火焰，在最短的时间内实现畜禽尸体完全燃烧碳化，达到无害化的目的。焚烧的地方应选择在远离村庄的下风处，将尸体置于尸坑内进行焚烧，有条件的可送往专业的焚烧场地进行焚烧。该法处理病死羊安全彻底，病原被彻底杀灭，仅有少量灰烬，减量化效果明显。

（三）化尸窖法

化尸窖法是利用砖和混凝土结构建设的密闭窖池，把病死羊尸体投放进窖池使其自然腐烂降解的一种方法。该法适用于对批量畜禽尸体的无害化处理，同时投资与处理成本较低，操作简便易行，臭味不易外泄，利用年限较长，在做好消毒工作的前提下，生物安全隐患低，对周边环境基本无污染。

四、采样诊断

在技术人员的指导下，科学采集样品送实验室进行诊断。根据检测的目的采集不同的样品，对病羊可以采集血液、粪便、口鼻分泌物等标本。对于病死羊只，应排除炭疽后，方可解剖采集组织标本，解剖后要对组织脏器的病变情况进行认真检查，并重点采集有病变的组织病料，如要进行细菌学检查，还要注意无菌操作。样品采集后应采用冷链运输的方式，迅速送至实验室进行诊断。

五、应急处置

根据诊断结果对病羊进行治疗，对可疑病羊和假定健康羊进行紧急免疫接种或用高敏抗菌药物进行紧急预防性给药。对无法治疗或无治疗价值的病羊，或对周围人畜有严重的威胁时，应及早淘汰宰杀。当发生口蹄疫、小反刍兽疫、羊痘等烈性传染病时，由有关部门和单位根据规定采取封锁、隔离、扑杀、销毁、消毒、无害化处理、紧急免疫接种等强制性措施。在最后一只病羊痊愈、急宰和扑杀后，经过一个潜伏期，再无疫情发生时，经过全面的终末消毒后，方可解除封锁，恢复生产。

第九章　山羊产品加工与副产物利用

第一节　羊肉产品消费特点和趋势

随着我国城镇化水平及城乡居民人均收入水平的提高，人们食物消费结构发生了巨大变化，肉类消费需求逐年递增，肉类消费结构有了新的变化，在羊肉消费上主要体现在三个方面：一是城乡居民羊肉消费需求日益增长。羊肉人均占有量从 1979 年的 0.4 kg/人增长到 2017 年的 3.4 kg/人，年均增长率高达 5.8%；随后，羊肉消费量稳步提升，2021 年我国羊肉总产量 514.08 万 t，同比增长 4.4%，羊肉消费量达 554.87 万 t。此外，羊肉进口量逐年递增，羊肉供给和消费国际依存度较高。二是羊肉产品呈现出显著的多样性需求。我国是羊肉生产消费大国，却不是羊屠宰加工强国，羊肉产品多以热鲜肉和冷冻肉为主，羊肉产品种类单一；随着生活节奏的加快，对各类预调理羊肉制品，方便羊肉制品和熟食羊肉制品的需求日渐增多。三是我国羊肉消费供给不足。产品以低中档初级产品为主，优质产品缺少，还存在产品安全难以保证等问题。

未来相当长一段时期，发展羊肉产业还需要加强种业建设，提高肉羊供种能力；要推进生态草牧业发展，加强饲草料生产基地建设，保障肉羊产业草产品供给；要继续加大对肉羊生产规模化、集约化和标准化的支持引导；在消费端还要加强品牌建设，推动肉羊产品差异化、特色化发展；继续开发羊肉精深加工新技术和新产品，丰富羊肉制品类别。本章主要针对肉用、奶用和兼用山羊的屠宰、加工进行全面系统的介绍。

第二节　羊肉营养功效

自古以来，羊肉都是滋补佳品，人们对羊肉的营养食用价值和保健功能早有认识与评价。据《本草纲目》记载：“羊肉味甘苦，性温热；具暖中补虚，开胃健脾，强健腰膝，补肾助阳，养胆明目，利肺助气，以及豁痰止喘等功效。”另有古书《千斤食治》评价羊肉：“主暖中止痛，利产妇。”金元四大家之一中国“脾胃学说”创始人李杲（又曰李东垣）云：“羊肉有形之物，能补有形肌肉元气，故曰补可去弱。人参补气，羊肉补形，凡味同羊肉者，皆补血虚，盖阳生则阴长也”；将羊肉与人参相提并论，民间也将羊肉称为“小人参”，对羊肉的营养食用价值和保健功能赋予了极高的评价。羊肉既可抗衰老和预防早衰，又可延年益寿，更是防寒御寒的佳品菜肴，男女老少皆可食用。

现代营养学也证明羊肉是一种高品质肉。较于猪肉、牛肉，羊肉具有高蛋白、低脂肪，以及维生素 B_1、维生素 B_2 和铁、锌、硒含量丰富等优点，营养丰富、组成接近人体，并易被消化吸收（表 9－1）。羊肉中的赖氨酸、精氨酸、组氨酸、丝氨酸和酪氨酸等人体所必需氨基酸种类齐全（表 9－2）。此外，瑞士科学家发现在羊肉体内存在抗癌脂肪酸——共轭亚油酸（CLA）。日本学者若松纯一发现羊肉中肉碱含量丰富，可防止脑老化，提高神经传导递质（乙酰胆碱）的生成。

表 9－1　羊肉与常见畜禽肉营养成分对比表

类别	蛋白质/%	脂肪/%	灰分/%	胆固醇/(mg/100g)	能量/(kJ/100g)	维生素 B_1/(mg/100g)	维生素 B_2/(mg/100g)
羊肉	20.50	3.90	1.19	29.00	494.00	0.15	0.20
牛肉	19.90	4.20	0.92	75.00	523.00	0.04	0.14
猪肉	20.30	6.20	0.72	84.00	598.00	0.22	0.16
鸡肉	19.40	5.00	0.96	82.00	556.00	0.07	0.13
鹅肉	17.90	7.10	0.90	84.00	674.00	0.13	0.23

注：数据来源《中国食物成分表》。

表 9－2　每 100 g 食物粗蛋白中必需氨基酸含量　单位：g

类别	赖氨酸	色氨酸	苯丙氨酸	蛋氨酸	苏氨酸	异亮氨酸	亮氨酸	缬氨酸
羊肉	8.70	1.40	4.50	3.30	5.30	6.00	8.00	5.00
牛肉	8.70	1.20	4.00	2.30	4.30	5.30	8.20	5.50
猪肉	7.80	1.40	4.10	2.50	5.10	4.90	7.50	5.00

续表

类别	赖氨酸	色氨酸	苯丙氨酸	蛋氨酸	苏氨酸	异亮氨酸	亮氨酸	缬氨酸
鸡肉	9.30	3.70	2.70	1.20	4.80	4.10	7.70	5.00
鹅肉	7.60	1.30	3.90	2.30	4.90	4.80	7.40	5.00

一、绵羊肉和山羊肉的主要区别

不同山羊和绵羊品种、日粮的饲喂水平和营养成分含量、气候环境都是影响羊肉品质和营养的重要因素。总的来说，绵羊和山羊肉外观上就有不同：一是绵羊肉黏手，山羊肉发散，不黏手；二是绵羊肉纤维细短，山羊肉纤维粗长；三是绵羊的肋骨窄而短，山羊的则宽而长。两者口感也不同：目前绵羊肉接受程度比山羊肉更广。营养成分不同：一般绵羊肉比山羊肉脂肪含量更高，这就是绵羊肉吃起来更加细腻可口的原因。山羊肉的一个重要特点就是胆固醇含量比绵羊肉低，因而可以起到防止血管硬化和心脏病的作用，特别适合高血脂患者和老人食用。近年来，由于山羊肉的胆固醇、脂肪含量低，还用它开发出了很多保健食品。日常生活中山羊肉更适合清炖和烤羊肉串。

二、羊肉特征性风味物质

羊肉特征性风味物质（俗称膻味）是由一些特异性挥发性脂肪酸所致，主要来源于脂肪组织，存在于皮下脂肪、肌肉脂肪和羊尾脂肪中。在烹饪过程中肌肉组织提供基本的肉香风味，而生肉中所含有的脂质经加热所产生的挥发性化合物则形成山羊属物种独有的特征风味。在犊牛肉中添加羊脂肪后，品评人员大多会将其误判为羊肉，进一步证明了脂肪组织是羊肉膻味的主要来源。

羊肉膻味物质组成的研究发现，挥发性支链脂肪酸和硬脂酸是羊肉烹饪中不愉快气味生成的主要贡献者。C8～C10 的挥发性支链脂肪酸中对特殊气味具有显著作用。挥发性支链脂肪酸是反刍动物特有的脂肪酸，绵羊和山羊脂肪中其含量高于其他反刍动物。其中 4 -甲基辛酸（图 9 - 1）和 4 -甲基壬酸（图 9 - 2）是形成羊肉特殊风味的主要脂肪酸。除此以外有人认为 4 -乙基辛酸也是构成膻味的主要脂肪酸。

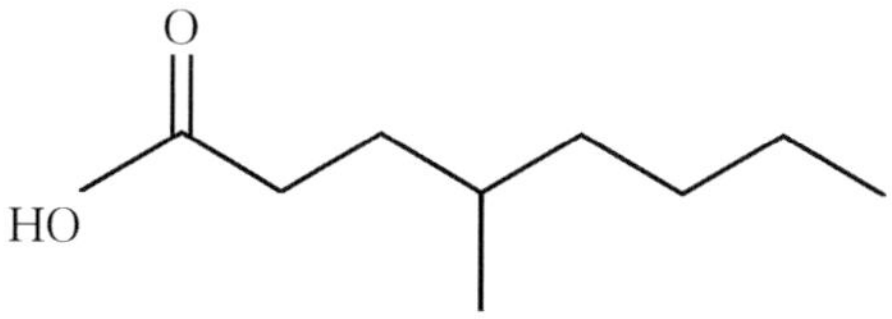

4-甲基辛酸

图 9-1 4-甲基辛酸结构式

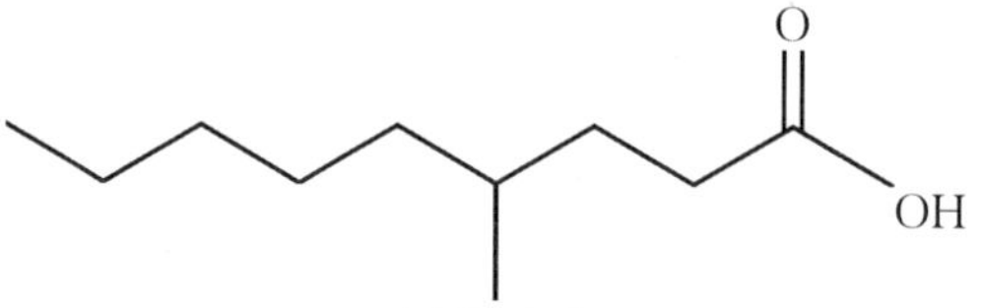

4-甲基壬酸

图 9-2 4-甲基壬酸结构式

羊肉膻味不但与脂肪中的支链挥发性脂肪酸直接相关，也与硬脂酸含量有关。硬脂酸（C18：0）也是羊肉致膻的主要物质，Sanudo 等（2000）研究发现，硬脂酸和亚麻酸均是导致羊肉产生特殊风味的主要物质。此外，2，3-辛二酮也可能是羊肉的特征性风味物质（Young et al.，1997）。羊肉品种、性别、年龄和饲料等因素均影响着羊肉膻味的大小。

（一）不同品种的羊，其膻味大小不同

绵羊比山羊膻味小，藏绵羊膻味小到几乎感觉不到。韩卫杰等（2010）对小尾寒羊、滩羊、同羊脂肪组织中的总挥发性支链脂肪酸、4-甲基辛酸、4-甲基壬酸进行研究，发现小尾寒羊三酸含量均高于滩羊和同羊，证明小尾寒羊的膻味较大（表 9-3）。

表 9-3 不同品种羊脂肪组织中各脂肪酸的含量 单位：mg/kg

脂肪酸	小尾寒羊	滩羊	同羊
总支链脂肪酸	43.32	26.09	42.84
4-甲基辛酸	20.32	14.15	12.84
4-甲基壬酸	9.77	5.60	6.40

（二）性别是影响羊肉膻味的另一个重要因素

由于不同性别羊体内激素水平、能量代谢强度等不同，公羊、母羊、羯羊间羊肉的膻味强度均有所差异。羯羊膻味小于公羊，公羊膻味明显大于母羊，公羊脂肪中支链脂肪酸及奇数短链脂肪酸的含量要高于母羊和羯羊。

（三）年龄对羊肉膻味的形成具有非常大的影响

许多研究表明，肉中短链脂肪酸和硬脂酸随着年龄的增长而增加，进而导致风味、营养价值等的变化，所以成年羊肉的膻味要大于羔羊肉（表 9-4）。

表 9-4　不同日龄羊脂肪组织中短链脂肪酸和硬脂酸的含量

脂肪酸	肌肉脂肪			皮下脂肪		
	100 天	1 岁	5 岁	100 天	1 岁	5 岁
短链脂肪酸	0.14%	0.34%	0.41%	0.10%	0.19%	0.20%
硬脂酸	15.11%	27.34%	35.88%	13.59%	21.40%	31.39%

（四）饲喂条件及营养因素是直接和快速影响羊肉膻味形成的重要因素

在白三叶草草地放牧的羊其膻味比在黑麦草草地的更强烈，饲喂苜蓿的羊膻味要比饲喂谷类的强烈，饲喂大蒜、地椒、薰衣草、百里香草和沙葱等药草可明显改善羊肉风味；以低能量饲粮喂养的羊其膻味较高能量饲喂的羊膻味更大更明显；增加饲粮中维生素 E 的含量可使羔羊多不饱和脂肪酸含量增加，同时降低其致膻的主要贡献者短链脂肪酸和硬脂酸的含量；若饲粮中含硫有机物不足，将会导致氨基酸转化过程无法完成，羊体内含羰基化合物增高也会使膻味增大。

第三节　山羊屠宰分割与质量管理

一、简述

近年来，随着生活水平提高，消费要求升级，羊肉产业迅猛发展，羊屠宰加工企业正逐渐转向规模化发展模式，私营小型屠宰场逐渐被现代化、工业化生产企业所取代，山羊屠宰工艺越来越规范化和标准化，相关基本概念如下：

山羊屠体（goat body），指宰杀放血后的整羊躯体。

山羊胴体（goat carcass），指去头、蹄、毛、尾和内脏后的去皮或带皮羊躯体，其中尾包括尾脂，内脏包括生殖器、横膈肌，不包括肾脏。

白内脏（white offal），指羊的胃、肠和脾。

红内脏（red offal），指羊的心、肝和肺。

羊宝（goat testicle），指羊睾丸。

目前，肉羊屠宰工艺要求相似，工艺方案较完善，电击晕、吊挂、预剥等加工工艺可减小肉羊应激反应，符合动物福利屠宰要求，常见的山羊屠宰加工工艺如图 9－3 所示。

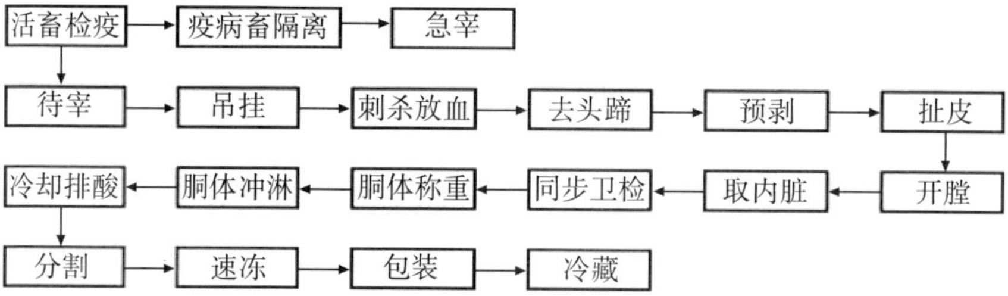

图 9－3 山羊屠宰加工工艺流程

二、山羊屠宰前检查与管理

（一）屠宰前检疫

首先，查验法定的动物产地检疫证明或出县境动物及动物产品运载工具消毒证明及运输检疫证明，以及其他所必需的检疫证明，待宰动物应来自非疫区，且健康良好，确定“动物产地检疫合格证明”“动物检疫合格证明（附录 A）”“动物疫区合格证明”等资料齐全；要求运输车辆应通过车辆消毒池，活羊应经过 2 m 宽的生石灰带。

其次，检查畜禽饲料添加剂类型、使用期及停用期，使用药物种类、用药期及停药期，疫苗种类和接种日期方面的有关记录。

三是核对畜禽种类和数目，了解运输途中病亡情况。然后进行群体检疫，剔出可疑病畜禽，转放隔离圈，进行个体临床检查。健康畜禽在留养待宰期间尚需随时进行临床观察。送宰前再次群体检疫，剔出患病畜禽，对受伤无病害山羊送急宰，对判为健康的畜禽留待宰，送宰前都应由宰前检疫人员出具准宰通知书。

（二）检出病羊处理

经宰前检疫发现类似一类传染病时，病畜存放处和屠宰场所实行严格消毒，采取防疫措施，并立即向当地畜牧兽医行政管理部门报告疫情。对疑似人畜共患传染病的，还要报告当地卫生部门，以便采取紧急控制和扑灭措施。

如经宰前检疫发现口蹄疫、山羊痘的山羊，同群畜禽用密闭运输工具运到动物防疫监督部门指定地点，用不放血方法全部扑杀，尸体采取无害化处理。检出布鲁菌病、肠道传染病、乳房炎和结核病等山羊，同群畜急宰，胴体内脏进行无害化处理，病畜存放处和屠宰场所实行严格消毒，采取防疫措施，并立即向当地畜牧兽医行政管理部门报告疫情。确诊为不妨碍肉类食品卫生的一般传染病及一般疾病的山羊，实行急宰，除剔除病变部分销毁外，其余部分进行无害化处理。

（三）屠宰前饲养管理

1. 宰前饲养

由外地购买运送进来的山羊，不能及时屠宰尚需饲养一定时间，应根据来源、批次、肥瘦、大小等情况，进行分群、分圈喂养。肥膘较好的按照饲养标准以恢复运输途中疲劳损失；对较瘦弱的，应采取短期肥育的饲养方法，以达到迅速增重长膘和改善肉质的目的。

2. 宰前停食

屠宰前停止喂食，一是为了便于放血完全。如果不停食照常喂养，羊的消化和代谢功能旺盛，肌肉组织中毛细血管充满血液，屠宰时会造成放血不完全，使肉容易腐败。二是便于清理内脏。若不停食，消化道内充满食物，摘取清理内脏不便，也容易污染肉质。一般宰前 6～24 h 停食，羔羊适当缩短时间，期间给充足的饮水，保证山羊正常的生理功能，减少机体失重，促进排出粪便。宰前 2 h 禁水，以求屠宰时放血完全，得到优质羊肉。

3. 宰前卫生

宰前静养，安静可使肌肉保持较多的糖原，使肌肉 pH 值降低，增加肉的保存性。送宰羊依次进入赶羊通道，送入屠宰车间，不得用硬器击打，强行驱赶，以免造成局部充血，加工时产生发黑污点，容易腐败。同时，淋浴、清洁体表杂物，减少污染机会，也可改善操作人员的工作卫生条件。

三、山羊屠宰工艺

（一）致昏

采用电击致昏，电流为 0.5～1.0 A（或者电压在 90～220 V），电击时间 2～5 s。

（二）挂羊

用带编号的不锈钢吊钩挂住羊的右后蹄，经自动轨道送到放血工位，用扣脚链扣紧羊后小腿，转挂至轨道链钩上，挂羊要迅速，从致昏到放血的时间间隔不超过 1.5 min。

（三）放血

从羊喉部下刀，横切断食管、气管和血管。宰杀放血刀应在 82 ℃以上热水中消毒，每次轮换使用。放血时间不少于 5 min。清真屠宰法活羊不致昏，直接切断三管放血。

（四）煺毛

生产带皮羊肉时要求采用煺毛工序。

1. 去羊角

采用自动脱毛机煺毛时，应在刺杀放血后去掉羊角。

2. 剪羊毛

修剪体表过长、过密的羊毛，不要划破羊皮。

3. 浸烫

羊屠体应在 1 h 内用热水浸烫，夏季水温 64 ℃±2 ℃，冬季水温 68 ℃±2 ℃。羊屠体全部没入烫毛池水面下，人工辅助翻转 2～3 次，浸烫均匀。

4. 煺毛

浸烫后立即采用自动脱毛机或人工煺毛。

5. 修整

用燎毛器烧去屠体表面残留绒毛及皮屑，反复冲洗，用屠宰刀刮除烧焦的残毛和皮屑，割除伤疤、脓包等。去头、蹄，放入指定容器中，屠体倒挂进入生产轨道。

（五）剥皮

1. 水平吊挂剥皮

（1）冲胸腹线。从放血口处下刀，沿胸、腹部中线，挑开羊皮至裆部。预剥后腿，在跗关节外侧 2～3 cm 处把皮割开，沿大腿内侧一直剥到吊挂的后蹄关节处。

（2）取羊宝。将羊宝割下，放入指定容器中。

（3）转挂前腿。将羊的两条前腿分别挂在轨道挂钩上，前、后蹄吊挂高度一致，防止胃内食物流出。

（4）一次预剥按以下步骤：

1）颈部预剥。剥开羊脖根至脖头内侧羊皮。

2）前腿预剥。沿前腿趾关节处挑开羊皮至胸中线，将前腿两侧皮剥至肩胛骨位置。

3）结扎食管。割开连接肌肉剥离食管与气管，将食管和气管分离至食管与胃连接处，扎紧食管前端。

4）预剥羊尾。挑开羊尾皮，向四周剥开至尾根处。

5）结扎肛门。左手抓住肛门提起，右手持刀将肛门沿四周割开并剥离，随割随提升，提高至 10 cm 左右，用塑料袋套住肛门，并用橡皮盘扎住塑料袋，将结扎好的肛门送回深处。

（5）后蹄。用切蹄器将羊后蹄从跗骨关节处切下，挂在指定的同步挂钩上。

（6）割羊头。放血口处下刀割下羊头，将羊头挂在指定同步挂钩上。

（7）二次预剥。将腹部两侧羊皮预剥至与背部、后腿呈三角形状，肩胛部位通开。

（8）机械剥皮。将两条前腿皮交叠固定在剥皮机上，启动机器慢慢将羊皮扯下。人工辅助剥离不易分离的部位。

（9）二次转挂。用吊钩钩住两条后腿跗关节处，挂入轨道，用切蹄器在腕骨与掌骨之间切下两个前蹄，挂在指定挂钩上。

（10）修羊鞭。抓住羊鞭外露部分，在盆骨外侧至鞭根处切断羊鞭，放到指定的容器内。

2. 垂直吊挂剥皮

（1）结扎食管。在放血口处，将食管剥离，进行食管结扎。

（2）结扎肛门。左手抓住肛门提起，右手持刀将肛门沿四周割开并剥离，随割随提升，提高至 10 cm 左右，用塑料袋套住肛门，并用橡皮盘扎住塑料袋，将结扎好的肛门送回深处。

（3）割羊头。从放血刀口处下刀割下羊头，放到指定的容器内。

（4）剥皮。

1）剥后腿皮。从跗关节下刀沿后腿内侧中线向上挑开羊皮至腹中线，向两侧剥离羊皮至尾根处。

2）去后蹄。从跗关节下刀，割下后蹄，放入指定容器中。

3）剥胸部、腹部皮。用刀将羊胸腹部皮沿胸腹中线从胸部挑到裆部，沿腹中线向左右两侧剥开胸腹部羊皮至肷窝处。

4）剥颈部及前腿皮。从腕关节下刀，沿前腿内侧中线挑开羊皮至胸中线，沿颈中线自下而上挑开羊皮，剥开胸颈部皮及前腿皮至两肩止。

5）去前蹄。从腕关节割下前蹄，放入指定容器内。

6）剥尾部皮。将羊尾皮挑开，向四周剥离至尾根处，沿尾根周围继续剥开部分后臀皮。

7）剥皮。人工剥皮，从背部将羊皮扯下。机器剥皮，用锁链锁紧羊后腿皮，启动剥皮机自上而下将羊皮撕下，人工辅助剥离不易分离的部位。

8）屠体冲淋。剥皮后的屠体用温水冲淋 10～15 s，清理污物、浮毛等。

（六）取内脏

1. 取白内脏

沿腹中线割开腹壁至剑状软骨处，将白内脏完整取出，放入指定容器中。

2. 取红内脏

持刀紧贴胸腔内壁切开膈肌，拉出气管，同时将心、肝和肺从胸腔中取出，放入指定容器中。

（七）胴体

1. 修整

割除腺体、淋巴结、淤血斑、伤疤和残存皮毛等。

2. 清洗

用高压清洗机冲洗胴体表面的浮毛、粪污、血污、腔内淤血及其他杂质。清洗用水应符合 GB 5749 生活饮用水卫生标准的要求。

3. 分级

羔羊和大羊胴体由肋脂厚度、胴体重量指标评定，从高到低为特等级、优等级、良好级和普通级 4 个级别（表 9－5、表 9－6）。

表 9-5　**羊胴体分级标准**

级别	羔羊胴体分级	
	肋脂厚度（H）/mm	胴体重量（W）/kg
特等级	$8\leqslant H\leqslant 20$	山羊 $W\geqslant 15$
优等级	$8\leqslant H\leqslant 20$	山羊 $12\leqslant W<15$
良好级	$8\leqslant H\leqslant 20$	山羊 $8\leqslant W<12$
	$5\leqslant H<8$	山羊 $W\geqslant 10$
普通级	$5\leqslant H<8$	山羊 $8\leqslant W<10$
	$H<5$	山羊 $W\geqslant 8$
	$H>20$	山羊 $W\geqslant 8$

表 9-6　**大羊胴体分级标准**

级别	大羊胴体分级	
	肋脂厚度（H）/mm	胴体重量（W）/kg
特等级	$8\leqslant H\leqslant 20$	山羊 $W\geqslant 20$
优等级	$8\leqslant H\leqslant 20$	山羊 $14\leqslant W<20$
良好级	$8\leqslant H\leqslant 20$	山羊 $11\leqslant W<14$
	$5\leqslant H<8$	山羊 $W\geqslant 14$
普通级	$5\leqslant H<8$	山羊 $11\leqslant W<14$
	$H<5$	山羊 $W\geqslant 11$
	$H>20$	山羊 $W\geqslant 11$

（八）检验

按 GB 18393《牛羊屠宰产品品质检验规程》、NY 467《畜禽屠宰卫生检疫规范》的规定对头、蹄、红白内脏、胴体等组织器官进行同步检验检疫。

（九）胴体预冷与成熟

1. 预冷

（1）条件。预冷间温度－1 ℃～4 ℃，湿度 85%～90%，风速不大于 2 m/s，胴体或二分体吊挂间距不小于 10 cm。

（2）时间。羊胴体（二分体）预冷时间 12～24 h，羊肉中心温度应达到 4 ℃～6 ℃。

（3）方式。一段式预冷，羊胴体在 1 ℃～4 ℃条件下一次性完成预冷处理。两段式预冷，羊胴体首先在－5 ℃～10 ℃条件下，冷却处理 2～4 h，再进入－1 ℃～4 ℃预冷间，冷却处理 14～18 h。

2. 成熟

（1）条件。成熟间温度 0 ℃～4 ℃，湿度 85%～90%，风速不大于 2 m/s，胴体或二分体吊挂间距不小于 10 cm。

（2）时间。羊胴体（二分体）成熟时间不少于 24 h，最佳时间为 36～48 h。

3. 预冷及成熟管理

每 2 h 对预冷间或成熟间巡查 1 次，观察记录温度、湿度及设备运行情况。

4. 胴体处理

（1）分割加工。成熟后的完整胴体或二分体，直接出库销售或按照产品形式及规格要求进行分割产品加工。

（2）冷冻贮藏。胴体冷冻温度低于－25 ℃，冷冻处理 12～24 h，肉的中心温度应达到－15 ℃以下，然后转入－18 ℃冷藏库中贮藏。

第四节　山羊胴体分割与品质控制

一、简述

山羊肉分割技术是冷鲜肉（chilled meat）消费市场催生的产物，是山羊肉精细加工的前提和基础。所谓冷鲜肉又叫冷却排酸肉、保鲜肉、冷却肉，是指对严格执行检疫制度屠宰后的家畜胴体迅速进行冷却处理，使胴体温度（以后腿内部为测量点）在 24 h 内降为 0 ℃～4 ℃，并在后续的加工、流通和零售过程中始终保持在 0 ℃～4 ℃的鲜肉。冷鲜肉在加工前经过预冷排酸，使肉完成了“成熟”过程，所以其质地柔软有弹性，汁液流失少，口感好，滋味鲜美。随着冷链物流的迅猛发展以及更高规格的肉羊屠宰加工企业的建成投产，冷鲜羊肉将成为肉羊产业新的增长点，山羊肉分割技术成为关键技术。规范与山羊肉分割技术相关的基本概念，不仅有利于产品的标准化，而且便于产品流通与市场监管，满足消费者的不同需求。

胴体羊肉（goat whole carcass）：活羊屠宰放血后，去毛、头、蹄、尾和内脏的带皮或去皮躯体。

鲜胴体羊肉（fresh goat whole carcass）：未经冷却或冻结处理的胴体羊肉。

冷却胴体羊肉（fresh goat carcass）：经冷却处理，其后腿肌肉深层中心温度在 0 ℃～4 ℃的胴体羊肉。

冻胴体羊肉（fresh goat whole carcass）：经冻结处理，其后腿肌肉深层中心温度不高于－15 ℃的胴体羊肉。

分割羊肉（cut goat）：鲜胴体羊肉、冷却胴体羊肉、冻胴体羊肉在特定环境下按部位分割，并在特定环境下储存、运输和销售的带骨或去骨切块。

冷却分割羊肉（chilled cut goat）：经冷却处理，肉块中心温度维持在 0 ℃～4 ℃的分割羊肉。

冷冻分割羊肉（frozen cut goat）：经过冻结处理，肉块中心温度低于－15 ℃的分割羊肉。

带骨分割羊肉（cut goat-bone in）：未经剔骨加工处理的分割羊肉。

去骨分割羊肉（cut goat-bone off）：经剔骨加工处理的分割羊肉。

二、品质控制

（一）羊肉来源

羊只必须来自非疫区，并持有产地动物防疫监督机构出具的检疫证明，不允许接收转基因羊。加工的羊肉要求经卫生检验合格的羊胴体，要求符合 GB/T9961《鲜、冻胴体羊肉》的规定再进行加工（表 9－7、表 9－8、表 9－9）。宰后胴体应在 1 h 内进入预冷间，在 24 h 内使肉深层中心温度达到－1 ℃～7 ℃。分割和修整冷却胴体应在良好操作规范和良好卫生条件下，在 10 ℃～15 ℃的车间内进行分割，分割前应修去淤血、血污、伤斑、浮毛、淋巴结、碎骨和其他杂质。刀具、箱框和工作人员双手应每隔 1 h 消毒一次。

表 9－7 鲜、冻胴体羊肉的感官要求

项目	鲜羊肉	冷却羊肉	冻羊肉（解冻后）
色泽	肌肉色泽浅红、鲜红或深红，有光泽；脂肪呈乳白色、淡黄色或黄色。	肌肉红色均匀，有光泽；脂肪呈乳白色、淡黄色或黄色。	肌肉有光泽，色泽鲜艳；脂肪呈乳白色、淡黄色或黄色。
组织状态	肌纤维致密，有韧性，富有弹性。	肌纤维致密、坚实，有弹性，指压后凹陷立即恢复。	肉质紧密，有坚实感，肌纤维有韧性。
黏度	外表微干或者有风干膜，切面湿润，不黏手。	外表微干或者有风干膜，切面湿润，不黏手。	表面微湿润，不黏手。
气味	具有新鲜羊肉固有气味，无异味。	具有新鲜羊肉固有气味，无异味。	具有羊肉正常气味，无异味。
煮沸后肉汤	透明澄清，脂肪团聚于液面，具有特殊香味。	透明澄清，脂肪团聚于液面，具有特殊香味。	透明澄清，脂肪团聚于液面，无异味。
肉眼可见杂质	不得检出	不得检出	不得检出

表 9－8 鲜、冻胴体羊肉的微生物指标要求

项目		指标
菌落总数/（cfu/g） ⩽		5×10^{5}
大肠菌群/（MPN/100 g） ⩽		1×10^{3}
致病菌	沙门菌	不得检出
	志贺菌	不得检出
	金黄色葡萄球菌	不得检出
	致泻大肠埃希菌	不得检出

表 9-9　鲜、冻胴体羊肉的理化指标要求

项目		指标
水分/%	≤	78
挥发性盐基氮/（mg/100 g）	≤	15
总汞（以 Hg 计）		不得检出
无机砷/（mg/kg）	≤	0.05
镉（Cd）/（mg/kg）	≤	0.1
铅（Pb）/（mg/kg）	≤	0.2
铬（以 Gr 计）/（mg/kg）	≤	0.1
亚硝酸盐（以 $NaNO_2$ 计）/（mg/kg）	≤	3
敌敌畏/（mg/kg）	≤	0.05
六六六（再残留限量）/（mg/kg）	≤	0.2
滴滴涕（再残留限量）/（mg/kg）	≤	0.2
溴氰菊酯/（mg/kg）	≤	0.03
青霉素/（mg/kg）	≤	0.05
左旋咪唑/（mg/kg）	≤	0.1
磺胺类（以磺胺类总量计）/（mg/kg）	≤	0.1
氯霉素		不得检出
克伦特罗		不得检出
己烯雌酚		不得检出

（二）分割

分割方法分为热分割和冷分割，生产时可根据具体条件选用。热分割，以屠宰后未经冷却处理的鲜胴体羊肉为原料进行分割，热分割车间温度应不高于 20 ℃，从屠宰到分割结束应不超过 2 h。冷分割，以冷却胴体羊肉或冻胴体羊肉为原料进行分割，冷分割车间温度应在 10 ℃～12 ℃，冷却胴体羊肉切块的中心温度应不高于 4 ℃，冻胴体羊肉切块的中心温度应不高于－15 ℃，分割滞留时间不超过 0.5 h。

（三）冷加工

1. 冷却

冷却间温度 0 ℃～4 ℃、相对湿度 85%～90%。热分割切块应在 24 h 内中心温度降至 4 ℃以下后，方可入冷藏间或冻结间；冷分割羊肉可直接入冷藏间或冻结间；冷冻分割羊肉可直接入冷藏间。

2. 冻结

冻结间温度应低于－28 ℃、相对湿度 95%以上，切块中心温度应在 48 h 内降至－15 ℃以下。

3. 冷藏

冷却分割羊肉应放入 0 ℃～4 ℃、相对湿度 85%～90%的冷藏间中，肉块中心温度保持在 0 ℃～4 ℃；冷冻分割羊肉放入－18 ℃以下、相对湿度 95%以上的冷藏间中，肉块中心温度保持在－15 ℃以下。

（四）分割技术要求

1. 分割羊肉品种

通常情况下，分割羊肉产品有 38 种，其中带骨分割羊肉 25 种，去骨分割羊肉 13 种（表 9－10）。

表 9－10　鲜分割羊肉产品明细

（1）带骨分割羊肉（25 种）	
躯干	法式羊肋脊排
带臀腿	单骨羊排（法式）
带臀去腱腿	前 1/4 胴体
去臀腿	方切肩肉
去臀去腱腿	肩肉
带骨臀腰肉	肩脊排/法式脊排
去髋带臀腿	牡蛎肉
去髋去腱带股腿	颈肉
鞍肉	前腱子肉/后腱子肉
带骨羊腰脊（双/单）	法式羊前腱/羊后腱

续表

T 骨排（双/单）	胸腹腩
腰肉	法式肋排
羊肋脊排	
（2）去骨分割羊肉（13 种）	
半胴体肉	粗米龙
躯干肉	臀腰肉
剔骨带臀腿	腰脊肉
剔骨带臀去腱腿	去骨羊肩
剔骨去臀去腱腿	里脊
臀肉（砧肉）	通脊
膝圆	

2. 分割方法

分割方法按图 9－4、表 9－11 和图 9－5 执行。

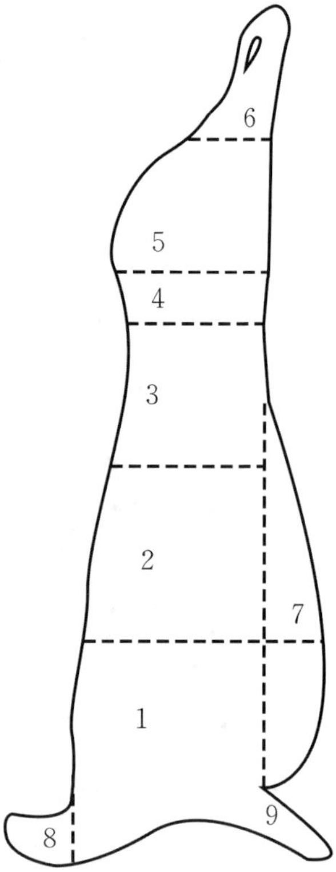

1—前 1/4 胴体；2—羊肋脊排；3—腰肉；4—臀腰肉；5—带臀腿；6—后腿腱；7—胸腹腩；8—羊颈；9—羊前腱。

图 9-4 羊肉分割图

表 9-11 分割羊肉分割方法与命名标准

B.1 带骨分割羊肉分割方法与命名标准		
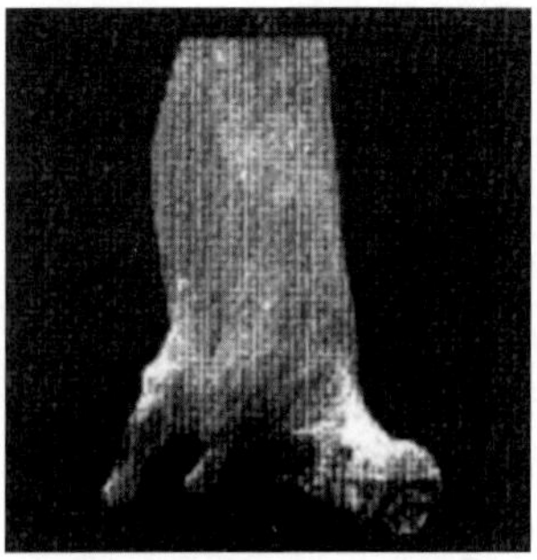		B.1.1 躯干 躯干主要包括前 1/4 胴体、羊肋脊排及腰肉部分，由半胴体分割而成。分割时经第 6 腰椎到髂骨尖处直切至腹肋肉的腹侧部，切除带臀腿。 修整说明：保留膈、肾和脂肪。

续表 1

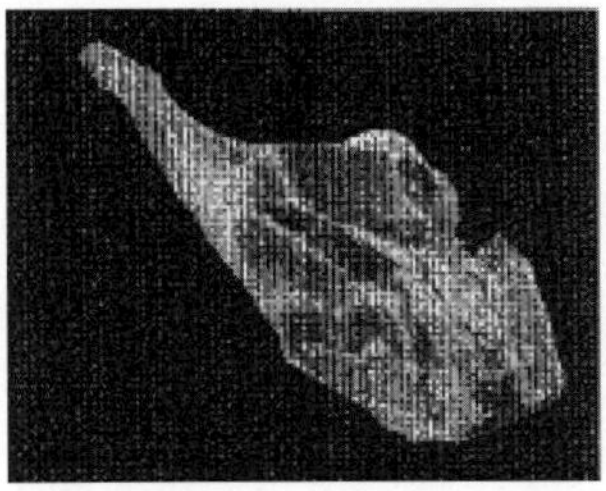

B. 1. 2　带臀腿

带臀腿主要包括粗米龙、臀肉、膝圆、臀腰肉、后腱子肉、髂骨、荐椎、尾椎、坐骨、股骨和胫骨等，由半胴体分割而成，分割时自半胴体的第 6 腰椎经髂骨尖处直切至腹肋肉的腹侧部，除去躯干。

修整说明：切除里脊头、尾，保留股骨；根据加工要求保留或去除腹肋肉、盆腔脂肪、荐椎和尾椎。

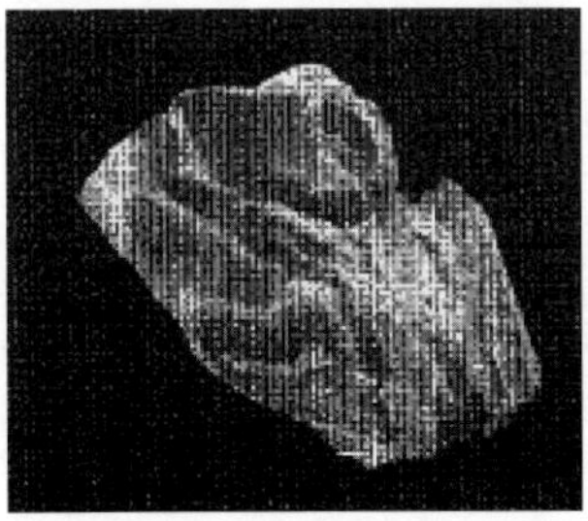
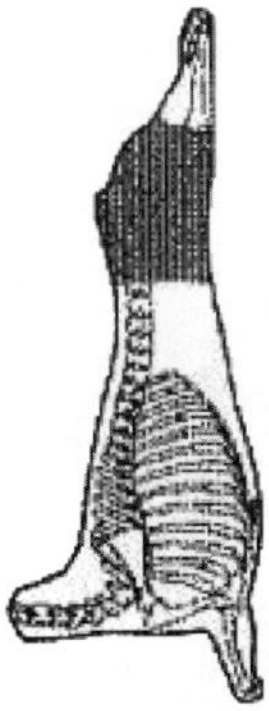

B. 1. 3　带臀去腱腿

带臀去腱腿（主要包括粗米龙、臀肉、膝圆、臀腰肉、髂骨、荐椎、尾椎、坐骨和股骨等，由带臀腿自膝关节处切除腱子肉及胫骨而得。

修整说明：切除里脊头、尾；根据加工要求去除或保留腹肋肉、盆腔脂肪、荐椎。

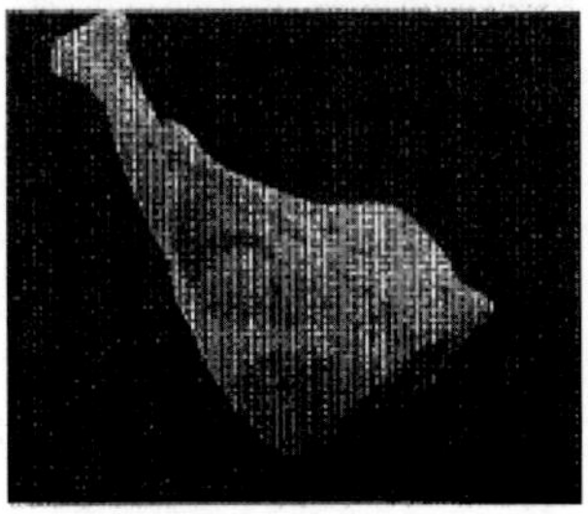
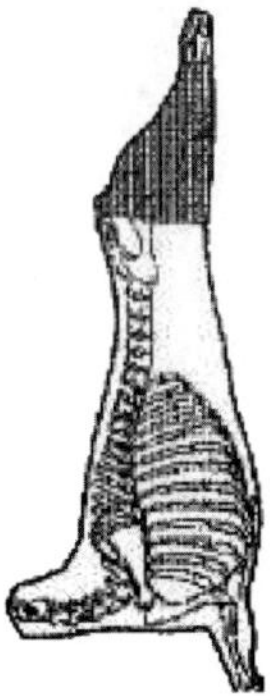

B. 1. 4　去臀腿

去臀腿主要包括粗米龙、臀肉、膝圆、后腱子肉、坐骨和股骨、胫骨等，由带臀腿在距离髋关节大约 12 mm 处成直角切去带骨臀腰肉而得。

修整说明：切除尾及尖端，根据加工要求去除或保留盆腔脂肪。

续表 2

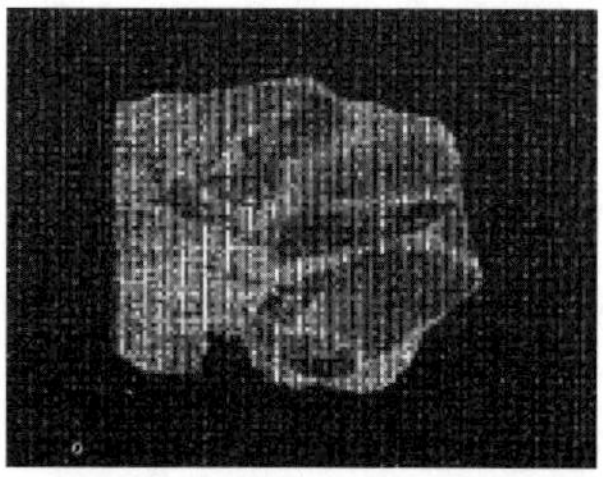	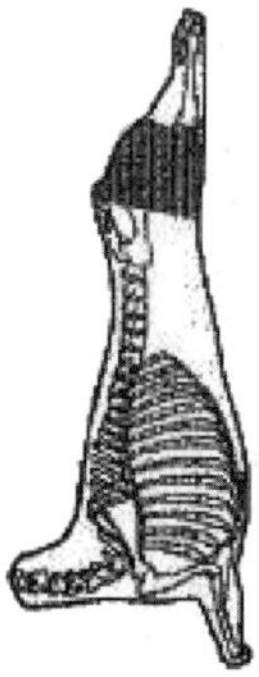	B. 1. 5　去臀去腱腿 去臀去腱腿主要包括粗米龙、臀肉、膝圆、坐骨和股骨等，由臀腿于膝关节处切除后腱子肉和胫骨而得。 修整说明：切除尾。
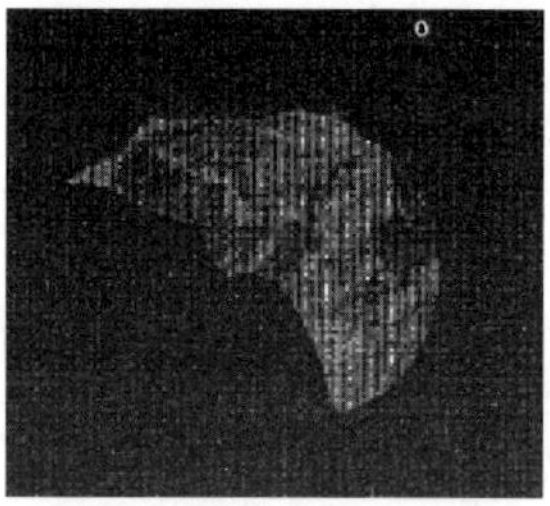	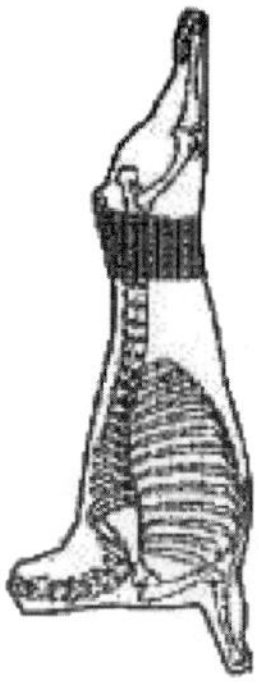	B. 1. 6　带骨臀腰肉 带骨臀腰肉主要包括臀腰肉、髂骨、荐椎等，由带臀腿于距髋关节大约 12 mm 处以直角切去臀腿而得。 修整说明：根据加工要求保留或去除盆腔脂肪和腹肋肉。
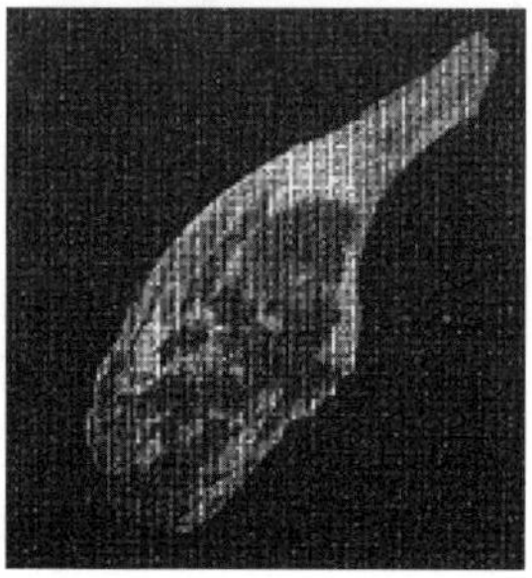	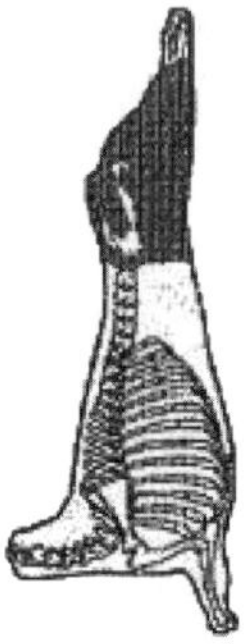	B. 1. 7　去髋带臀腿 去髋带臀腿由带臀腿除去髋骨制作而成。 修整说明：切除尾及尖端，根据加工要求去除或保留腹肋肉。

续表 3

	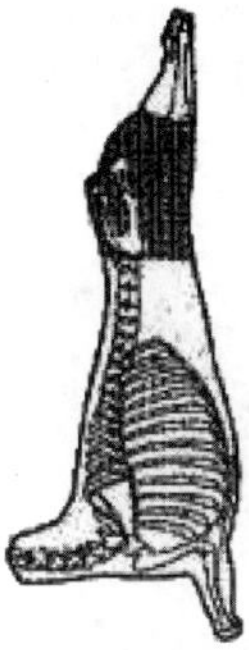	B.1.8　去髋去腱带股腿 去髋去腱带股腿由去髋带臀腿在膝关节处切除腱子肉及胫骨带而成。 修整说明：除去腹肋肉及周围脂肪。
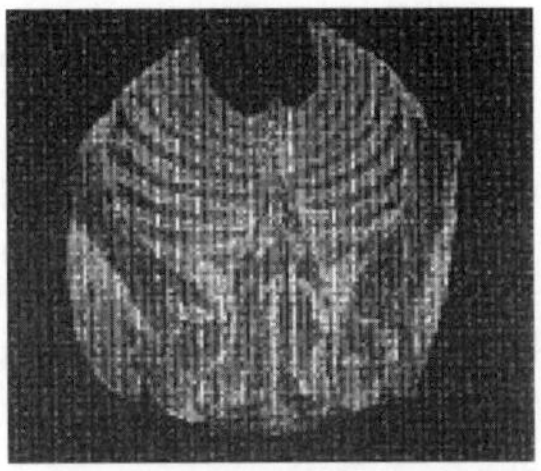		B.1.9　鞍肉 鞍肉主要包括部分肋骨、胸椎、腰椎及有关肌肉等；由整个胴体于第 4 或第 5，第 6 或第 7 肋骨处背侧切至胸腹侧部，切去前 1/4 胴体，于第 6 腰椎处经髂骨尖从背侧切至腹脂肪的腹侧部而得。 修整说明：保留肾脂肪、膈，根据加工要求确定肋骨数（6、7、8、9）和腹壁切除线距眼肌的距离。
		B.1.10　带骨羊腰脊（双/单） 带骨羊腰脊（双/单）主要包括腰椎及腰脊肉。在腰荐结合处背侧切除带臀腿，在第 1 腰椎和第 13 胸椎之间背侧切除胴体前半部分，除去腰腹肉。 修整说明：除去筋膜、肌腱，根据加工要求将带骨羊腰脊（双）沿第 1 腰椎直切至第 6 腰椎，分割成带骨羊腰脊。

续表 4

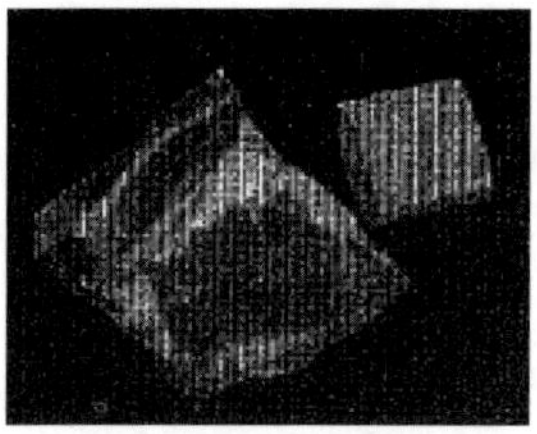	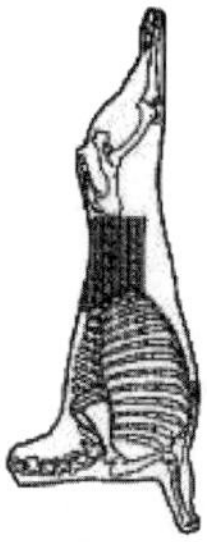	B. 1. 11　羊 T 骨排（双/单） 羊 T 骨排（双/单）由带骨羊腰脊（双/单）沿腰椎结合处直切而成。
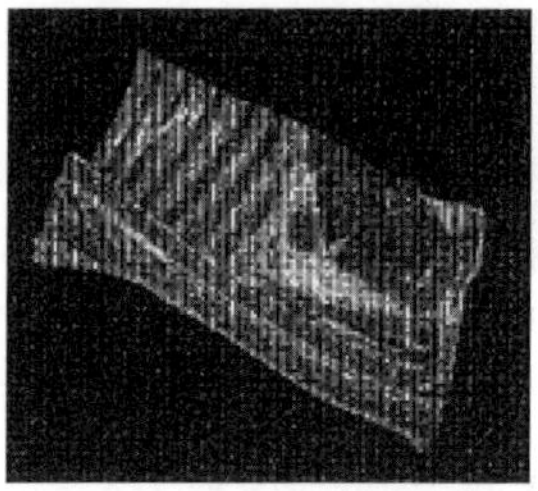		B. 1. 12　腰肉 腰肉主要包括部分肋骨、胸椎、腰椎及有关肌肉等，由半胴体于第 4 或第 5 或第 6 或第 7 肋骨处切去前 1/4 胴体，于腰荐结合处切至腹肋肉，去后腿而得。 修整说明：根据加工要求确定肋骨数（6、7、8、9）和腹壁切除线距眼肌的距离，保留或除去肾/肾脂肪、膈。
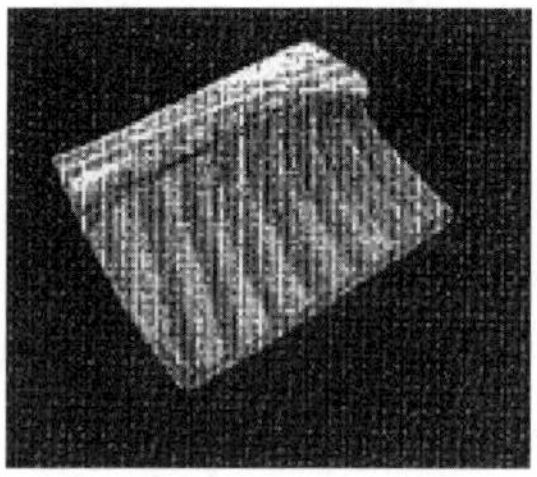	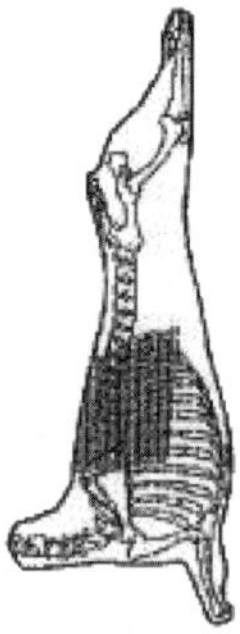	B. 1. 13　羊肋脊排 羊肋脊排主要包括部分肋骨、胸椎及有关肌肉，由腰肉经第 4 或第 5 或第 6 或第 7 肋骨与第 13 肋骨之间切割而成。分割时沿第 13 肋骨与第 1 腰椎之间的背腰最长肌（眼肌），垂直于腰椎方向切割，除去后端的腰脊肉和腰椎。 修整说明：除去肩胛软骨，根据加工要求确定肋骨数（6、7、8、9）和腹壁切除线距眼肌的距离。

续表 5

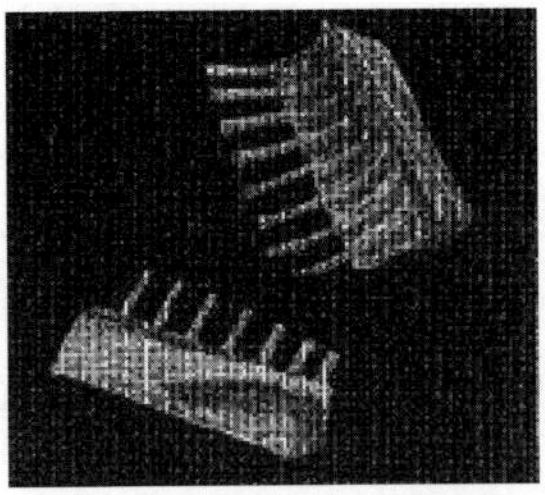

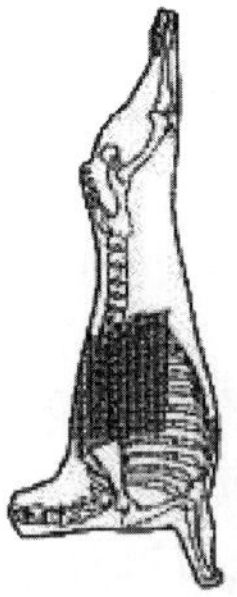

B. 1. 14　法式羊肋脊排

法式羊肋脊排主要包括部分肋骨、胸椎及有关肌肉，由羊肋脊排修整而成。分割时保留或去除盖肌，除去棘突和椎骨，在距眼肌大约 10 cm 处平行于椎骨缘切开肋骨，或距眼肌 5 cm 处（法式）修整肋骨。

修整说明：根据加工要求确定保留或去除盖肌、肋骨数（6、7、8、9）以及距眼肌距离。

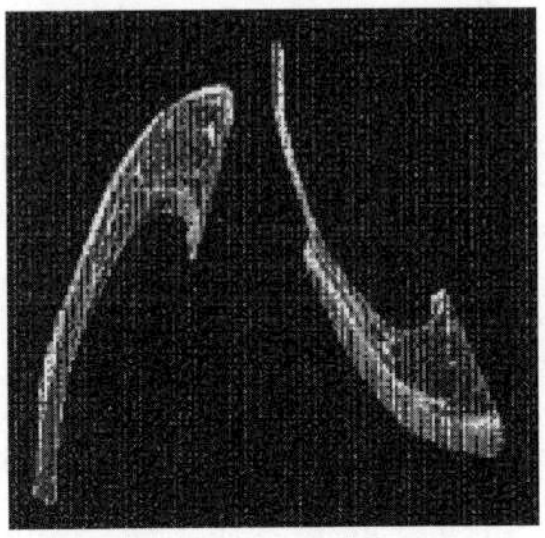

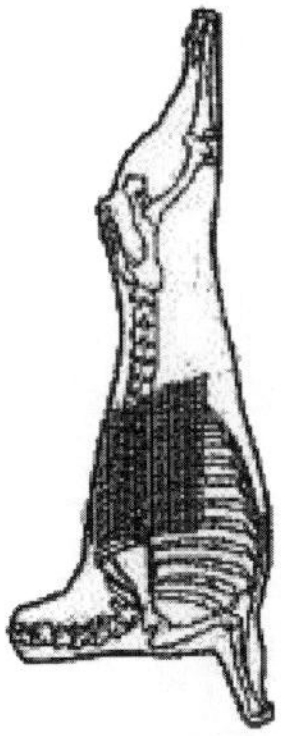

B. 1. 15　单骨羊排/法式单骨羊排

单骨羊排/法式单骨羊排主要包括单根肋骨、胸椎及背最长肌，由羊肋脊排分割而成。分割时沿两根肋骨之间，垂直于胸椎方向切割（单骨羊排），在距眼肌大约 10 cm 处修整肋骨（法式）。

修整说明：根据加工要求确定修整部位离眼肌距离。

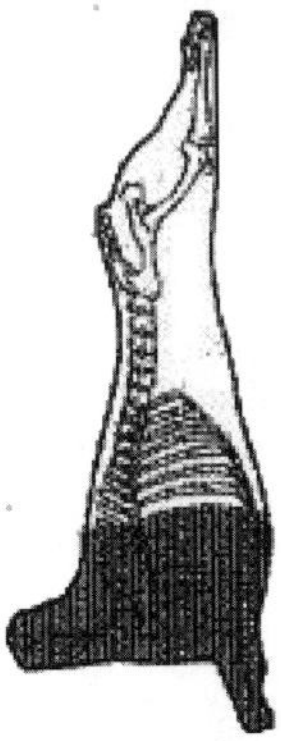

B. 1. 16　前 1/4 胴体

前 1/4 胴体主要包括颈肉、前腿和部分胸椎、肋骨及背最长肌等，由半胴体在分膈前后，即第 4 或第 5 或第 6 肋骨处以垂直于脊椎方向切割得到的带前腿的部分。

修整说明：分割时前腿应折向颈部，根据加工要求确定肋骨数（4、5、6、13），保留或去除腱子肉、颈肉；也可根据加工要求将前 1/4 胴体切割成羊肩胛肉排。

续表 6

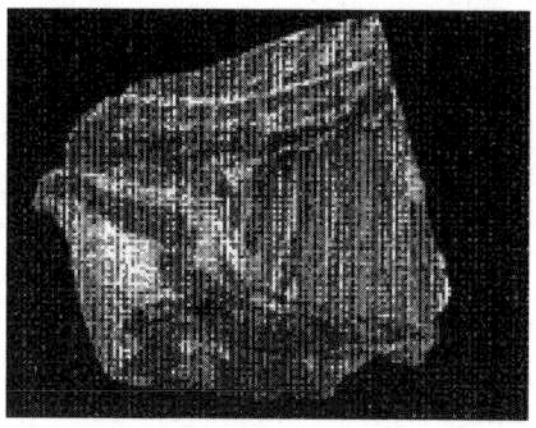
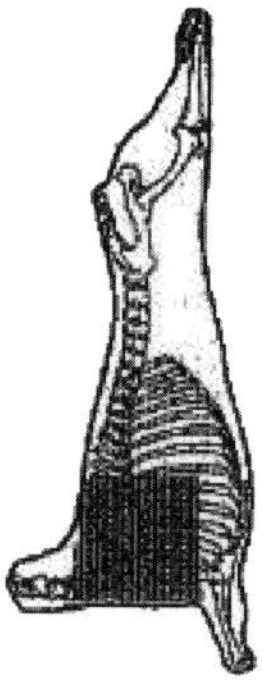

B.1.17　方切肩肉

方切肩肉主要包括部分肩胛骨、肋骨、肱骨、颈椎、胸椎及有关肌肉，由前 1/4 胴体切去颈肉、胸肉和前腱子肉而得。分割时沿前 1/4 胴体第 3 和第 4 颈椎之间的背侧线切去颈肉，然后自第 1 肋骨与胸骨结合处切割至第 4 或第 5 或第 6 肋骨处，除去胸肉和前腱子肉。

修整说明：根据加工要求确定肋骨数（4、5、6）。

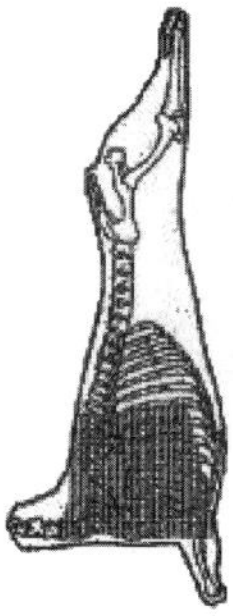

B.1.18　肩肉

肩肉主要包括肩胛骨、肋骨、肱骨、颈椎、胸椎部分桡尺骨及有关肌肉。由前 1/4 胴体切去颈肉和部分桡尺骨和部分腱子肉而得。分割时沿前 1/4 胴体第 3 和第 4 颈椎之间的背侧线切去颈肉，腹侧切割线沿第 2 和第 3 肋骨与胸骨结合处直切至第 3 或第 4 或第 5 肋骨，保留部分桡尺骨和腱子肉。

修整说明：根据加工要求确定肋骨数（4、5、6）和保留桡尺骨的量。

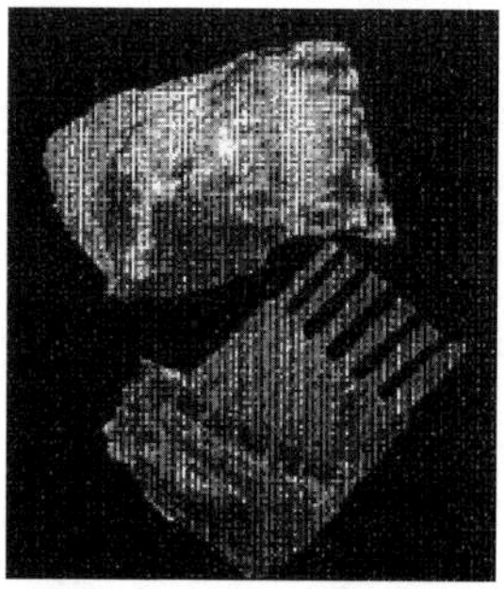
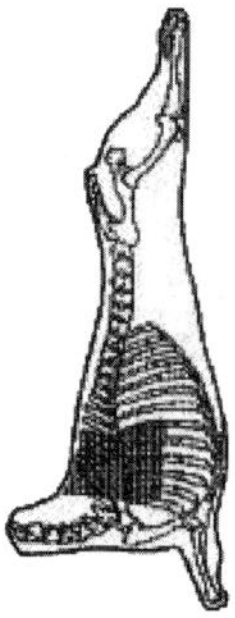

B.1.19　肩脊排/法式脊排

肩脊排/法式脊排主要包括部分肋骨、椎骨及有关肌肉，由方切肩肉（4～6 肋）除去肩胛肉，保留下面附着的肌肉带制作而成，在距眼肌大约 10 cm 处平行于椎骨缘切开肋骨修整，即得法式脊排。

修整说明：根据加工要求确定肋骨数（4、5、6）和腹壁切除线距眼肌的距离。

续表 7

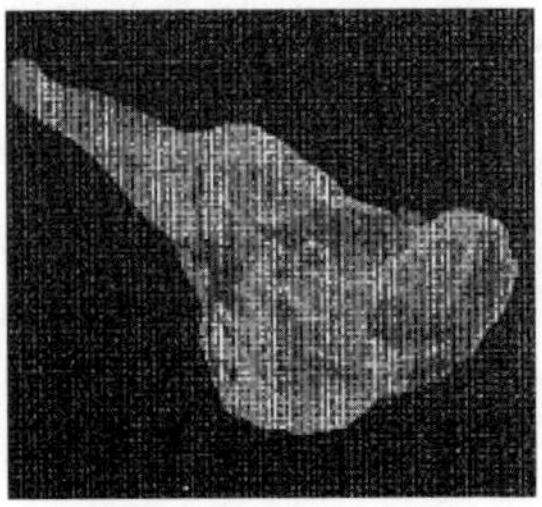
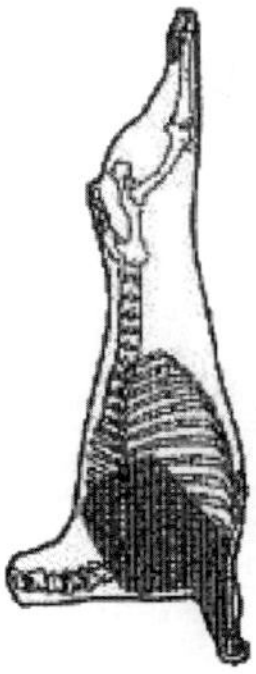

B. 1. 20　牡蛎肉

牡蛎肉主要包括肩胛骨、肱骨和桡尺骨及有关的肌肉。由前 1/4 胴体的前臂骨与躯干骨之间的自然缝切开，保留底切（肩胛下肌）附着而得。

修整说明：切断肩关节，根据加工要求剔骨或不剔骨。

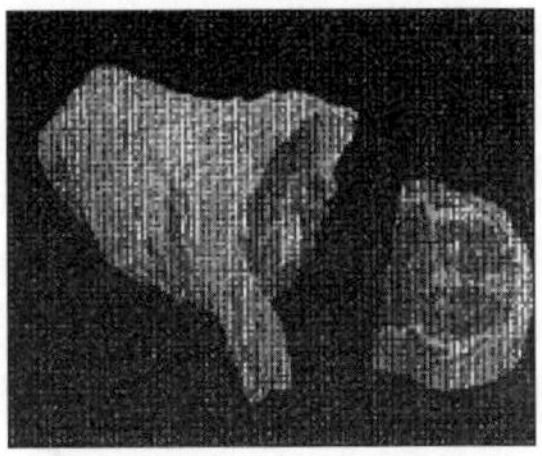
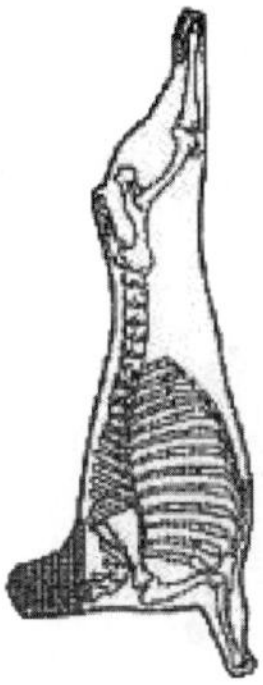

B. 1. 21　颈肉

颈肉俗称血脖，位于颈椎周围，主要由颈部肩带肌、颈部脊柱肌和颈腹侧肌所组成，包括第 1 颈椎与第 3 颈椎之间的部分。颈肉由胴体经第 3 和第 4 颈椎之间切割，将颈部肉与胴体分离而得。

修整说明：剔除筋腱，除去血污、浮毛等污物；根据加工要求将颈肉沿颈椎分割成羊颈肉排。

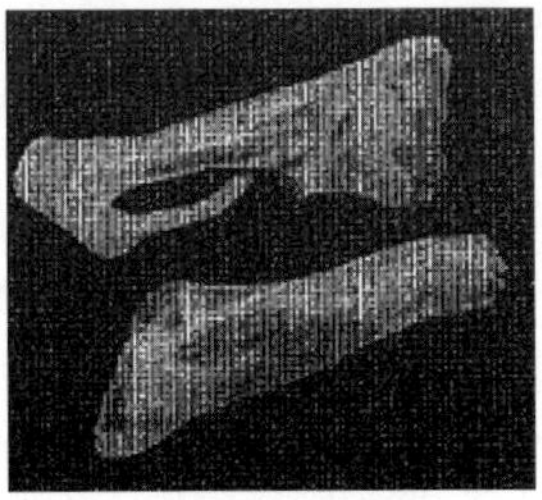

B. 1. 22　前腱子肉/后腱子肉

前腱子肉主要包括尺骨、桡骨、腕骨和肱骨的远侧部及有关的肌肉，位于肘关节和腕关节之间。分割时沿胸骨与盖板远端的肱骨切除线自前 1/4 胴体切下前腱子肉。后腱子肉由胫骨、跗骨和跟骨及有关的肌肉组成，位于膝关节和跗关节之间。分割时自胫骨与股骨之间的膝关节切割，切下后腱子肉。

修整说明：除去血污、浮毛等不洁物，不剔骨。

续表 8

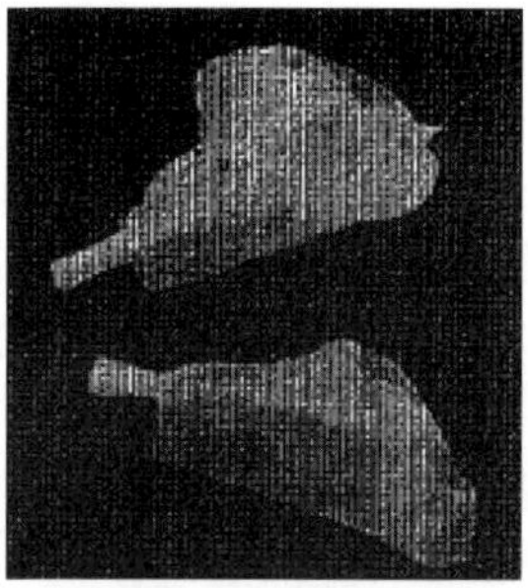

B.1.23　法式羊前腱/羊后腱

法式羊前腱/羊后腱分别由前腱子肉/后腱子肉分割而成，分割时分别沿桡骨/胫骨末端 3～5 cm 处进行修整，露出桡骨/胫骨。

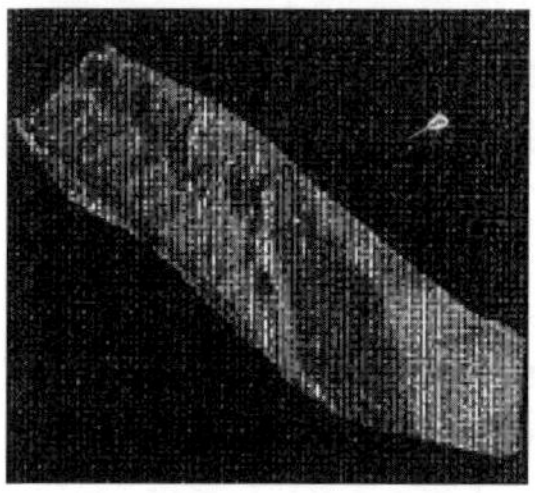

B.1.24　胸腹腩

胸腹腩俗称五花肉，主要包括部分肋骨、胸骨和腹外斜肌、升胸肌等，位于腰肉的下方。分割时至半胴体第 1 肋骨与胸骨结合处直切至膈在第 11 肋骨上的转折处，再经腹肋肉切至腹股沟浅淋巴结。

修整说明：可包括除去带骨腰肉—鞍肉—脊排和腰脊肉之后剩余肋骨部分，保留膈。

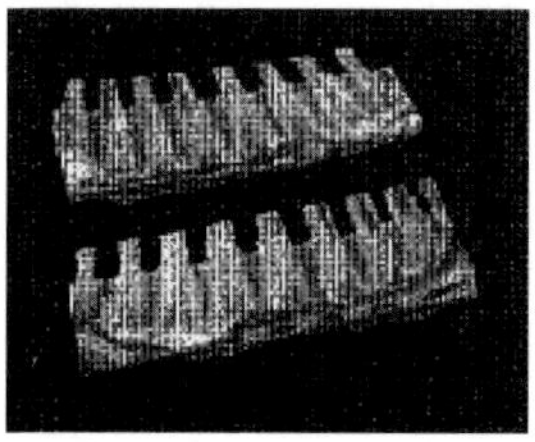
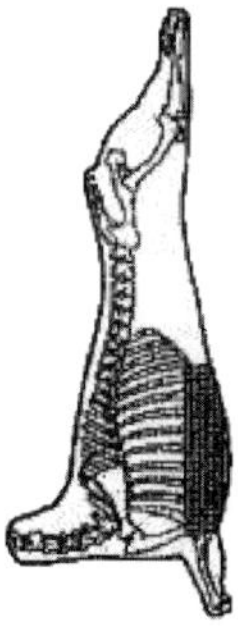

B.1.25　法式肋排

法式肋排主要包括肋骨、升胸肌等，由胸腹腩第 2 肋骨与胸骨结合处直切至第 10 肋骨；除去腹肋肉并进行修整而成。

续表 9

B.2　去骨分割羊肉分割方法与命名标准

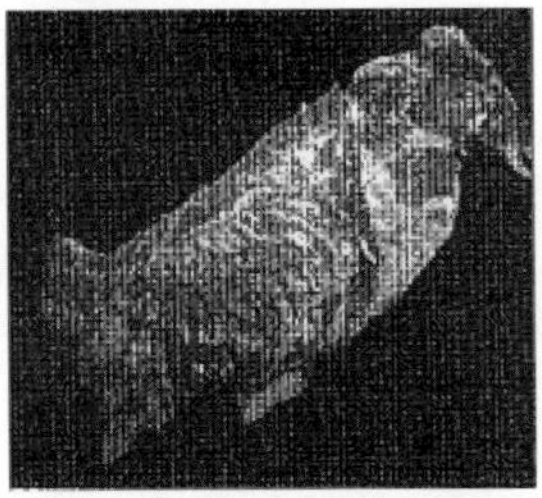

B.2.1　半胴体肉

由半胴体剔骨而成，分割时沿肌肉自然缝剔除所有的骨、软骨、筋腱、板筋（项韧带）和淋巴结。

修整说明：根据加工要求保留或去除里脊、肋间肌、膈。

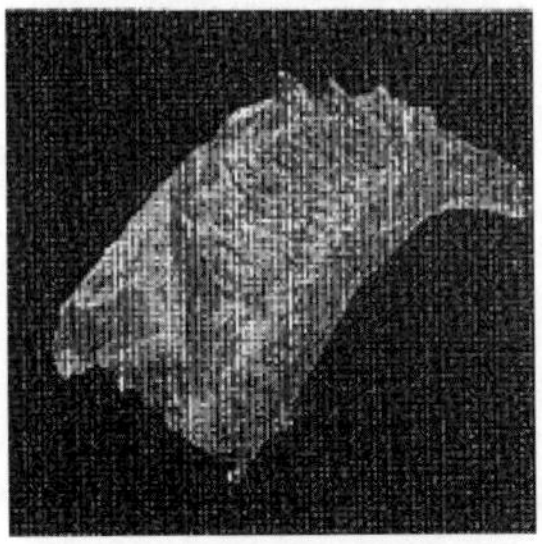

B.2.2　躯干肉

躯干肉由躯干剔骨而成，分割时沿肌肉自然缝剔除所有的骨、软骨、筋腱、板筋（项韧带）和淋巴结。

修整说明：根据加工要求保留或去除里脊、肋间肌、膈。

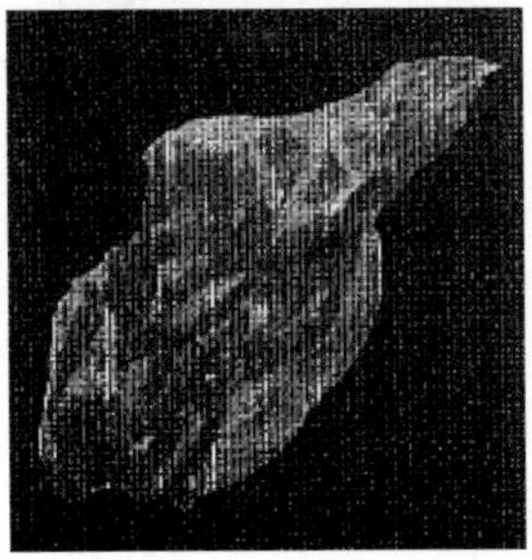
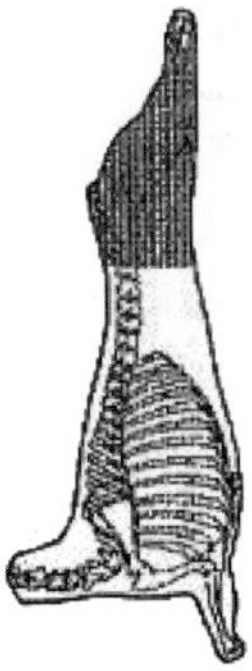

B.2.3　剔骨带臀腿

剔骨带臀腿主要包括粗米龙、臀肉、膝圆、臀腰肉、后腱子肉等，由带臀腿除去骨、软骨、腱和淋巴结制作而成，分割时沿肌肉天然缝隙从骨上剥离肌肉或沿骨的轮廓剔掉肌肉。

修整说明：切除里脊头。

续表 10

	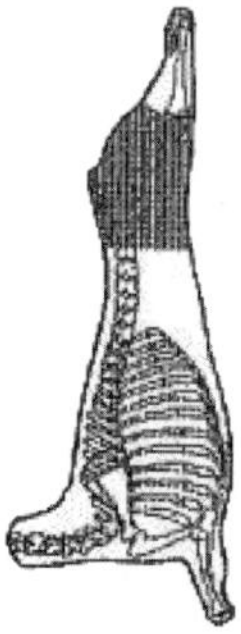	B. 2. 4　剔骨带臀去腱腿 剔骨带臀去腱腿主要包括粗米龙、臀肉、膝圆、臀腰肉，由带臀去腱腿剔除骨、软骨、腱和淋巴结制作而成，分割时沿肌肉天然缝隙从骨上剥离肌肉或沿骨的轮廓剔掉肌肉。 修整说明：切除里脊头。
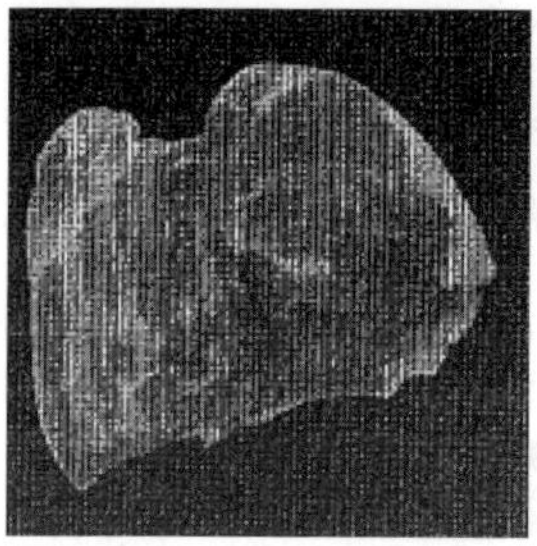	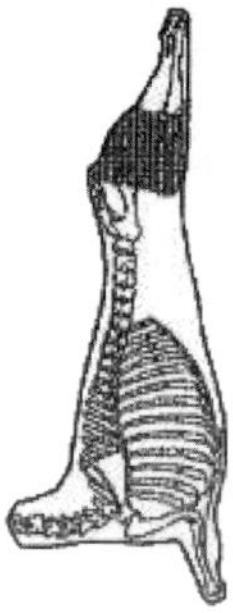	B. 2. 5　剔骨去臀去腱腿 剔骨去臀去腱腿主要包括粗米龙、臀肉、膝圆等，由去臀去腱腿剔除骨、软骨、腱和淋巴结制作而成，分割时沿肌肉天然缝隙从骨上剥离肌肉或沿骨的轮廓剔掉肌肉。 修整说明：切除尾。
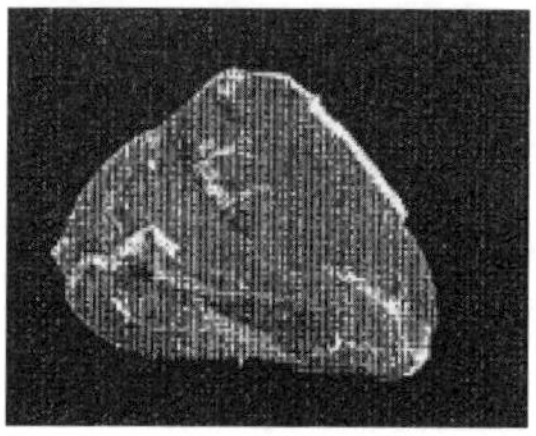	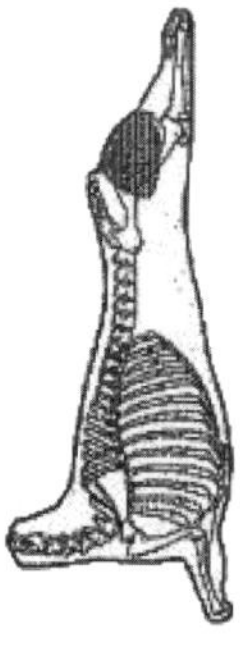	B. 2. 6　臀肉（砧肉） 臀肉（砧肉）又名羊针扒，主要包括半膜肌，内收肌、股薄肌等，由带臀腿沿膝圆与粗米龙之间的自然缝分离而得。分割时把粗米龙剥离后可见一肉块，沿其边缘分割即可得到臀肉，也可沿被切开的盆骨外缘，再沿本肉块边缘分割。 修整说明：修净筋膜。

续表 11

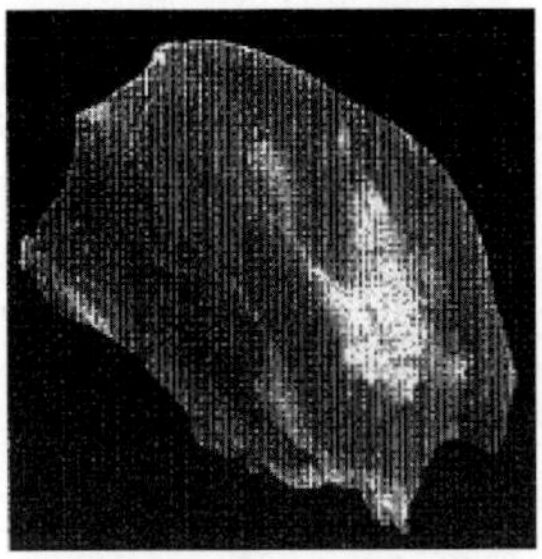	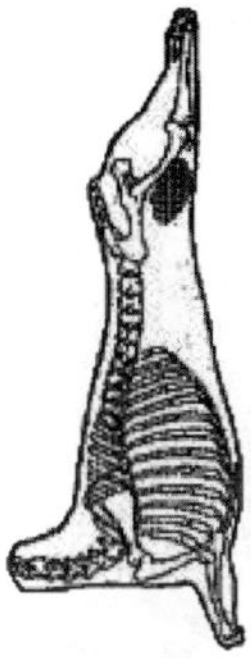	B. 2. 7　膝圆 膝圆又名羊霖肉，主要是臀股四头肌，当粗米龙臀肉取下后，能见到一块长圆形肉块，沿此肉块自然缝分割，除去关节囊和肌腱即可得到膝圆。 修整说明：修净筋膜。
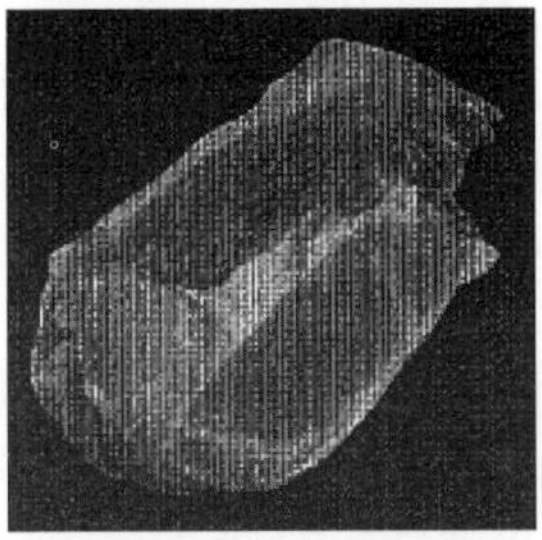	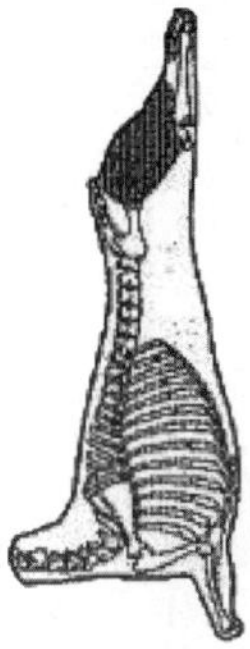	B. 2. 8　粗米龙 粗米龙又名羊烩扒，主要包括臀股二头肌和半腱肌；由去骨腿沿臀肉与膝圆之间的自然缝分割而成。 修整说明：修净筋膜，除去腓肠肌。
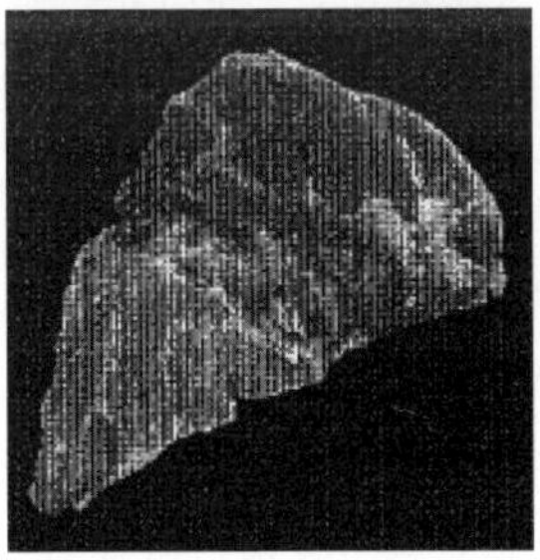	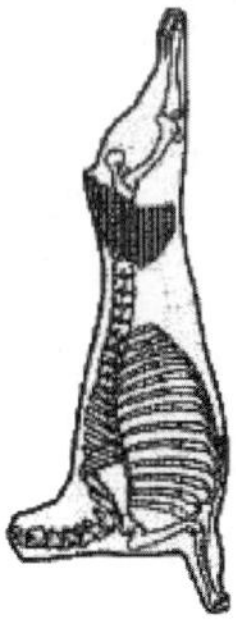	B. 2. 9　臀腰肉 臀腰肉主要包括臀中肌、臀深肌、阔筋膜张肌，分割时于距髋关节大约 12 mm 处直切，与粗米龙、臀肉、膝圆分离，沿臀中肌与阔筋膜张肌之间的自然缝除去尾。 修整说明：根据加工要求，保留或除去盖肌（阔筋膜张肌）和所有的皮下脂肪。

续表 12

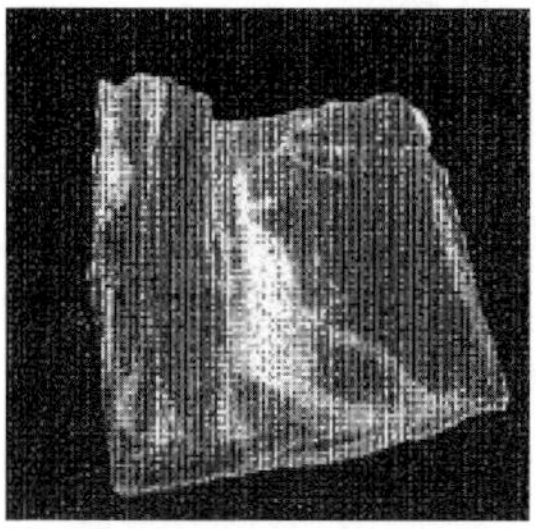	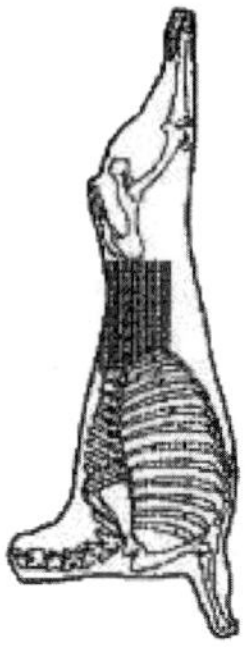	B. 2. 10　腰脊肉 腰脊肉主要包括背腰最长肌（眼肌），由腰肉剔骨而成。分割时沿腰荐结合处向前切割至第 1 腰椎，除去脊排和肋排。 修整说明：根据加工要求确定腰脊切块大小。
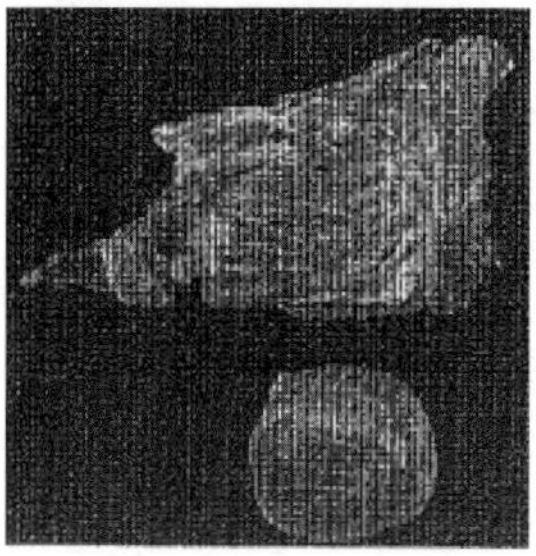	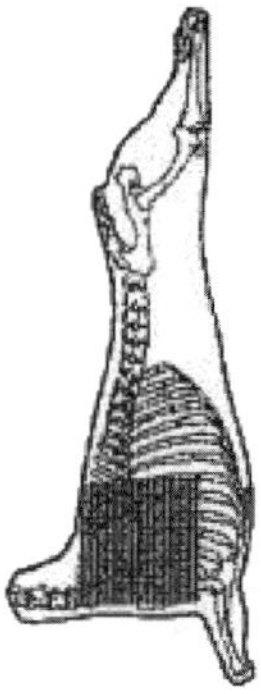	B. 2. 11　去骨羊肩 去骨羊肩主要由方切肩肉剔骨分割而成，分割时剔除骨、软骨、板筋（项韧带），然后卷裹后用网套结而成。 修整说明：形状呈圆柱状，脂肪覆盖在 80%以上，不允许将网绳裹在肉内。
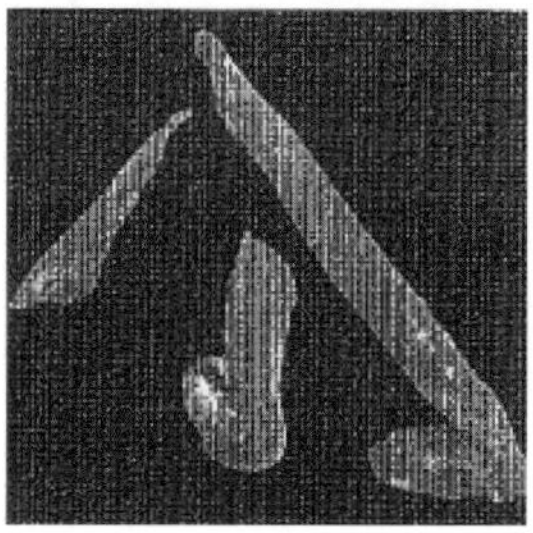	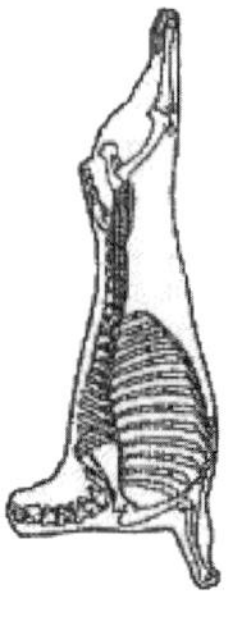	B. 2. 12　里脊 里脊主要是腰大肌，位于腰椎腹侧面和髋骨外侧。分割时先剥去肾脂肪，然后自半胴体的耻骨前下方剔出，由里脊头向里脊尾，逐个剥离腰椎横突，取下完整的里脊。 修整说明：根据加工要求保留或去除侧带，或自腰椎与髂骨结合处将里脊分割成里脊头和里脊尾。

续表 13

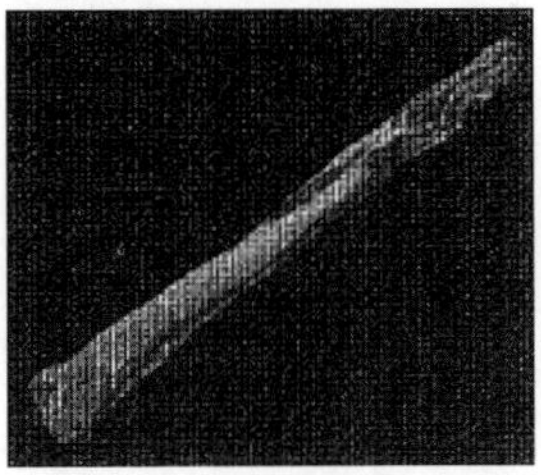

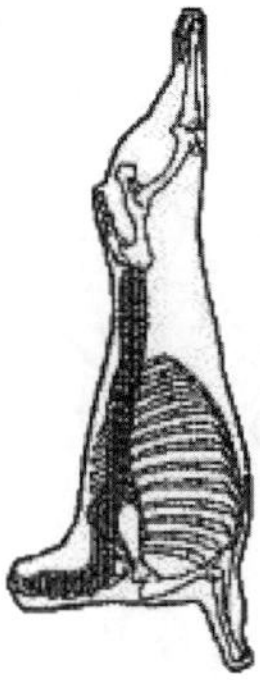

B.2.13　通脊

通脊主要由沿颈椎棘突和横突、胸椎和腰椎分布的肌肉组成，包括从第 1 颈椎至腰荐结合处的肌肉。分割时自半胴体的第 1 颈椎沿胸椎、腰椎直至腰荐结合处剥离取下背腰最长肌（眼肌）。

修整说明：修净筋膜，根据加工要求把通脊分割成腰脊眼肉、肩胛眼肉、前 1/4 胴体眼肉、脊排眼肉、肩脊排眼肉。

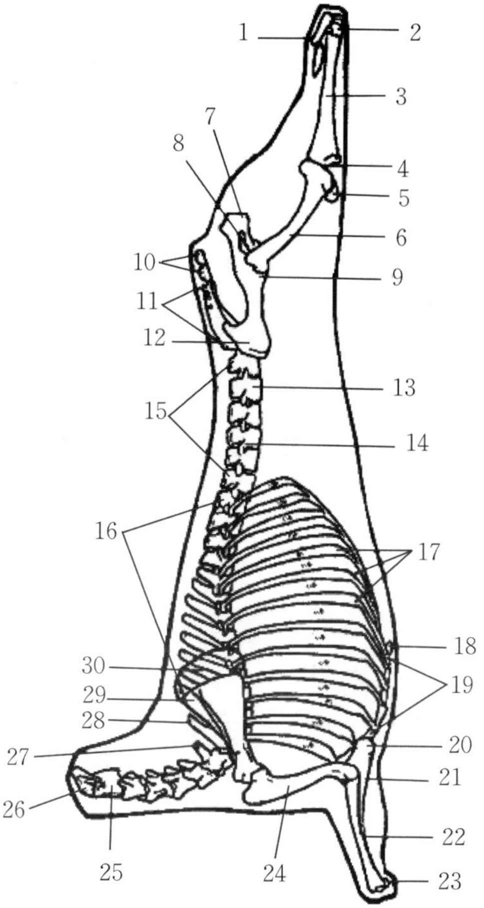

1—跟骨管；	2—跗骨；	3—胫骨；
4—膝关节；	5—膝盖骨；	6—股骨；
7—坐骨；	8—闭孔；	9—髋关节；
10—尾椎；	11—1～4 荐椎；	12—髂骨；
13—椎骨；	14—椎体；	15—1～6 腰椎；
16—1～13 胸椎；	17—肋软骨；	18—剑状软骨；
19—胸骨；	20—鹰嘴；	21—尺骨；
22—桡骨；	23—腕骨；	24—肱骨；
25—枢椎；	26—环椎；	27—1～7 颈椎；
28—肩胛脊；	29—肩胛骨；	30—肩胛软骨。

图 9－5 羊胴体骨骼分布

（五）羊肉分级

根据目前肉羊食用品种，对大羊肉、羔羊肉和肥羔肉进行分级。大羊肉指屠宰12月龄以上并已换一对以上乳齿的羊获得的羊肉。羔羊肉指屠宰12月龄以内、完全是乳齿的羊获得的羊肉。肥羔肉指屠宰4～6月龄、经快速育肥的羊获得的羊肉。针对三种食用羊肉就胴体重量、肥度、肋肉厚、肉脂硬度、肌肉发育程度、生理成熟度和肉脂色泽等指标进行检测分级，这些指标具体的概念和检测方法如下（表9-12）。

（六）标签、标志、包装、储存和运输

1. 标签、标志

包装标签应符合GB 7718《预包装食品标签通则》的规定，包装储运图示标志应符合GB/T 191《包装储运图示标志》和GB/T6388—1986《运输包装收发货标志》中的规定。清真分割加工厂加工生产的分割羊肉，应在包装上注明清真标识。

2. 包装

内包装材料应符合GB/T 4456《包装用聚乙烯吹塑薄膜》、GB 4806.7《食品安全国家标准食品接触用塑料材料及制品》的规定。包装纸箱应符合GB/T 6543的规定，包装箱应完整、牢固，底部应封牢。包装箱内分割羊肉应排列整齐，每箱内分割羊肉应大小均匀，定量包装箱内允许有一小块补加肉。

3. 储存

冷却分割羊肉应储存在0 ℃～4 ℃、相对湿度85%～90%的环境中，肉块中心温度保持在0 ℃～4 ℃。冷冻分割羊肉应储存在－18 ℃以下、相对湿度95%以上的环境中，肉块中心温度保持在－15 ℃以下。

4. 运输

按食品安全国家标准肉和肉制品经营卫生规范中的规定执行。

（七）基于HACCP和可溯源系统的山羊屠宰加工

食品安全问题已经到了全民关注的阶段，“瘦肉精”“僵尸肉”和“注水肉”等问题一再发生，已经严重影响到了消费者的身心健康。而随着生活水平的不断提高，消费者对食品安全的要求已经不仅停留在是否经过检疫这一阶段，而是更加关注食品从生产到加工再到流通中的卫生品质和污染问题。HACCP对食品质量进行管理和控制意义重大，一方面HACCP体系已经在欧盟、美国和日本等发达国家广泛应用于食品的生产、监管中，尽管HACCP在国外应用广泛，在国内也得到了研究者

表 9-12　羊胴体等级及要求

项目	大羊肉				羔羊肉				肥羔肉			
	特等级	优等级	良好级	可用级	特等级	优等级	良好级	可用级	特等级	优等级	良好级	可用级
胴体重量/kg	＞25	22～25	19～22	16～19	18	15～18	12～15	9～12	＞16	13～16	10～13	7～10
肥度	背膘厚度0.8～1.2 cm，腿肩背部脂肪丰富，肌肉不显露，大理石花纹丰富。	背膘厚度0.5～0.8 cm，腿肩背部覆有脂肪，腿部肌肉略显露，大理石花纹明显。	背膘厚度0.3～0.5 cm，腿肩背都覆有薄层脂肪，腿肩部肌肉略显露，大理石花纹略现。	背膘厚度≤0.3 cm，腿肩背部脂肪覆盖少，肌肉显露，无大理石花纹。	背膘厚度0.5 cm以上，腿肩背部覆有脂肪，腿部肌肉略显露，大理石花纹明显。	背膘厚度0.3～0.5 cm，肩背部覆有薄层脂肪、腿肩部肌肉略显露，大理石花纹略现。	背膘厚度0.3 cm以下，腿肩背部脂肪覆盖少。肌肉显露，无大理石花纹。	背膘厚度≤0.3 cm，腿肩背部脂肪覆盖少，肌肉显露，无大理石花纹。	眼肌大理石花纹略显。	无大理石花纹。	无大理石花纹。	无大理石花纹。
肋肉厚	≥14 mm	9～14 mm	4～9 mm	0～4 mm	≥14 mm	9～14 mm	4～9 mm	0～4 mm	≥14 mm	9～14 mm	4～9 mm	0～4 mm
肉脂硬度	脂肪和肌肉硬实	脂肪和肌肉较硬实	脂肪和肌肉略软	肌肉和脂肪软	脂肪和肌肉硬实	脂肪和肌肉较硬实	脂肪和肌肉略软	肌肉和脂肪软	脂肪和肌肉硬实	脂肪和肌肉较硬实	脂肪和肌肉略软	肌肉和脂肪软

续表 1

项目	大羊肉				羔羊肉				肥羔肉			
	特等级	优等级	良好级	可用级	特等级	优等级	良好级	可用级	特等级	优等级	良好级	可用级
肌肉发育程度	全身骨骼不显露，腿部丰满充实。肌肉隆起明显，背部宽平，肩部宽厚充实。	全身骨骼不显露，腿部较丰满充实，微有肌肉隆起，背部和肩部比较宽厚。	肩隆部及颈部脊椎骨尖稍突出，腿部欠丰满、无肌肉隆起，背和肩稍窄、稍薄。	肩隆部及颈部脊椎骨尖稍突出，腿部窄瘦，有凹陷。背部和肩部窄、薄。	全身骨骼不显露，腿部丰满充实、肌肉隆起明显，背部宽平，肩部宽厚充实。	全身骨骼不显露，腿部较丰满充实，微有肌肉隆起，背部和肩部比较宽厚。	肩隆部及颈部脊椎骨尖稍突出，腿部欠丰满、无肌肉隆起，背和肩稍窄、稍薄。	肩隆部及颈部脊椎骨尖稍突出，腿部窄瘦、有凹陷，背部和肩部窄、薄。	全身骨骼不显露，腿部丰满充实、肌肉隆起明显，背部宽平，肩部宽厚充实。	全身骨骼不显露，腿部较丰满充实、微有肌肉隆起，背部和肩部比较宽厚。	肩隆部及颈部脊椎骨尖稍突出，腿部欠丰满，无肌肉隆起，背和肩稍窄、稍薄。	肩隆部及颈部脊椎骨尖稍突出，腿部窄瘦、有凹陷。背部和肩部窄、薄。
生理成熟度	前小腿至少有一个控制关节。肋骨宽、平。	前小腿至少有一个控制关节，肋骨宽、平。	前小腿至少有一个控制关节，肋骨宽、平。	前小腿至少有一个控制关节，肋骨宽、平。	前小腿有折裂关节；折裂关节湿润，颜色鲜红；肋骨略圆。	前小腿可能有控制关节或折裂关节；肋骨略平、宽。	前小腿可能有控制关节或折裂关节；肋骨略平、宽。	前小腿可能有控制关节或折裂关节；肋骨略平、宽。	前小腿有折裂关节；折裂关节湿润，颜色鲜红；肋骨略圆。	前小腿有折裂关节；折裂关节湿润、颜色鲜红；肋骨略圆。	前小腿有折裂关节；折裂关节湿润、颜色鲜红；肋骨略圆。	前小腿有折裂关节；折裂关节湿润、颜色鲜红；肋骨略圆。

续表 2

项目	大羊肉				羔羊肉				肥羔肉			
	特等级	优等级	良好级	可用级	特等级	优等级	良好级	可用级	特等级	优等级	良好级	可用级
肉脂色泽	肌肉颜色深红，脂肪乳白色。	肌肉颜色深红，脂肪白色。	肌肉颜色深红，脂肪浅黄色。	肌肉颜色深红，脂肪黄色。	肌肉颜色红色，脂肪乳白色。	肌肉颜色红色，脂肪白色。	肌肉颜色红色。脂肪浅黄色。	肌肉颜色红色，脂肪黄色。	肌肉颜色浅红，脂肪乳白色。	肌肉颜色浅红，脂肪白色。	肌肉颜色浅红，脂肪浅黄色。	肌肉颜色浅红，脂肪黄色。

注：胴体重量，指宰后去毛皮、头、蹄、尾、内脏及体腔内全部脂肪后，温度在 0 ℃～4 ℃，湿度在 80%～90%的条件下，静置 30 min 的羊个体重量。

肥度，指羊胴体或羊肉表层沉积脂肪厚度、分布状况与羊胴体或眼肉断面脂肪沉积呈现大理石花纹状态。

背膘厚，指第 12 根肋骨与第 13 根肋骨之间眼肌肉中心正上方脂肪的厚度。

肋肉厚，指羊胴体第 12 与第 13 肋骨间，距背中线 11 cm 自然长度处胭体肉厚度。

肌肉发育程度，指羊胴体各部位肌肉发育发达程度。

生理成熟度，指羊胴体骨骼、软骨与肌肉生理发育成熟程度。

肉脂色泽，指羊胴体或分割肉的瘦肉外部与断面色泽状态，以及羊胴体或分割肉表层与内部沉积脂肪色泽状态。

肉脂硬度，指羊胴体腿、背和侧腹部肌肉和脂肪的硬度。

检测方法：胴体重量称重。肥度：胴体脂肪覆盖程度与肌肉内脂肪沉积程度采用目测法；背膘厚用仪器测量。肋肉厚：标尺测量法。肉脂硬度、肌肉饱满度、生理成熟度、肉脂色泽：采用感官评定法。

的重视，但是还要更多企业真正实施 HACCP 体系，HACCP 体系在食品行业的应用是大势所趋。

1. HACCP 理论

HACCP 是一个预防食品安全问题的保证体系，通过对食品生产及质量的控制，从而将食品安全问题降低到可接受的水平，是一项国际认可的技术，HACCP 的宗旨是能够将依靠事后产品质量检验转变为事前质量的预防和控制。各个企业需根据具体情况进行具体的分析，从而确定符合自己生产实际的 HACCP 计划，其中关键控制点的确定需要根据逻辑判断树来进行判定。

2. 可追溯系统理论

可追溯系统是指利用标识技术记录、采集、传递、共享供应链各环节的信息，一方面可以正向进行跟踪，及时发现问题并进行召回，是一种事前的预防措施；另一方面可以进行逆向的产品溯源，查到产品的来源和过程中产生的信息，保证消费者的购买信心，是一种事后控制。根据我国《产品溯源通用规范》将溯源分为内部溯源和外部溯源，内部溯源也称为横向溯源，是指在企业内部建立的溯源，由企业自身主导以增强企业的形象。外部溯源也可称为纵向溯源，是企业之间的溯源，多由政府主导将上下游企业进行信息共享、数据交换，实现不同企业节点的跟踪和溯源。

3. HACCP 在可追溯系统中指标界定

由于可追溯系统成本限制，所使用电子标签的容量、成本都必须在考虑范围内，因此利用 HACCP 进行关键控制点筛选，从而确定哪些安全信息是要记载在电子标签中。在溯源信息中，需要对不同信息进行分类，将其分为以下两类。

（1）本溯源指标。本溯源指标指为保证整个食品生产链信息的畅通性、连续性和可追溯性而必须记录的相关信息，主要用于追溯产品的来源、去向及目前所处位置等。基本溯源指标包含了在整个过程中设计的指标，是客观的产品本身信息，与生物、化学、物理的危害因素无关，是实事求是地记录产品的外部信息，利用基本溯源指标可以实现产品的追溯性。

（2）关键溯源指标。关键溯源指标是利用 HACCP 理论，进行物理的、化学的、生物上的分析，是产品在活动中产生的信息，需要根据相关的规定和标准来制定的溯源指标，其目的是对关键点进行控制，找到问题发生的原因，同时企业、监管部门和消费者也能够对产品加工过程中的关键信息一目了然。

4. HACCP 在羊肉屠宰加工中的应用

羊肉屠宰加工工艺流程：活羊凭证收购→停食 24 h→宰前检疫→淋浴→刺杀放血→割头→割蹄→剥皮→开膛去内脏→冲洗→胴体检验→排酸→剔骨分割→整理包装→速冻→冷藏→合格销售。

参照国际羊肉屠宰流水线工艺，绘制企业自身的山羊屠宰工艺流程图。

5. 羊肉屠宰加工阶段常见的危害

在羊肉屠宰加工阶段的常见危害可以分为物理性、化学性和生物性的危害。物理性的危害是指在屠宰加工中的外来物质的污染，如头发、金属和灰尘等，也可指来自产品本身的物理物质例如碎骨头等，这些物理性的危害通常是不可预期的产物，多由于操作不规范而引起。化学性危害是指羊肉在屠宰加工中不正当使用化学物质，或者是羊肉本身的化学物质，或者是加工中产生的化学物质，例如防腐剂、霉菌毒素和清洁剂等。生物性危害是指微生物等在屠宰加工中产生了不利的影响，例如细菌、病毒和寄生虫等，羊屠宰加工阶段中的微生物污染严重危害着肉羊的卫生质量，防范生物性污染极其必要（表 9－13）。

表 9－13　羊肉屠宰分割阶段的危害分析表

流程节点	存在的生物、化学、物理危害	是否存在显著的危害（是，否）	判断依据	措施	是否为关键控制点（是，否）
活羊凭证收购	生物：无 化学：无 物理：无	否			否
宰前检疫	生物：致病细菌等 化学：残留兽药 物理：无	是	肉羊可能携带致病的细菌病毒等危害人体健康，如口蹄疫、炭疽、羊瘟	肉羊提供商提供相关检疫合格证书，屠宰场检疫人员进行检疫，记录体温	是

续表 1

流程节点	存在的生物、化学、物理危害	是否存在显著的危害（是，否）	判断依据	措施	是否为关键控制点（是，否）
停食 24 h	生物：无 化学：无 物理：无	否			否
淋浴	生物：羊体携带细菌 化学：无 物理：无	是	羊体表面携带的细菌进入人体危害健康	利用合适水温和水压将羊体清洗干净	否
刺杀放血	生物：微生物污染 化学：无 物理：无	是	刺杀刀具可能携带细菌甚至是病羊身上的病毒交叉感染	对刺杀刀具进行消毒处理，多把刺杀刀具在消毒池内轮流使用	否
割头蹄	生物：无 化学：无 物理：无	否			否
剥皮	生物：微生物污染 化学：无 物理：羊皮损坏	否	羊皮上所带的微生物污染可能会进入胴体	按照规定剥皮，减慢速度，保持羊皮的完整	否
开膛去内脏	生物：微生物污染 化学：无 物理：无	是	内脏内的细菌微生物与胴体进行交叉感染	扎紧食管防止肠胃内物体流出，保持内脏完整并与胴体分离	否
冲洗	生物：微生物污染 化学：无 物理：无	是	冲洗不彻底导致微生物污染	彻底冲洗，定时加入消毒剂	是

续表 2

流程节点	存在的生物、化学、物理危害	是否存在显著的危害（是，否）	判断依据	措施	是否为关键控制点（是，否）
胴体检查	生物：微生物污染 化学：无 物理：无	是	携带微生物污染源。	以观看检查为主，触摸为辅，进行病体排除，包括①观察体表有无病变和带毛情况；②胸腹腔内有无炎症和肿瘤病变；③有无寄生性病灶；④触检髂下和肩前淋巴结有无异常。	
排酸	生物：微生物污染 化学：无 物理：无	是	温度或高或低影响排酸品质产生微生物污染。	控制温度在 0 ℃～4 ℃，湿度控制在 85%～90%，排酸时间不超过 24 h。	是
剔骨分割	生物：微生物污染 化学：无 物理：无	是	工作人员、设备带来的交叉污染。	分割间温度低于 12 ℃，分割时间不超过 1 h，做好工作人员卫生。	是
整理包装	生物：无 化学：化学物质污染 物理：异常物质混入	是	包装材料中携带化学物质、危害健康、肉羊中混有异物如金属、碎骨头等。	包装材料有书面合格文档，进行金属检测，包装间温度低于 12 ℃。	是
速冻	生物：微生物污染 化学：无 物理：无	是	温度过高或过低都会影响羊肉质量。	速冻库温度控制在 −40 ℃～−28 ℃。	是

续表 3

流程节点	存在的生物、化学、物理危害	是否存在显著的危害（是，否）	判断依据	措施	是否为关键控制点（是，否）
冷藏	生物：微生物污染 化学：无 物理：无	是	温度过高或过低都会影响羊肉质量。	−18 ℃冷藏。	是

根据羊肉屠宰加工阶段的流程工艺，按各个阶段逐个进行详细的分析，列出各阶段中可能有的物理、化学和生物的危害，根据 CCPs 判断树判断它们是否有显著的危害并列出控制危害的相应措施，最后判断出其是否为关键控制点。若不是关键控制点可不进行重点监控，若为关键控制点应当写入可追溯系统进行监控，保证在羊肉产品发生问题时，第一时间找到发生问题的原因，政府监管部门进行严格控制和管理，甚至是召回产品（表 9－14）。

表 9-14 羊屠宰分割 HACCP 计划表

关键控制点（CCP）	显著危害	关键限值	监控				纠偏措施	档案记录	验证措施
			内容	方法	频率	监控者			
宰前检验	致病微生物残留。	宰前 24 h 停食，宰前 3 h 停水，测体温。	严格控制饮食，抽样测量体温。	体温测量，感官检查	每批	兽医检验人员	查出患病羊只，进行无公害处理	宰前检验记录	每天审核报表
冲洗	羊表面细菌残留，污染物残留。	保持一定的水压和水量,冬季温度 38 ℃，夏季 20 ℃左右。	控制水压、温度。	压力表、温度计	每 2 h	操作人员	调节水压、温度	记录操作	每天审核报表
胴体检验	胴体肌肉、脂肪、体表、胸腹膜、腹股沟、淋巴结、肩前淋巴等病变。	根据相关标准进行严格检查。	提高检查人员专业素质。	严格监督	连续	检验人员	发现问题及时进行记录并作无害化处理	记录操作	定时记录无害化处理
排酸	温湿度不合格，微生物污染，影响羊肉质量。	排酸间的温度控制在 0 ℃～5 ℃，湿度控制在 85%～90%。时间为 24 h。	严格控制温湿度和时间。	温度表、湿度表、时间记录	2 h 检查 1 次	操作人员	及时调整温湿度	记录操作	一周一次复核记录

续表

关键控制点（CCP）	显著危害	关键限值	监控				纠偏措施	档案记录	验证措施
			内容	方法	频率	监控者			
剔骨分割	微生物滋生产生污染。	分割间温度低于12 ℃，分割时间不超过1 h。	严格控制分割间温度和分割时间。	温度记录、时间记录	连续	操作人员	调整分割间温度	记录操作	即时审核
整理包装	异物混入，微生物污染。	包装材料有书面合格文档，进行金属检测，包装间温度低于12 ℃。	控制包装间温度，金属检测。	温度表、金属检测仪	每天	操作人员	调整温度，剔除异物	记录操作	即时审核
速冻	细菌数目增多，影响羊肉品质。	速冻库温度控制在−40 ℃～−28 ℃。	控制温度	温度表	2 h	操作人员	调整温度	记录操作	每天审核
冷藏	细菌数目增多，影响羊肉品质。	−18 ℃冷藏。	控制温度	温度表	2 h	操作人员	调整温度	记录操作	每天审核

通过 HACCP 判断树对羊屠宰加工中的危害进行逐一分析，确定以下几个环节为关键控制点，即 CCP、宰前检疫、冲洗、胴体检验、排酸、剔骨分割、包装整理、速冻和冷藏这 8 个关键控制点。

6. 羊肉屠宰加工溯源信息的确定

（1）基本溯源指标。基本溯源指标为生产过程中产生的数据，包括屠宰场名称、地点、RFID 号、羊只来源、品种和销售企业。

（2）关键溯源指标（表 9－15）。

表 9－15 关键溯源指标

指标	主要内容
宰前检疫	是否合格
冲洗	压力、温度是否合格
胴体检验	感官、淋巴检验是否正常
排酸	湿度、温度、起止时间、是否合格
剔骨分割	温度、起止时间、是否符合标准
整理包装	温度、金属探测、是否合格
速冻	温度是否符合标准
冷藏	温度是否符合标准

在山羊屠宰加工过程中 HACCP 体系通过与可追溯系统的结合，HACCP 体系能够充分地发挥其价值，它们的目的都是保证羊肉产品的安全，将 HACCP 体系融合于可追溯系统中，不但使可追溯系统有了国际认可的食品安全保证体系，也促进了可追溯系统的发展，从而保证数据的一致性、安全性、准确性和可信度。

第五节 传统山羊肉产品加工技术

我国有记载的羊肉加工历史非常早，最早见于北魏《齐民要术》中，已有关于“蒸羊”方法的记载。隋唐五代时，唐《四时纂要》中出现“干腊羊肉”的加工方法。宋辽元明时期，羊肉加工技术已发展得很高超和全面，如：酱卤制品加工，元《饮膳正要》载有“柳蒸羊”“羊头脍”。腊肉加工技术有明代《多能鄙事》所载“红羊脯”制法。调味肉酱类则有，明《宋氏养生部》载“熝羊”加工。清代羊肉加工产品很丰富，但新工艺产品仅有在清人《调鼎集》中所载类似现代午餐肉的产品“羊肉膏”“冻羊肉”。中华人民共和国成立后，羊肉加工主要集中于羊肉初加工上。羊肉加工技术研究在近年才有所发展。

一、羊肉腌制品加工技术

腌腊制品是指以新鲜羊肉作原料，配以各种辅料，经过腌制、晾晒过程而制得的产品。具有色泽金黄光润、香味浓郁、肥而不腻，耐久藏等特点。较著名的产品有“咸羊肉”“西安老童家腊羊肉”等。以传统手工业生产为主，技术关键是老汤的熬制和肉的腌、煮。以“西安老童家腊羊肉”为例（图 9－6），其产地是西安，是陕西省西安市著名小吃。相传 1900 年八国联军攻打北京，慈禧太后携光绪皇帝逃难来西安，品尝了老童家腊羊肉后大加赞赏，并由兵部尚书赵福桥之师邢庭维手书“辇止坡”三字，制成匾额悬挂门口，从此老童家腊羊肉名闻遐迩，近百年来长盛不衰。主要制作工艺如下。

原料整理：把经检验合格的羊胴体，剔去颈骨，抽出板筋，砍断脊骨成数段以便下缸时可折叠，同时用尖刀将肉划开，呈现出刀缝，使盐易于渗入，再将腿骨、肋骨一并砍断。

腌制：冬季每缸腌制 7 只羊胴体，夏季每缸 4～5 只。每缸下盐 7.5 kg，注入清水 100 kg。要勤翻倒缸内的腌料，以防肉变质。当肉色变红时即可下锅煮制。

熬汤和煮肉：调味料配料以每锅煮羊 6 只计，小茴香 250 g，八角茴香 31 g，草果 16 g，花椒 93 g。上述调料用纱布包好，放入老汤中熬煮沸腾后即可将腌好的羊肉下锅。从缸中捞出羊肉，滴净盐水后在肉面上刷一层食品红，肉面对肉面折好，入锅煮制。在羊肉入锅煮沸后即用文火焖煮，使汤面冒小泡为度。煮熟后的腊羊肉是生肉的 50%。

傅樱花等对腊羊肉的加工工艺进行了研究，确定了腊羊肉的工艺参数为：食盐为 3%～7%，糖为 0.5%～2.0%，料酒为 0.5%～1%，香辛料 0.5%～2.5%，亚硝酸盐为 0.001%～0.01%，大大改善了羊肉制品的品质。

（一）酱卤羊肉制品加工技术

以新鲜羊肉为原料，在加入配料的汤中煮制而成的制品，称为酱卤制品。产品具有酥软多汁的特点。著名的产品有“北京月盛斋羊肉”“白

图 9-6 西安老童家腊羊肉

魁烧羊肉”等。以北京月盛斋烧羊肉为例，其产地北京，如图 9-7 所示，制作工艺如下。

原料整理：选用羊前腿肉与腰窝肉。切块后用水洗净，分类存放待用。

煮制：煮制调料配方如下：八角茴香 300 g，花椒 75 g，砂仁 70 g，桂皮 70 g，黄酱 5 kg，盐 1.5 kg，花生油 5 kg，香油 0.75 kg。烧羊肉煮制时，每锅调新汤，以新汤、新料煮制，并随时加入事前配料熬好的花椒、大料水（用花椒、大料加清水 5 kg）熬制而成，以达到宽汤使肉质更鲜，出锅凉透后进行烧制。

烧制：锅中放入油后，使油温升至 60 ℃～70 ℃，放入香油。等香油散发出香味后，将肉放入锅内烹炸，待羊肉色泽呈鲜艳金黄色时出锅，即为烧羊肉制品。

（二）风干羊肉制品加工技术

干制品是新鲜羊肉经高温煮、脱水加工而成的制品。主要产品类型有肉松、肉脯、肉干。产品具有独特风味，且食用方便，不易变质。

1. 羊肉干（麻辣、五香、咖喱、果味、怪味）

精选羊瘦肉→腌制→预煮→切丁→调味和复煮→拌料→烘烤→冷却→无菌包装→成品

图 9－7　北京月盛斋烧羊肉

以内蒙古羊肉干为例，如图 9－8，其制作方法如下。

(1) 选瘦羊肉与盐、生抽、料酒、孜然粉、孜然粒、花椒粉、干辣椒、黑椒粉、辣椒粉等佐料混合腌制 4～8 h，之后 100 ℃预煮 20～30 min。

(2) 将羊肉切小条，放入干辣椒爆香，酌情适当再加盐，孜然粉、花椒粉等调料，调味拌料。

(3) 采取悬挂的方式，循环风方式穿流过肉干。将肉条悬挂好在风干室进行风干，或在新型热泵羊肉干烘干房内选择智能风干模式。注意：肉条不能滴水，要挂直，相互不要粘连、肉条与肉条之间保留一点距离，以利于通风透气，干燥均匀。一般在温度 40 ℃，湿度约 60%的室内环境下，36 h 即可干燥一批。这时可见羊肉颜色暗红，手捏感觉干燥且微硬。

2. 羊肉松（麻辣、五香、咖喱、果味、怪味）

精选羊瘦肉→腌制→煮制→撕松→炒松→搓松→冷却→包装→成品

3. 羊肉脯（麻辣、五香、咖喱、果味、怪味）

精选羊瘦肉→绞肉→干腌→斩拌→铺片→定型→烘烤→冷却→包装→成品

韩玲等在传统猪肉脯配方基础上，结合羊肉特点添加抑膻调味料和鸡蛋，改善风味和组织状态。配比是：藏羊鲜瘦肉 100 kg，食盐 3 kg，白糖 2 kg，硝石 0.05 kg，料酒 1.5 kg，味精 0.05 kg，花椒 0.2 kg，胡椒 0.2 kg，生姜 0.1 kg，孜然 0.01 kg，茴香 0.02 kg，鸡蛋 2.5 kg。有

图 9-8 内蒙古羊肉干

效改善了传统肉脯肌膜相连、咀嚼困难的状况。

山西农业大学孟宪敏教授主持山羊肉脯新工艺，改变了传统肉脯原料只使用坐臀部位纯精瘦肉的选料原则，利用全身瘦肉，使肉的利用率提高了 3.62 倍，经济价值提高了 2.7 倍。现将配料标准及加工特点介绍如下。

(1) 原料整理。选羊胴体上的瘦肉，切成长 2 cm 左右薄片状，斩拌成肉泥状。

(2) 拌馅。调料配方（以 100 kg 肉计）：白糖 20 kg，白胡椒粉 0.2 kg，盐 3 kg，酱油 1 kg，六曲香 0.4 kg，绿豆汁 40 kg。把调料加入肉中搅拌均匀，静置入味 4～6 h。

(3) 铺片、定型。用铺片机将肉铺成成型薄片。放入恒温箱在 60 ℃下置 2 h，以使形状固定。

(4) 熟制。置于烤箱中，在 180 ℃下烤 5～8 min，再在 240 ℃下烤 1～2 min，肉即熟。产品出炉冷却后，即得成品羊肉脯。

(三) 灌肠制品、熏制品、罐头制品

羊肉灌肠制品和罐头制品加工方法与猪肉加工法基本一致。熏制品用新鲜羊肉为原料，以烟熏为主要加工工艺而制得的产品。产品有熟肉熏制品和生肉熏制品两类，产品特点颜色呈茶褐色，食用时有特殊的烟熏风味。著名产品有“槐店熏羊肉”“红烧羊肉罐头”“咖喱羊肉罐头”“浓汁羊肉罐头”等。

以槐店熏羊肉为例（图 9－9），槐店熏羊肉是河南沈丘县槐店镇的传统名食，已有 100 多年的历史。人们常用“香抬云外客，味引洞中仙”的诗句来形容这一名食。此菜色如樱桃，咸淡相宜，香而不腻，鲜美可口，可在阴凉处存放半个月之久。槐店熏羊肉，主料是鲜羊肉，配料是花椒、胡椒，调料为精盐、香油等，主要通过微火熏制的方法制作而成，其主要制作步骤如下。

（1）原料准备，鲜羊肉 5 000 g，花椒 50 g，胡椒 25 g，茴香 10 g，丁香 3 g，豆蔻 5 g，精盐 500 g，香油 15 g。

（2）将羊肉洗净，切成 200 g 左右的块，放入 10∶1 的精盐水中浸泡 3 d。

（3）烧一锅开水，将调料包入纱布里，放入开水中，然后将泡好的羊肉下入锅内，煮约 3 h，待羊肉熟烂后取出，晾约 5 min。

（4）取一只铁锅，锅底放入松柏锯末，加少量柏枝或柏壳，上面架上竹箅子。放上晾过的羊肉，盖上竹制笼屉盖，点火熏制。视锅内起浓烟后，关小火熏制 3 min 即成。

（5）取出羊肉，刷上一层香油。食用之时，切成条、块或片装盘中即可。

图 9－9　槐店熏羊肉

发酵香肠是目前羊肉灌肠类产品的发展方向，其选用正常屠宰的健康畜禽肉，经绞碎后与糖、盐、发酵剂和香辛料等混合后灌入肠衣，经过微生物发酵而成的具有稳定的微生物特性和典型的发酵香味的肉制品。发酵香肠在国内外深受消费者的青睐。目前，国内主要用于发酵香肠的是猪肉，羊肉因其膻味等因素较少应用。孙来华采用植物乳杆菌、啤酒片球菌和木糖葡萄球菌组合菌作为发酵剂生产羊肉发酵香肠，探讨其最佳工艺条件为植物乳杆菌、啤酒片球菌和木糖葡萄球菌以 2∶2∶1 的比例制成发酵剂生产发酵香肠，产品质地较好，颜色鲜红，酸味柔和；单因素实验以 10^7 cfu/g 的接种量接种效果较好，最佳含盐浓度为 2%；葡萄糖和蔗糖混合发酵效果较好，葡萄糖浓度为 0.5%，蔗糖浓度为 1.2%，最佳发酵温度为 30 ℃；正交实验的最佳配方为接种量 10^6 cfu/g，植物乳杆菌、啤酒片球菌和木糖葡萄球菌之比为 2∶2∶1，发酵温度为 30 ℃，葡萄糖添加量为 1%。

（四）羊肉烤制技术

羊肉烤制品也越来越受到消费者的喜欢，市面上烤全羊、烤羊腿和羊肉烤串比较多。以羊肉烤串为例（图 9-10），主要加工方法如下。

羊肉烤串加工：羊肉→解冻→分割→整形切块→穿串→嫩化→浸泡入味→沥水→包装→冷冻→成品

（1）原料准备：羊后腿肉

（2）调料准备：鲜姜、葱头、精盐、味精、黑胡椒、料酒、生抽、孜然、辣椒面、香油。

（3）腌制。羊后腿肉切成 1.5 cm 左右的块，加精盐、鲜姜片、洋葱末、生抽、黑胡椒、料酒进行腌制 1 h 以上。

（4）串签。把腌好的羊肉用竹签（钢签）肥瘦间隔串 6～8 块，一串一串地串好待用。

（5）烤串。木炭烧红后将串好的羊肉串撒上孜然粉、辣椒面、盐、味精的混合粉，不停地翻转，用木刷刷点香油味道会更加浓郁。

杨永栋对羊肉串配方及加工工艺进行了探讨研究，以甘南碌曲的羊肉为原料，经切块、嫩化、浸泡入味等工序，研制出半方便性羊肉串。试验采用酶嫩化法，浸泡入味处理原料，改善了羊肉加工制品的品质。结果表明：酶嫩化的最佳工艺为酶用量 0.1%，时间 30 min，水温为 30 ℃；工艺采用半解冻后切块；产品的最佳配方为：食盐 10%，孜然 6%，天然香辛料 16%，白砂糖 10%。

烤羊腿：一般以后腿羊肉为原料，采用盐水注射、真空滚揉的西式

图 9-10　羊肉烤串

先进工艺与技术，辅以滋补强身的药食兼用中草药成分，再经烧烤、真空包装和杀菌等工序精心研制的一种食用方便、营养丰富、可贮性佳的新型烤羊肉。

（五）预制山羊产品加工技术

预制肉制品又被叫作调理肉制品，把畜禽肉为主要食料加工食品，在加工过程中按照产品的特性添加了各种调味品，使肉品食用特别方便，能够迎合大众消费者节省时间的需要，给购买者创造一个便于购买、不用复杂加工并以需求为导向的肉类食品。在欧美国家中被称为“prepared foods”，被译成加工食品。此类产品是以欧式肉制品制作原理和现代加工技艺为基础发展起来的一类富含养分、便捷的新型食物，这种发展态势已经成为未来食物加工的主要方向。随着时代的进步，预制肉制品的品种日益丰富，从传统火腿到风味火腿，从西式炸鸡块到红烧肉，从熏制肉品到炭烧食品，从披萨饼到回锅肉，预制肉制品品种渐渐从过往的便于贮藏、保鲜食品变成家庭菜肴，引导大众的健康饮食文化潮流。随着生活节奏的不断加速，冰箱、冷链物流、电磁炉等家电的普遍使用，人们的生活方式也有了很大的变化。另外，预制肉制品不但能迎合消费者的饮食要求，而且还在很大程度上节省了消费者的备餐时间，所以被消费者广泛认可并购买，其供应量和消费量持续攀升，变成国内外城市消费者首选的肉制品。羊肉汤、羊肉丸子、羊肉饼等山羊肉预制食品不断被开发出来。湖南黑山羊羊肉肉味浓郁，肉质细嫩，补阳滋阴，强健体魄，深受人们欢迎。羊肉炖粉皮对湖南地区的居民来说，不仅是冬季御寒暖身的佳品，而且是大补佳肴（图 9－11）。

图 9－11　浏阳黑山羊炖粉皮

（六）羊肉加工技术理论及其研究方向

近年来，我国在全羊系列产品的研究开发方面取得的成果较多，研制的产品主要有西式腊羊肉（清香、浓香和麻辣风味），羊肉干、羊肉松、羊肉脯（五香、咖喱、果味、麻辣和怪味）；软包装快餐全羊，羊肉方便面调料，烤羊肉，羊肉串，羊肉饺子和羊肉丸子等几十种不同风味、不同类型的全羊系列制品，实现了羊肉加工的综合利用，为充分利用自然资源、提高企业经济效益开辟了一条更为广阔的发展之路。

根据莱斯特博士的“屏障效应”理论，干制品之所以能在常温下长时间贮存，主要是通过控制干制品的水分含量、水分活度（Aw）和氧气等因素。在羊肉干制品加工过程中，可以通过添加保水剂以降低 Aw 值，或添加不同种类和比例的防腐剂以及包装过程中采用真空包装、微波处理、辐照、添加脱氧剂等方法来延长产品保质期。如仅仅通过减少水分，制品可能出现干硬、口感差、出品率低等缺陷，在制品中添加 2%的麦芽糖和 3%的山梨醇，不仅可使制品保持较好的口感，而且可降低产品的水分活性 Aw，从而抑制微生物繁殖。

马丽珍等人在风味羊肉干系列产品的研制开发过程中，通过“高压蒸煮”工艺，缩短了煮制时间和烘烤时间 2 h 以上（60 ℃～70 ℃/3～

4 h)，降低了劳动强度，缩短了生产周期，提高了生产效率，结合抽真空包装可使其货架寿命延长至 6 个月。在五香羊肉腌制液配料中，常用的三种磷酸盐对产品率的影响顺序是 SHMP（六偏磷酸钠）＞STP（三聚磷酸钠）＞SPP（焦磷酸钠），获得最大出品率时最优磷酸盐质量分数为 SHMP 14.1%，STP 56.2%，SPP 29.7%。在 90 ℃～95 ℃温度条件下杀菌 30 min，冷却 30 min，重复进行两次的低温杀菌方法效果较好。

在羊肉嫩化问题研究方面，叶青等研究证明，在盐腌过程中，食盐浓度不得高于蛋白质的溶解度，否则使蛋白质呈不溶状态而失去可逆性，从而影响到羊肉的持水性和弹性。通过添加磷酸盐类改良剂可获得较好的嫩化效果。因为磷酸盐可以提高制品的持水性，减少营养物质流失，增加肉的弹性和结着力，并改善肌肉的组织状态，增进其风味。磷酸盐还是一种良好的金属离子螯合剂和缓冲剂，当它呈碱性溶液时，能调节肌肉的 pH 值，促进某些蛋白质溶解和水解；当它呈酸性溶液时，又能转化糖类，能起到疏松、膨胀、发色、嫩化等作用。

在烤羊肉新技术应用上，注重了用后腿羊肉为原料，采用盐水注射、真空滚揉的西式工艺与技术，辅以滋补强身的药食兼用中草药成分，再经烧烤、真空包装和杀菌等工序而制成的方便食品，深受人们欢迎。徐桂花（2002）采用嫩化液（$CaCl_2$ 3%，菠萝蛋白酶 0.01%，复合磷酸盐 0.4%，嫩化温度 6 ℃，时间 10 min）对冷冻山羊肉进行嫩化处理，用抑膻增香料进行除膻，通过低盐腌制（食盐 3%，腌制温度 4 ℃～10 ℃，时间 8～12 h)、趁热上色（乙基麦芽酚和枸橼酸铁混合增色）、分级焙烤（100 ℃/20 min、190 ℃/18 min、160 ℃/12 min)、高温高压杀菌（蒸汽和空气混合气体 121 ℃/30 min）等工艺，生产的外观金黄油润、肉质细嫩而有弹性的嫩化羊肉软罐头，安全、卫生、方便，市场前景广阔。

今后关于羊肉加工理论与技术的研究与开发重点。①羊肉脱膻机制研究。主要研究目标为：一是搞清生物脱膻的机制及膻味物质脱除后的去向；二是性成熟后的羊肉膻味强度更大的原因及其与膻味物质成分的关系。②羊肉的化学成分、形态学及组织学研究。羊肉的化学组成，尤其是膻味成分的来源、化学构造及理化性质，羊肉的成熟过程及机制，羊肉的组织学特征特性等。③食品加工新技术的应用研究。如超微粉碎技术、UHP 杀菌技术、生物工程技术等在羊肉加工业上的应用。④羊肉加工技术标准化研究。如羊肉分等定级标准、羊肉初加工技术标准、羊肉再制品技术标准、无公害羊肉生产标准、羊肉卫生检验规程及相关技术标准等。

二、山羊副产物综合加工与产品

随着对羊肉需求量以及羊肉加工企业的增多，羊肉加工过程中不可避免产生大量的副产物，如羊骨、血浆、内脏和皮毛等占整个羊体的很大一部分，另外，羊副产物中富含多种营养物质。随着科技的不断进步，越来越多的学者对羊副产品进行研究。肉羊副产物的开发利用主要以血液、骨头、内脏（心、肝、脾、肺、肾、胃、胆、肠等）、皮毛等进行综合加工利用。随着我国科学技术的快速发展，循环经济政策的推广与实施，以及关于畜禽副产品的最新实施条例规定的准许，我国会不断提升肉羊副产品的综合利用。

在国外，家畜副产物一般分为可食和不可食用两部分，随着现代化的发展，曾经被认为是绝对不吃的副产物，如今也成为可食的。

目前，国内外对一些畜禽副产物的研究与开发日益重视。2010 年 10 月 12 日，欧盟则批准了一系列有关畜禽副产物的新规定。根据一项调查显示，美国每年在家禽的屠宰中就会产生将近 2 450 万 t 的副产物。近年来，全球肉制品种类繁多，如德国有 1 550 多种肉制品，日本约有 200 种，而法国的香肠就有 1 500 多种。因此有加工就会伴随着副产物，并且在产量上也是可观的。

（一）羊骨研究现状

羊骨营养丰富，其蛋白质、脂肪含量与等量鲜肉相似，还含有大量的矿物质、骨胶原、软骨素以及维生素等营养物质。元代太医忽思慧在其著作《饮膳正要》中详细记录了羊脊骨羹的制作和功效，其配伍“羊脊骨一具（全者，捶碎）、肉苁蓉一两（洗，切作片）、草果三个、荜茇二钱”，制作“水熬成汁，滤去滓，入葱白五味，作面羹食之”，功效“下元久虚，腰肾伤败”。

在现代，羊骨的用途很多，其中最常见的就是将其制成骨粉，分为食用骨粉和粗制骨粉，食用骨粉作为食品用材料，而粗制骨粉只能用作饲料，并且羊骨还可以对其油脂进行提炼，加工成骨胶，用于工业用彩色胶卷的起色剂和医药品的胶囊，骨炭用作吸附剂及制糖业。此外，还可将羊骨制成各种工艺品。

（二）羊血研究现状

在我国，由于羊的养殖方法分散、血液不易回收以及清真屠宰加工的特殊要求，导致对羊血的利用率较低。目前，大多数羊血被制成血粉作为饲料使用。如果要进行其他利用，则必须对其血浆、血细胞进行分离，国外研究者用真菌和植物类蛋白水解血浆蛋白，从而制备出具有很好抗氧化活性的生物活性肽，对于自由基 DPPH 具有很强的清除作用。

目前血液的用途主要涉及四个领域。第一，医药用。经过深加工用于止血以及治疗缺铁性贫血等。第二，食用。直接加工成羊血豆腐以及羊血肠；将血浆制成粉，作为食品用的营养性添加剂等。第三，工业用。利用血浆和血细胞的成分，研制出黏合剂、消化剂以及化妆品中的填充乳化剂等。第四，农业及饲料用。用于动物的饲料添加剂和农用肥料。

（三）羊脏器研究现状

肉羊的脏器主要包括心、肝、脾、肺、肾、胰、胆、肠、胃等器官，在我国有很多人喜欢食用内脏，如涮锅、爆炒、酱卤中等烹饪加工的内脏食品，同时还可以制成各式各样的特色食品，其营养丰富，口感、风味独特。羊杂汤是一道北方的美食，其味道辛辣爽口，鲜嫩无比。以羊杂汤为例，如图 9－12 所示，其主要制作方法如下。

（1）原料。羊杂 500 g，干豆腐 100 g，白萝卜 50 g，香菜 50 g，大葱 20 g，辣椒粉 5 g，盐 5 g，鸡精 5 g，料酒一汤勺，姜 5 片。

（2）制作过程。将羊杂洗净，香菜、干豆腐切丝，白萝卜切片，大葱切葱花待用；炒花椒和大葱、姜片等，之后加适量的水；然后放入洗净的羊杂，中火煮 30 min，至汤发白；加入少量料酒去腥调味，加入干豆腐丝和白萝卜片再煮 15 min；最后加入盐和辣椒粉，搅拌之后加入香菜出锅。

另外，脏器还可作为食品添加辅料用于食品加工中。在医药工业上，制成的动物源生化制品具有毒副作用小、易于人体吸收等特点，因此是生化制药的重要原材料。胰脏中含有淀粉酶、核酸酶等多种酶类，可用于提取高级酶类和肽类，用于多种疾病的治疗。心脏可制备很多生化制品，对心律失常、心肌收缩以及更年期高血压等疾病非常有效。脾脏可以进行对脾核糖、脾腺粉等的提取。肝脏可用于制备多种药物，如水解肝素、肝宁注射液等药物。胃黏膜中含有许多种消化酶和生物活性物质，用来生产胃蛋白酶等。羊小肠可制成肠衣、外科手术缝合线以及网球和羽毛球的拍线等。肠黏膜可生产抗血栓、抗凝血等药物。胆汁的医药价值较高，可制备出粗胆汁酸、人造牛黄、降血压糖衣片等多种药物。

以软包装快餐羊杂割加工为例，主要加工工艺如下：羊副产品（心、

图 9－12 羊杂汤

肝、肺、肾、肚、肠、舌）→去筋、去膜、去油脂→按种类进行整理、清洗→分别预煮→切片或切丝→计量装袋→真空包装→高温杀菌→冷却→外包装（内放料包：辣椒油包、骨髓汤、调料包）→软包装快餐羊杂割。

在快餐羊杂割技术研究方面，通过把羊副产品按一定比例配合，充分利用各内脏器官独特的营养保健功能，起到对人体的滋补作用。软包装快餐羊杂割的技术原理是：将羊肉剔除筋膜、肥脂后同羊肝、心脏、肾及羊骨同煮，至断血后捞出，分别切片。羊骨继续煮至酥烂，汤呈乳白色，将煮羊骨的汤过滤，加调味品并适量加明胶，使之冷却后凝成块状。然后将羊肉、羊肝、心、肚、肾、肺及生羊血按一定比例称量后装入铝箔袋中，再将适量羊骨冻块装入上述袋中，真空包装后送入高温高压杀菌锅中，经 121 ℃、30 min 杀菌后迅速冷却至室温。装外包装袋时再将辣椒油包、骨髓汤和调料包一同装入。在黄焖羊肉软罐头生产上，通过采用复合薄膜真空包装（PET/Al/CPP 蒸煮袋，0.083 MPa 真空度）、高温高压杀菌（10－35－15 min/120 ℃，0.14 MPa 蒸汽压）、反压冷水冷却等新工艺，使产品保质期可以达到 6 个月以上。

羊肝营养丰富，通过对鲜羊肝简单处理，可用于制备安全无毒、可预防辐射和降低视觉危害及护肝补血的保健食品。以明眼养肝为例，其主要加工工艺如下。

原料羊肝→解冻/清洗修整→切块、称重→预煮→切条（片或颗）→卤制→炒制增香→烘烤脱水→冷却→成品抽样检验→包装→合格品入库→出厂（明眼羊肝）

（四）其他副产物研究现状

羊毛与羊绒是毛制品生产的主要原料，用它可制成毛绒纺织品、衣服等产品。研究发现，羊毛中富含丰富的蛋白质，其含量为 67.8g/100g，可用于微生物培养中的蛋白胨底物来源。羊皮是绵羊或山羊屠宰后剥下的皮。目前，羊皮不仅用于制革业，而且用羊皮制成服装以及各类皮具等制品，使得羊皮附加值提高。

另外，在现代技术研究中发现，羊皮富含蛋白质、水分、脂肪、硬蛋白、清蛋白和黏蛋白，以及铁、锌、磷等矿物质，且羊皮对祛痰、体虚、消肿等有一定的作用。

（五）羊奶加工

奶山羊是我国重要的奶畜品种，羊奶和羊奶粉是竞争力较强的国产乳制品。近年来，我国奶山羊生产方式加快转变，羊乳制品产量和质量不断提升，市场占有率稳步提高，但仍然存在良种化率低，标准化、规模化程度不高，科研基础比较薄弱，利益联结机制不完善，龙头企业带动作用不强，消费市场较小等问题。

1. 奶山羊产业发展概况

（1）品种。全世界奶山羊品种有 60 多个，包括起源于欧洲的专门化品种，如萨能奶山羊、吐根堡奶山羊、阿尔卑斯奶山羊等，我国培育的西农萨能奶山羊、关中奶山羊、崂山奶山羊和文登奶山羊等，以及许多国家的一些改良群体和兼用型地方山羊品种。萨能奶山羊和吐根堡奶山羊年产奶量最高可达 1 200 kg；我国培育的西农萨能奶山羊年产奶量达 800 kg；关中奶山羊、崂山奶山羊、文登奶山羊为 600 kg。

（2）存栏和产量。2017 年，世界奶山羊存栏 2.2 亿只，山羊奶产量 1 888 万t，占奶类总产量的 2.3%。亚洲、非洲奶山羊数量占世界总量的 95.0%，产量排名前三的国家为印度、孟加拉国、苏丹，产量分别为 617 万 t、111 万 t 和 111 万 t，中国列第四位。中国奶山羊存栏约 500 万只，山羊奶产量 107 万 t，占全球山羊奶产量的 5.7%，占全国奶类产量的 3.4%。

（3）养殖区域和模式。我国奶山羊养殖主要分布在黄河流域和云贵高原，以陕西省、山东省、云南省、内蒙古自治区、河南省、贵州省等为主，其中陕西省奶山羊存栏200万只，年奶产量57万t；山东省存栏60万只，年奶产量19万t；云南省存栏48万只，年奶产量8万t；内蒙古、河南省、贵州省各有存栏约10万只。我国奶山羊养殖模式主要有公司养殖、养殖小区、专业合作社养殖、家庭牧场养殖、农户饲养等，以小规模分散养殖为主。陕西省存栏30只以下占比为61.0%。散户养殖的奶价为5.0～6.0元/kg，规模养殖的奶价为6.0～7.0元/kg，1 kg利润在1.0元左右，加上羊粪收入约为200.0元/（只・年），经济效益较高。

（4）加工现状。欧洲的羊奶主要用来加工奶酪，亚洲、非洲则以加工奶粉和液态奶为主。我国羊奶主要加工成奶粉，少量生产液态奶、酸奶、奶酪等。陕西省是羊乳制品的主产省，年加工羊奶能力达到100万t，生产羊奶粉8万t，其中婴幼儿配方羊奶粉3万t。近年来，国内羊乳加工业发展迅速，有47家规模企业，其中澳优乳业年产值超过20亿元，百跃羊乳、和氏乳业均超过10亿元，优利士乳业、红星美羚乳业、关山乳业等均在5亿元左右。

2. 山羊奶特性

脂肪、蛋白质、乳糖、灰分这几种化学成分的含量与牛奶没有什么显著的不同，但在其他方面则存在着一些差异（表9-16、表9-17、表9-18）。

表9-16　山羊奶与牛奶化学成分上的差异　单位：%

	山羊奶	牛奶
脂肪	3.0～5.5（西农萨能，3.43±0.52）	2.5～6.0
蛋白质	2.6～4.6（西农萨能，3.28±0.52）	2.9～5.0
乳糖	3.8～5.1（西农萨能，3.92±0.63）	3.6～5.5
灰分	0.69～0.89（西农萨能，0.78±0.04）	0.6～0.9
总固体	11.3～15.0（西农萨能，11.4±0.94）	10.5～14.5

表9-17　山羊奶与牛奶在其他方面的差异

	山羊奶	牛奶
蛋白质		
酪蛋白数	70～74	76～79

续表

	山羊奶	牛奶
主要蛋白质	5种，（α_{s2}-酪蛋白 β-酪蛋白、 κ-酪蛋白、 β-乳球蛋白 α-乳白蛋白） 缺 α_{s1}-酪蛋白	6种，（α_{s1}-酪蛋白、 α_{s2}-酪蛋白、 β-酪蛋白、 k-酪蛋白、 β-乳球蛋白 α-乳白蛋白）
非蛋白氮	总氮的9%	总氮的5%
β-乳球蛋白		
N-末端	异亮氨酸	亮氨酸
第53位置	天冬酰胺	天冬氨酸
第130位置	赖氨酸	天冬氨酸
第150位置	丙氨酸	丝氨酸
第158位置	甘氨酸	谷氨酸
第162位置	缬氨酸	异亮氨酸
α-乳白蛋白		
N-末端	赖氨酸或丙氨酸	谷氨酸
第10位置	谷氨酸	精氨酸
缺少	蛋氨酸	
酪蛋白胶束溶剂化作用	低	较高
κ-酪蛋白	低，为牛奶的30%	占总酪蛋白的12.5%

表9-18　山羊奶与牛奶物理性质、加工工艺特性及热稳定性比较

	山羊奶	牛奶
1　物质性质		
a. 总还原能力	低（2μg分子/mL乳）	较山羊奶高
b. 最大缓冲能力	pH值5.3时，0.055	pH值5.3时，0.025～0.050
和缓冲指数	pH值5.3时，0.043	
c. 酸碱平衡	等电点6.3～6.7	6.5～6.7

续表

	山羊奶	牛奶
d. 滴定酸度	0.10%～0.26%（乳酸含量）	0.15%～0.18%（乳酸含量）
e. 表面张力	全脂乳 0.052 N/m 脱脂乳 0.056 N/m	（相当于 10～20°T） 0.04～0.06 N/m
f. 电导率	0.004 3～0.005 6 Ω（cm）（超过 0.006 不一定是乳房炎乳）	0.003～0.005 超过 0.006 认为是乳房炎乳
2. 加工特性		
a. 加热杀菌处理的影响	61 ℃，63 ℃，64 ℃，30 min 杀菌 71 ℃，15 s 杀菌 乳清蛋白有 3.6%～7.4%变性溶解的钙和磷分别降低 3.6%～5.2%和 2.8%～6.0%的凝块张力降低 28%～56%，63 ℃，30 min 保持式杀菌凝块张力降低的程度比 71 ℃，15 s 高温短时间杀菌者大，140 ℃，4～5 s 超高温瞬时杀菌者更好	一般是高温短时间杀菌者比 63 ℃，30 min 保持式杀菌者要好，135 ℃，5 s 超高温瞬时杀菌者更好
b. 预热对浓缩及稳定性的影响	先经 90 ℃，10 min 预热处理，再浓缩到 2∶1 者较稳定，不应浓缩过度，最好不超过 22%乳固体	同样，预热后再浓缩者佳，浓度可达 26%～28%乳固体
3. 热稳定性主要原因	低	较高
	①κ-酪蛋白仅为牛奶的 30%，缺乏 κ-酪蛋白会降低蛋白质电荷，从而在高 pH 下降低了热稳定性	κ-酪蛋白占总酪蛋白的 12.5%
	②酪蛋白胶束的溶剂化作用低	高
	③缺多 α_{s1}-酪蛋白	不缺
	④β-乳球蛋白在 pH 5～9 范围较牛奶少三个负电荷，多一个正电荷的带电基因	

3. 山羊奶加工产品

如果单产（产奶）在 150 kg 以下，则产奶不如产肉有利。目前世界山羊只数在四亿五千多万，但以产肉者居多，产奶者很少，而且平均单产（产奶）也很低，平均不超过 50 kg，如果单产 400 kg 以上则以产奶为有利。另一个因素是人们对羊奶的气味（膻味）不习惯，也影响山羊奶的发展。国外利用山羊奶生产各种类型的干酪，例如法国年产350 000 t 羊奶中在夏季有 53%用于制造干酪，10%用于饮用及制造奶粉，其余 37%用于喂养羊羔。美国专门制造的山羊奶制品供一些对牛奶有过敏反应的消费者，有瓶装消毒山羊奶、羊奶粉、羊奶淡炼乳和羊奶干酪。每年大约有 2 500 t 淡炼乳和奶粉（充氮密封包装）在药房或超级市场零售。用于喂养婴儿，美国除自己生产一些羊奶干酪外，还进口相当数量的羊奶干酪。我国目前几乎都生产羊奶奶粉，本章介绍几种主要的山羊奶制品。

（1）饮用消毒羊奶。不受欢迎的膻味要除去，可生产半脱脂的低脂消毒山羊奶，分离出来的乳脂肪可用于其他食品。工艺过程如同牛奶一样经净乳、标准化、杀菌、均质。控制成品含脂肪 2%，非脂乳固体 10.5%，还可以强化维生素 A、维生素 D 及维生素 B_{12}。

山羊奶脱膻可按前述的蒸汽直接喷射式真空脱臭（膻）机进行处理。

杀菌方式：小规模加工采用保持式杀菌（63 ℃，30 min）和较高温短时间杀菌（71 ℃～74 ℃，40 s 或 85 ℃，10～15 s），这两种方式对于降低凝块张力效果好。保持式杀菌的山羊奶凝块张力可降低 38%～48%。通过杀菌处理可降低可溶性钙和磷，乳清蛋白仅有轻微变性。乳中所含维生素 C 由于杀菌（保持式）会损失 40%左右。大规模的厂可采用 140 ℃～142 ℃，3～4 s 的超高温杀菌法为佳。

通过杀菌山羊奶气味在保藏中较原乳轻得多。磷酸酶活性会由于加热处理而降低，相对于牛奶的标准，磷酸酶试验对于杀菌山羊奶不适合，不能正确反映出杀菌效果，因为山羊奶在 62 ℃，15 min 加热，其磷酸酶就钝化，有时甚至 5 min 加热就钝化，这显然达不到杀菌效果，故不能使用一般的磷酸酶试验的方法来检验杀菌是否达到要求。

（2）羊奶炼乳。山羊奶淡炼乳应控制在 22%总乳固体的浓度（牛奶淡炼乳为 26%）。甜炼乳亦应考虑降低浓度最好应控制在 28%总乳固体以下，加糖量亦应适当降低。生产淡炼乳时加热温度以 140 ℃、4～5 s 者优，超过者则不稳定，成品在保藏中会有固形物沉淀。维生素强化的山羊淡炼乳是很好的婴幼儿用奶。

（3）酸奶和其他发酵乳。山羊奶酸奶应控制含脂肪2%，并添加4%非脂乳固体（脱脂奶粉），均质（19.6 MPa），杀菌（80 ℃，15 min），冷却（至45 ℃），加乳酸菌发酵剂，恒温培养，亦可添加稳定剂。山羊奶酸奶无任何乳清分离，山羊奶在发酵中乳酸的生成较牛奶快。

用山羊奶生产添加果料的果味搅拌型酸奶时，首先将山羊奶进行标准化控制，保持脂肪2%和非脂乳固体10.5%，然后杀菌、均质，可添加稳定剂0.25%～0.7%，再杀菌（86 ℃，30 min），冷却到42 ℃，加发酵剂，恒温培养，达到酸度要求后冷却至22 ℃，添加水果果料，混合搅拌，灌装容器中，在5 ℃冷藏一夜，即可食用（图9－13）。

图9－13 果味搅拌羊酸奶

成品中氨基酸含量与牛奶者无区别。山羊奶黏度较低，可用高温长时间杀菌（80 ℃，10～45 min），提高浓度（13.5%总固体），均质（14.7 MPa，60 ℃～70 ℃）等措施以增高黏度。

冷冻酸奶有软型和硬型两种，配比为2%脂肪，10%非脂乳固体，10%蔗糖，10%糖浆（玉米糖浆，DE值36）和0.5%稳定剂。配料可用脱脂羊奶粉或脱脂浓缩羊奶及普通羊奶鲜奶通过计算进行标准化、杀菌（82 ℃～84 ℃，30 min），冷却到40 ℃～42 ℃，如脂肪部分尚未均质则先预热到65 ℃～70 ℃，19.6 MPa均质，另在配料前取一部分加稳定剂、甜味剂按配方配好，然后杀菌。混合料（不含有糖类、甜味剂及稳定剂者）冷却到 41 ℃～42 ℃，加 4%发酵剂在 42 ℃下恒温培养，酸度升至 1%（以乳酸计），在此时再将前一部分配料（含有甜味剂、糖类及稳定剂者）混合恒温培养，达到要求的酸度后，冷却至 5 ℃以下，然后灌装。如欲得到良好的成品可先将混合料存放 24 h，然后在冰淇淋凝冻机中凝冻，同时添加果味果料香料，膨胀率可达 50%（－6 ℃～－5 ℃下凝冻），包装后冷藏，可存放一个长时期再分送销售，在销售中于 2 ℃～5 ℃冷藏柜中可保持 30 d，如在－25 ℃下冷冻则还可更长期保藏。

（4）山羊奶冰淇淋。山羊奶冰淇淋一种是 14%脂肪，10%非脂乳固体，18%甜味剂［12%蔗糖、6%玉米糖浆（DE 值 36）］，1.4%蛋黄粉，0.25%稳定剂及乳化剂，香兰素香精适量，在凝冻过程中添加。

另一种是巧克力型冰淇淋，14.6%脂肪（其中 0.6%可可脂），9%非脂乳固体，20%甜味剂［14%蔗糖、6%玉米糖浆（DE 值 36）］，3%中等脂肪含量的可可粉及 0.22%稳定剂及乳化剂。在凝冻过程中亦可添加粉碎的杏仁。

还有一种是 15%脂肪，10%非脂乳固体，18%甜味剂［12%蔗糖、6%玉米糖浆（DE 值 36）］及 0.25%稳定剂及乳化剂。如欲添加各种水果香料（如草莓香料）可于凝冻机中添加。然后在冰淇淋上加数片冷冻切片的新鲜草莓。工艺过程大致如常法，杀菌 72 ℃，20 min，均质 17 MPa 一段均质，冷却 5 ℃以下保持 24 h，凝冻－5 ℃下，膨胀率 80%，包装、冷冻硬化、冷藏－20 ℃～－18 ℃。

（5）冷冻山羊奶。经均质或不均质，在 63 ℃、30 min 保持式或 142 ℃、3～5 s 超高温杀菌后，无菌灌入 150 mL 或 300 mL 马口铁罐或聚偏二乙烯膜薄袋密封后，速冻，立即在－27 ℃低温下冷藏，可保存一年无变化。保藏温度对成品质量的影响大于冷冻时温度的影响，均质与不均质者区别不大。杀菌后添加 50～100 mg 抗坏血酸钠可延长 50%的保藏期，风味不变，冷藏温度－27 ℃较－15 ℃者佳。原乳经脱膻处理效果更佳。

（6）山羊奶干酪。用山羊奶（或与其他奶混合）为原料，适宜于加工下列类型的干酪。

1）费塔干酪（Feta cheese）：希腊原产的一种代表性软质干酪，以山羊奶或与绵羊奶混合为原料，最终产品有桶装、罐装和袋装三种形式。特点是用盐水浸渍。

2）卡普里诺干酪（Caprino cheese）：意大利原产的一种典型山羊奶

软质干酪。具有山羊奶特有风味，是由乳脂肪中所含 C8～C10 的低级脂肪酸所形成。

凡是山羊奶干酪在工艺上的特点是蛋白质要缓慢凝固，乳清排除不能过度，凝块中一般含有部分乳清，直到入模成型和成型之前仍有一些乳清。

近年来开展利用超滤技术生产羊奶干酪，不仅能提高产率（超滤可回收乳清蛋白），还可以利用超滤的办法在旺季制成干酪半成品存放，然后再在淡季进一步加工制成干酪。也有用喷雾干燥的办法制成粉末状干酪半成品，这更有利于保藏，然后再复原，用以制成各种干酪，这样即使是在羊奶奶源欠缺的时期也能照样开工生产干酪，不致因淡季而停产。

（7）山羊奶奶粉。我国凡是以山羊奶为原料的乳品厂均生产奶粉，已有多年经验，生产工艺与牛奶的加工相似，分为湿法和干法两种（图 9－14、图 9－15）。生产过程中加热灭菌处理以 140 ℃、3 s 的超高温瞬间杀菌方式为佳，71 ℃～75 ℃、15 s 或 82 ℃～85 ℃、10 s 的高温短时间杀菌方式则不够理想，还有喷雾前的浓缩不应过度。

乳清蛋白、糖、营养素、乳清粉 → 适量乳溶解

↑ ↓

原料羊乳→验收→过滤及净化→冷却→混合均匀→均质→杀菌→浓缩→喷雾干燥→包装→检验→出厂

图 9－14 湿法羊奶粉生产工艺

原料羊乳→验收→过滤及净化→冷却→混合均匀→均质→杀菌→浓缩→喷雾干燥→纯羊奶粉原料→混料→检验→包装→出厂

↗ ↖

乳清粉 预混合

↑ ↖

蔗糖粉 营养强化剂

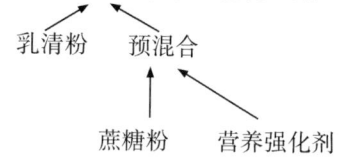

图 9－15 干法羊奶粉生产工艺

我国山羊奶产品开发还处于初级阶段，产品种类较单一，以婴幼儿羊奶粉为主，有少量的液态奶生产，奶酪和酸奶的生产仍很少见。国际上羊奶产品种类丰富，有液态奶、奶粉、奶酪、发酵乳、甜点、糖果、黄油类、乳清制品、化妆品等。我国羊奶产品种类与发达国家相比还存在很大差距，主要受到奶源少、资源不均衡、加工技术有限等因素的制约。

附录 A

动物检疫合格证明（动物A）

编号：

货　主			联系电话		
动物种类			数量及单位		
启运地点	省　市（州）　县（市、区）　乡（镇）　村(养殖场、交易市场)				
到达地点	省　市（州）　县（市、区）　乡（镇）　村(养殖场、屠宰场、交易市场)				
用　途		承运人		联系电话	
运载方式	□公路 □铁路 □水路 □航空			运载工具牌号	
运载工具消毒情况	装运前经________消毒				
本批动物经检疫合格，应于_____日内到达有效。 官方兽医签字：______ 签发日期：　年　月　日 （动物卫生监督所检疫专用章）					
牲畜耳标号					
动物卫生监督检查站签章					
备注					

第　联

共　联

注：1.本证书一式两联，第一联由动物卫生监督所留存，第二联随货同行。

2.跨省调运动物到达目的地后。货主或承运人应在24小时内向输入地动物卫生监督机构报告。

3.牲畜耳标号只需填写后3位，可另附纸填写，需注明本检疫证明编号，同时加盖动物卫生监督机构检疫专用章.

4.动物卫生监督所联系电话：

动物检疫合格证明(动物B)

编号:

<table>
<tr><td>货　主</td><td colspan="3"></td><td>联系电话</td><td></td></tr>
<tr><td>动物种类</td><td></td><td>数量及单位</td><td></td><td>用　途</td><td></td></tr>
<tr><td>启运地点</td><td colspan="5">市（州） 县（市、区） 乡（镇） 村
(养殖场、交易市场)</td></tr>
<tr><td>到达地点</td><td colspan="5">市（州） 县（市、区） 乡（镇） 村
(养殖场、屠宰场、交易市场)</td></tr>
<tr><td>牲　畜
耳标号</td><td colspan="5"></td></tr>
<tr><td colspan="6">本批动物经检疫合格，应于当日内到达有效。
官方兽医签字:________
签发日期: 年 月 日
（动物卫生监督所检疫专用章）</td></tr>
</table>

第 联

共 联

注:1.本证书一式两联，第一联由动物卫生监督所留存，第二联随货同行。

2.本证书限省境内使用。

3.牲畜耳标号只需填写后3位，可另附纸填写，需注明本检疫证明编号，同时加盖动物卫生监督所检疫专用章。

第十章　污染控制与资源化利用

规模化山羊养殖场主要污染源为羊粪、尿以及病、死羊。羊粪、羊尿在储存过程中会产生大量的有毒、有害物质，对空气、土壤、水体等生活环境造成严重的影响和危害。病、死羊携带了大量的病原微生物，一旦处理不当，容易导致山羊传染病的蔓延。尤其是人畜共患病疫情的发生，还会给人、畜带来灾难性危害。如果采用合适处理措施，粪污和病死羊还可实现资源化利用。

第一节　污染源控制

对于规模化养殖场，首要考虑的是搞好场内环境与绿化，做好防疫措施，降低疾病的发生率，减少病、死羊的数量；其次对羊场合理的规划布局，做到“雨污分流、粪尿分离”，从源头减少粪污的产生量。

一、环境控制与绿化

（一）山羊场环境控制

山羊场的粪污必须科学清理与处理。场内需要设置专门的污道，粪便清理后严格沿着污道运输至粪污处理区集中处理，不得与净道交叉。羊尿与清洗羊舍的污水，按照一定的路径流至废水处理区集中处理。

（二）山羊场绿化

根据山羊场所在的局部气候条件，在场界北面种植常绿乔木（香樟、桂花）和开花灌木（夹竹桃、木芙蓉）以挡住北风，在南面种植落叶乔木（栾树、银杏等），方便冬季采光，搭配红檵木、杜鹃、大叶黄杨等灌木，有条件的还可大面积种植象草、杂交狼尾草等牧草，同时起到生物隔离和饲用作用。山羊场内办公区、道路两侧和羊舍周围结合景观和饲用需要，选择合适的灌木（红檵木、女贞）或者牧草进行绿化。各功能区之间，应尽量结合绿化需求，建立生物隔离带。

二、废弃物减量

山羊养殖过程中产生的粪便、尿、污水等废弃物，会产生大量的有害气体，特别是羊粪。羊粪污分解过程中会产生大量的恶臭物质和有毒有害气体，包括吲哚、硫化氢、氨气、硫醇、酚类等，这些气体排入空气后会严重影响空气的质量，从而间接危害其他家畜以及人类。因此山羊养殖应从源头上控制污染物和恶臭物质、有毒有害气体的产生量。①提倡“雨污分流、粪尿分离”，将粪尿、污水、雨水分别以不同的方式和渠道收集与处理。通过粪尿分离和及时清理羊粪，保持羊粪的干燥，便于处理；通过雨污分流，可减少污水的处理量，雨水收集后利用地势就近就地排放或直接设置排水沟将雨水引导出场区，而污水流入化粪池或沼气池内进行发酵处理，处理后再还田。②控制饲料中蛋白质不超标，尽量选用易于消化的饲料原料，或者在饲料中添加除臭微生物、吸附剂或植物提取物，减少氨气、吲哚等有害气体的排放，提高饲料中各养分的消化利用效率。③加强羊舍的通风，防止有臭味、有毒有害等气体在舍内集聚，降低舍内有臭味、有毒有害等气体，达到相关部门规定的要求。

第二节　粪污处理与资源化利用

成年山羊一天的鲜粪排量为 1.0～1.5 kg，排尿量为 1.0 kg，山羊粪便中含有 2.5%～2.7%的氮、4.2%～4.7%的磷、0.5%～1.3%的钾，以及 77.5%～79.2%的有机质（干物质基础），是生产有机肥料的优质原料。羊粪加工的有机肥具有保温、疏松土壤、改善土壤团粒结构、防止板结的效果，尤其是对盐碱地和重黏土改良方面作用明显。目前国内外主要采用物理方法、生物方法、化学方法、生态方法等处理羊场粪污，且主要是处理末端污染。粪污处理模式常采用自然降解处理、自然堆积发酵处理、生物处理、发酵设备处理等。

一、山羊粪污清理方法

山羊粪较干燥，含水量低，可直接清除，尽量不用水冲洗，以减少污水处理量。山羊养殖场通常是在羊出栏后，采用人工或机械清粪的方式一次性清理。对于圈养又没有运动场的羊舍，需要定期清理，以减少羊舍内有害气体的浓度。

（一）人工清粪

为减少山羊场建设投资，常采用人工清粪的方式，即通过人工清理出羊舍内地面或漏缝板下的固体粪污。

人工清粪只需要一些简单的清扫工具、拖车等即可完成。其流程为：待羊出栏后，用清扫工具将粪污清理出羊舍，然后用拖车运送到粪污集中堆放处理的地方。人工清粪的优点是充分利用劳动力资源，减少清粪过程中的用水、用电，设备简单，一次性投资少。缺点是劳动强度大，生产效率低。因此这种方式只适合于中小规模养殖场（户）。

（二）机械清粪

对于大规模山羊养殖场，粪污清理量大，宜采用机械清粪的方式，即利用机械设备替代人工将固体粪污直接清理到羊舍外暂存，再由专业运粪车运送到粪污集中堆放处理的地方。机械清粪方式可实现 24 h 不间断运行，时刻保持羊舍内环境的清洁卫生。

机械清粪常采用机械刮板清粪方式。机械清粪刮板由驱动装置、牵引绳、清粪刮板、导向轮和张紧机构等组成。清粪刮板安装在粪道内，通过牵引绳与驱动装置形成一个闭合环路。工作时，在驱动装置的作用下，牵引绳带动清粪刮板在粪道内做单向移动，将粪道中的粪污刮到暂存池（主粪沟）中，再由专业运粪车运送到粪污集中堆放处理的地方。

机械刮板清粪的优点：清粪效果好，较人工清粪有利于降低舍内有害气体和温室气体浓度，操作简便，安全可靠，运行成本低，运行时噪声对山羊的行为不造成影响，还可以减轻饲养人员的劳动强度，节约劳动力，提高生产效率。

该方式的缺点在于前期投资大，牵引绳与粪尿接触容易被腐蚀而断裂，维护麻烦，维修成本较高。

二、粪污资源化处理方法

（一）自然降解处理

规模小的肉羊养殖场，如若配备充足的土地，养殖场粪污常常不做任何处理，直接运至场外土地，靠大自然消耗降解，容易对养殖场周边环境造成污染。随着环保政策收紧，一定要控制好排放总量。

（二）自然堆肥发酵

羊粪虽然外壳严密，但是内部构造却多孔，其独有的粪便颗粒特征，可直接堆肥发酵。将羊粪污集中收集，通过堆积发酵后施用于农田。主要包括条垛式、槽式、发酵仓发酵等。羊粪通过堆积发酵后作农家肥，可提高地力，用于经济作物、花卉等种植，是最粗放、最原始的一种处理方式。但需要占用大片田地，发酵完成时间受气候因素的影响很大，少则需要两个月，多则需要四个月，且极易发生二次污染，明显降低地区畜禽粪污综合利用率。

（三）生物处理

将玉米等秸秆粉碎成粉，掺入羊粪中，使羊粪含水量达到45%为宜，将稀释至合适比例的生物复合菌液喷洒到羊粪堆上，再加入5%的玉米面，为菌种发酵提供足够的能量，最后搅拌均匀，制堆发酵，堆肥温度达到70 ℃时，利用翻抛机翻抛，整个发酵周期一般需要8～15 d。成品可作高效有机肥直接售卖，价值增值数倍。据报道一只成年羊全年可产粪1 t左右，其中含氮量能达到9 kg，可用于一亩到一亩半的农田，产生的土地肥力与施用40 kg左右的硫酸铵相当，且能明显提升经济作物的亩产量。

（四）发酵设备处理

大型规模化养殖场或有机肥生产厂还可利用专业的粪污发酵设备，如高温快速发酵罐、纳米膜发酵等，上述设备均能做到羊粪污的快速处理。设备处理后的粪肥可作农家肥或有机肥的原料。专业的粪污发酵设备有处理速度快、占地空间小、养分损失少等诸多优点，但弊端也很明显，需要高额的资金投入，运行成本及维修费用都很高。

（五）制备有机-无机复混肥

有机-无机复混肥顾名思义是有机肥和无机化肥二者掺杂在一起的肥料，是将养殖场粪便、草木灰等有机物质，经过有氧或无氧化发酵处理，加入一定比例的无机化肥、腐殖酸等，最后造粒生产，或直接混合均匀作为商品肥料直接上市售卖。有机—无机复混肥消除了无机肥肥力释放过快、后劲不足和无机肥环境污染严重的弊端，将有机肥和无机肥二者的优点汇集到同一个载体来，是未来肥料业的一个非常重要的发展趋势。

第三节　病死羊无害化处理与资源化利用

一、病死羊无害化处理

目前，病死畜禽尸体无害化处理主要手段有深埋法、焚烧法、化制法、堆肥发酵法、高温生物降解法、碱性水解法等，因作用机制不同，处理效果、周期、成本及产品特性各有差异（表 10 - 1）。

表 10 - 1　不同病死畜禽处理办法

处理方法	运行周期	作用温度/℃	运行成本/(元/t)	产品	适用范围
深埋法	较长		100		小规模，偏僻生产者
焚烧法	1～4 h	⩾850	100	生物炭	南方地区中大规模养殖场
化制法	4～6 h	⩾140	350	油脂、骨粉、有机肥	大型养殖场和病死畜禽集中处理场
堆肥发酵法	1～2 个月	⩾54	330	有机肥	各种规模
高温生物降解法	24～48 h	100～120	450	有机肥	不同规模养殖场和病死猪集中处理场

注：运行成本不包含固定成本投入。

（一）深埋法

深埋法是将动物尸体收集运送到规定处掩埋并覆盖、消毒、发酵或分解动物尸体的方法，其分为直接掩埋法和化尸窖法。该方法处理简单、费用低、产生臭味较少，但处理时间缓慢，某些病原微生物可能长期存在，一旦发生渗漏，会污染土壤及地下水，并且造成一些可利用资源的浪费。因此，采用深埋法处理需要选择合适的位置，应远离生活水源区，严格消毒并做好防渗防漏工作。深埋法适宜小型养殖场及散户畜禽尸体处理；在发生疫情时，为迅速控制疫情，最好采用深埋法处理病死动物尸体。

（二）焚烧法

焚烧法是将动物尸体置于焚烧容器内，加入燃料，在最短的时间内通过氧化反应或热解反应实现畜禽尸体完全燃烧炭化的方法。其利用高温彻底杀死病死禽畜体内的病原菌，达到了无害化的目的。该方法主要分为直接焚烧法和碳化焚烧法。焚烧法是目前国内外无害化处理病死畜禽最彻底的一种处理方法。该方法比较先进，能彻底杀灭病原微生物、减量化效果明显，但是投入成本高、产生的大量烟气会污染环境，并且浪费了病死动物的利用价值，仅适用于中大规模养殖场。

（三）化制法

化制法处理是指将病死动物尸体投入密闭水解反应罐中，通过向容器夹层或容器通入高温饱和蒸汽，使得尸体在高温、高压或干热、高压条件下消解转化为相关动物产品的方法。根据高温饱和蒸汽是否与病死动物尸体接触分为干化法和湿化法。该方法能有效处理病死动物尸体，并且获得油脂、骨粉等产品，具有操作较简单、处理成本低、灭菌效果好、处理能力强、处理周期短等优点。在高温高压条件下，杀菌率可达99.99%以上。该方法存在一些不足：处理过程中产生大量恶臭以及富营养化的废水；为保证稳定的高温、高压条件，其对反应器要求较高，因而容易出现设备质量参差不齐、产品质量不稳定、生产环境差等问题。该方法一般适用于大型养殖场、病死畜禽集中处理场。

（四）堆肥发酵法

堆肥发酵法是指以动物尸体与秸秆、木屑等辅料分层堆置，利用微生物在一定温度、湿度条件下，发酵分解动物尸体并产生生物热，最终生成生物有机复合肥的方法。该方法利用动物尸体为原料进行堆肥发酵，利用发酵产热杀灭大部分病原菌，并获得有机肥。其处理成本低，可以实现无害化、资源化，但是发酵周期长、占地面积大，还会产生污水、臭气等污染物质，需要配套相应的收集处理设施。

（五）高温生物降解法

高温生物降解处理是利用高温灭菌技术与生物降解技术有机结合，通过切碎、高温处理杀灭病死畜禽携带的病原微生物，再利用微生物降解有机质的能力将病死畜禽组织通过逐步降解转化为有机肥的技术。这种方法的优点是处理工艺简单、处理时间短、占地小、运行成本较低，并且处理过程不会产生污水、臭气等污染物质，生产出的优质有机肥符合绿色环保要求，实现了资源的循环利用。目前，该技术被建议广泛推广应用。

二、病死羊资源化利用

大量病死畜禽尸体既是养殖废弃物，也是生物质资源，若能有效利用，不仅能变废为宝，还可避免其乱弃造成环境破坏、食品安全和卫生公共安全等问题。现有处理技术大多能有效处理病死动物尸体，但是尚未做到资源化利用。因为多数动物死亡是疫病造成的，所以对其末端产品的利用应考虑到处理过程中对病原微生物的杀灭效果，以保障末端产品的安全利用。

（一）资源化利用潜力

传统深埋法能够有效处理病死畜禽尸体，但无法实现资源化利用；焚烧法、化制法、堆肥发酵法和高温生物降解法在对病死动物尸体进行处理处置后，能够不同程度上获得骨粉、油脂、有机肥等。堆制通过微生物降解后可得到堆肥产品，高温生物降解 48 h 可分解动物尸体并将其变成有机肥料。化制后产生的骨粉营养丰富，富含多种畜禽所需氨基酸及钙、磷等营养元素，还可以开发为有机肥、建筑材料等。化制后产生的油脂可用于生产饲料、生物柴油、化工产品等。

（二）产品安全性

通过处理病死畜禽尸体得到的有机质及养分用于农业生产的潜力较大，由于病死动物尸体携带病原微生物，所以对病原微生物进行灭活是其末端产品利用的关键。《病死动物无害化处理技术规范》规定化制法、深埋法不得用于患有炭疽等芽孢杆菌类疫病、牛海绵状脑病和痒病的动物及其产品的处理。常规的堆肥发酵处理基本可满足病原微生物的灭活要求，但是能否降解 DNA 编码点基因信息仍未确定，这会存在引入携带致病因子的微生物 DNA 进入农业环境的风险。此外，病原微生物的灭活受时间和温度的影响，一些常见病菌、寄生虫以及高致病病毒的死亡条件有所不同（表 10 - 2）。焚烧法对病原微生物灭活最彻底，最终能利用的产品产量却不高。安全性制约着处理后产品的利用，欧盟规定通过化制法生产的油脂只能用于生产能源或用作生物燃料。

表 10 - 2　常见病菌、寄生虫以及高致病病毒的死亡温度

病原名称	死亡条件	病原名称	死亡条件
伤寒沙门菌	>46 ℃不长；55 ℃～60 ℃、30 min 死亡	钩虫卵	50 ℃、3 d 死亡

续表

病原名称	死亡条件	病原名称	死亡条件
沙门菌属	56 ℃、1 h 内死亡；60 ℃、15～20 min 死亡	鞭虫卵	45 ℃、60 d 死亡
志贺菌	55 ℃、1 h 内死亡	血吸虫卵	53 ℃、1 d 死亡
大肠埃希菌	大部分 55 ℃、1 h 内死亡；60 ℃、15～20 min 死亡	蝇蛆	51 ℃～56 ℃、1 d 死亡
阿米巴虫	68 ℃死亡；50 ℃、30 d 死亡；70 ℃、50 min 死亡	霍乱弧菌	65 ℃、30 d 死亡
美洲钩虫	45 ℃、50 min 死亡	炭疽杆菌	50 ℃～55 ℃、60 d 死亡
流产布鲁菌	61 ℃、3 min 死亡	布鲁菌	55 ℃、60 d 死亡
酿脓链球菌	54 ℃、10 min 死亡	猪丹毒杆菌	50 ℃，15 d 死亡
化脓性细菌	50 ℃、10 min 死亡	猪瘟病毒	50 ℃～60 ℃、30 d 死亡
结核分枝杆菌	66 ℃、15～20 min 死亡；67 ℃死亡	口蹄疫病毒	60 ℃、30 d 死亡
牛型分枝杆菌	55 ℃、45 min 死亡	小麦矮腥黑穗病菌	54 ℃、10 d 死亡
蛔虫卵	50 ℃～56 ℃、5～10 d 死亡	稻热病菌	51 ℃～52 ℃、10 d 死亡
小豆象虫	60 ℃、4 d 死亡	麦蛾卵	60 ℃、5 d 死亡
蛲虫卵	50 ℃、1 d 死亡	二化螟卵	55 ℃、3 d 死亡